"十四五"职业教育国家规划教材

虚拟现实应用技术『十三五』规划教材

VR 全景拍摄一本通

朱富宁 刘纲 / 编著

人民邮电出版社
北京

图书在版编目（CIP）数据

VR全景拍摄一本通 / 朱富宁，刘纲编著. -- 北京 :
人民邮电出版社，2021.2
虚拟现实应用技术“十三五”规划教材
ISBN 978-7-115-53770-6

Ⅰ. ①V… Ⅱ. ①朱… ②刘… Ⅲ. ①虚拟现实—应用
—拍摄技术—教材 Ⅳ. ①TB82

中国版本图书馆CIP数据核字(2021)第010823号

内 容 提 要

本书全面讲解了VR全景摄影的基础知识及实践操作方法。全书共10章，前两章内容操作性强，提供了制作VR全景图的素材及工具，先用手机作为拍摄设备，让初学者快速了解全景摄影；再从实践出发，通过指导完成一幅作品，让初学者学习全景拍摄及快速拼接的方法。后8章详细讲解了VR全景内容及富媒体应用全景拍摄的原理、硬件设备和相关软件、参数设置、拍摄方法、后期拼接、后期美化及漫游制作等内容，还讲解了如何航拍VR全景图，最后给出了一些具体的行业制作案例以及在不同场景下的应对技巧，以期帮助初学者制作出较为完善的VR全景作品。

本书内容图文结合，浅显易懂。另外，本书的配套操作素材可供初学者学习和实践使用，以帮助他们做到理论与实践相结合，实现“教、学、做”一体化。

本书既可作为高等院校VR全景摄影基础课程的教材，又可作为初学者自学的参考书。

◆ 编　　著　朱富宁　刘　纲
　责任编辑　刘　佳
　责任印制　马振武
◆ 人民邮电出版社出版发行　　北京市丰台区成寿寺路11号
　邮编　100164　　电子邮件　315@ptpress.com.cn
　网址　https://www.ptpress.com.cn
　北京盛通印刷股份有限公司印刷
◆ 开本：787×1092　1/16
　印张：16.75　　2021年2月第1版
　字数：490千字　　2024年8月北京第7次印刷

定价：99.80元

读者服务热线：(010)81055256　印装质量热线：(010)81055316
反盗版热线：(010)81055315
广告经营许可证：京东市监广登字20170147号

前言

本书全面贯彻党的二十大精神，以社会主义核心价值观为引领，以二十大报告中提出的“实施科教兴国战略，强化现代化建设人才支撑”的思想为理念，使内容更好体现时代性、把握规律性、富于创造性，为建设社会主义科技强国添砖加瓦。

随着数码摄影的普及，人们对影像质量的要求也越来越高，在追求毫发毕现的同时，也有对更宽广视角的需求。但是目前最先进的摄影设备也无法高精度还原人眼观看到的景物，所以全景接片技术应运而生。它突破了镜头单一取景的限制，通过旋转拍摄记录人眼观看到的所有景物，再通过拼接合成完整的全景空间，利用互联网技术制作生成VR 全景漫游，使观看者能上下左右 360 度观看场景，从而获取最真实的体验及最丰富的信息。

市场上对于 VR 全景摄影的需求越来越旺盛，很多相关行业的公司也想通过这种新兴的技术拓展业务，也有很多摄影爱好者想要拍摄出不同于传统图片的全景佳作。但是摄影既是一门技术，又是一门艺术，更何况全景摄影相比普通摄影要求的方法和技巧更多，所以掌握全景摄影需要一定时间的学习与积累。

本书的编写目的，希望以完整的、成体系的专业知识带领摄影爱好者及数字内容从业者快速掌握 VR 全景图的创作方法。这套专业知识不仅涵盖了 720 云平台及社区众多摄影师的经验，还包括作者在拍摄实践中的智慧结晶，可以带领初学者对 VR 全景摄影进行系统学习、少走弯路，是初学者入门的优选途径。本书不仅可以让读者知其然，还能让读者知其所以然，甚至可以通过这门技艺进行商业化运作，从而实现“从入门到赚钱”的目标。

本书内容图文并茂，在原理部分和操作部分均精心设计了示意图，将抽象的、难以理解的内容形象化，深入浅出地进行讲解，降低了阅读难度，可以增加读者的阅读兴趣。部分章节的“贴士”“问题”等内容还向读者提供了一些 VR 全景摄影的知识点和技巧。本书还配套了相应的“微课”视频讲解，通过手机扫码观看。此外，本书附有大量优秀案例，不仅有作者的实拍案例，还有 720yun.com 平台上的创作者历年参加比赛获奖的优秀作品。在书中偶数页左侧，通过手机扫描二维码就可以打开观看。为了方便读者阅读理解，作者将作品的名称进行简化处理。希望可以通过观看优秀作品提升读者的鉴赏水平，还能为读者在学习之余提供一些视觉享受。

VR 全景摄影作为一种新兴的技术，目前与之相关的书籍及文章相对较少，而本书旨在从理论到实践、从硬件到软件、从技术到艺术、从爱好到商业，全面、翔实地阐释作者多年来积累的全景摄影知识、技巧与经验。无论是摄影爱好者还是摄影师，都可以从书中有所收获。

本书由朱富宁、刘纲编著。徐娜、安萌萌、葛耀、凌正荣和其他 720yun 平台的全景创作者为本书的编写提供了素材和帮助，在此表示感谢。由于作者水平有限，本书难免有疏漏之处，恳请广大读者批评指正。

本着严谨、求实的写作态度，作者希望通过本书将读者引入全景摄影的新天地，也欢迎读者在 720yun 社区分享交流。

编者

2021 年 11 月

推荐序

从以前普通人无法触及的胶片全景相机，到今天可以揣在口袋里的一键成像的数码全景相机，全景摄影 100 多年的发展史可谓漫长，它的历史几乎跟摄影技术的历史一样久远。而全景摄影真正高度普及的时期是最近这短短的几年，特别是被媒体称为“VR 元年”的 2016 年。

1998 年，基于一次闲来无事的偶然浏览，我第一次从一张工程案例演示光盘上见到了细长条的全景照片。当我发现它竟然能在屏幕上被 360 度拖动时，备感震撼，我断言它将来一定能大放异彩。但在当时，以我的知识储备、网络环境及软硬件条件，我还真是无法想象出它会发展成什么样子。当 2001 年第 3 期《电子出版》约我写一篇关于“三维全景”的文章的时候，我也只能凭着短短两三年的实践经验写出一些粗浅的认识。我在该文章的第 1 段写道：

“全景照片，英文是 PANORAMIC PHOTO 或 PANORAMA，通常是指符合人的双眼正常有效视角（大约水平 90 度，垂直 70 度）或包括双眼余光视角（大约水平 180 度，垂直 90 度），乃至 360 度完整场景范围拍摄的照片。”

这几行文字虽有不严谨的地方，但一直被许多全景摄影类的文章加以引用，作为“开场白”。

全景摄影的渐热，始于最近 10 年。随着地图街景逐渐被大众认识，各行各业的商业应用相继出现，随之而来的就是越来越多的人加入 VR 全景摄影的行列。一个奇怪的现象是，绝大多数爱好者原先对摄影并不熟悉，很多人甚至对摄影是零基础。我在全景摄影论坛上答疑时，一直有爱好者询问有关培训和工具书的问题。

许多全景摄影从业公司为了满足自身需要，也开展过各种各样的员工培训；也有几家地图街景制作公司，各自编写了工作流程规范，但这些流程规范都属于应急的“快餐”，并没有多少“营养价值”。

在 2012 年终于有了一次高水准的全景摄影培训，瑞士全景摄影家 Giuseppe 先生请我帮他召集几十名全景摄影师，经过培训和考核，参与他与某地图街景制作公司的合作任务。消息一出，报名者众多。计划招收 40 人，最终来了 60 人。这批在圈内被戏称为“黄埔一期”的学员们，后来都成了各自领域的扛鼎人物。有的人获得了千万元融资，在 VR 界一飞冲天；有的人醉心全景艺术，作品获得了爱普生国际全景摄影奖；有的人独步全国，以高产的图片资源填补了我国在著名国际全景图库平台上的空白；有的人根据自己的学习笔记，加上大量的实践案例，撰写出了专业的全景摄影工具书。

这里说到的工具书就是刘新文先生编著的《高动态全景摄影》和《全景摄影和 PTGui Pro 详解》，后者主要讲解如何更深入地了解和应用 PTGui 的强大功能。PTGui 软件，每个月都在更新，光是它的更新清单，就能出一本小册子。从 2013 年该书出版到 2020 年，7 年过去了，软件又升级了多个版本！怎么办？

答案是"是时候出一本新书了"。

当朱富宁先生跟我说他要出书时，我很自然地想到那也许是一本与《全景摄影和 PTGui Pro 详解》类似的工具书，只是内容更与时俱进了，值得期待。然而在我看了大纲和目录之后，我被他的雄心折服了。这哪里仅仅是一本工具书，分明是一本全景摄影小百科！

不仅有全景摄影的历史起源，还有全景摄影的衍生艺术。

既有传统的全景摄影，又有数码时代的 VR 技术和商业应用。

既有全景图片，又有 VR 时代才有的全景视频。

当然，占篇幅最大的重头戏，也是读者最关心的"干货"，讲得更是细致入微。从硬件的选用，到拍摄的要领，再到后期的软件处理；从数字图片的基础理论知识，到如何得到一张高质量的全景图片，在书中都有详细的讲解。可以说，作者对于读者的需求是做过认真分析和梳理的，大纲也是有计划的、循序渐进的，引导读者了解应该先解决什么、后解决什么。

"工欲善其事，必先利其器。"一本优秀的工具书可以丰满你的羽翼，丰富你的想象力，助你飞往成功的未来。

李景超（网名"鱼眼龙"）

2020 年 8 月

自序

我是一个摄影师，之前我学习的专业是化学。

1992 年看到影展“迪庆高山花卉”后，就读于云南大学化学系的我像从梦中醒来，从理工科学习的思维中跳脱出来，我看到了世界的另一种美。影展中高原上的花花草草、雪山、森林及湖泊等，让一直处于某种混沌状态的我，找到了真正心动的另一个天地：旅行和拍照。

当时拍照使用的是胶片，拍摄效果只有冲洗出照片后才能知晓。但得益于理工科学生的理性思维，相机操作对于想使用这个工具的我来说太简单了。第一次的旅行和拍摄结束后，我回到学校就举办了第一个个人影展“思想的鸟窝”。

原来，曝光后的银盐粒子的成像，是胶片和相纸化学反应的结果。

1994 年毕业，我开始了 5 年的报社记者工作。大学 4 年在化学专业所学习的知识只能在暗房中运用了。

1998 年，以我自己的名字命名的刘纲商业摄影工作室开始运营，主要拍摄菜品、人像等。大部分人玩摄影是在花钱，但我开始利用摄影这一技术挣钱。

2003年，与国外摄影师卡雷在昆明相遇的经历，让我了解了VR全景。

这是从事平面拍摄10年后的又一次梦醒，它为我打开了一个全新的空间。此前在广告摄影中，我使用的是120胶卷相机，为了追求影像的高质量，也用过4×5中画幅相机，但VR全景可以实现的拼接画质、HDR层次，让我看到超越所有相机功能的成像质量的提升，这是不依赖于设备的自我突破。

在2003年，单反数码相机一般只有600万像素，但我却利用VR全景摄影技术轻松拼接出了上亿像素的图片，这些得益于理工科学生的思维所指导我发明创造的全景云台。

2004年，我的公司以"广告摄影的基本功+VR全景+网站"的技术，可以从一个地产项目中获得40万元的收入，这是很多摄影人、广告公司不知道的技术，也是我和我的公司的起步之后10年的"独门技能"。因为这10年中，会拍VR全景的人太少，同时会网站制作的人就更少。从2004年到2014年，VR全景的应用让公司的产品不断丰富，例如3D建模的虚拟VR全景、3D动画、影视拍摄、程序开发，公司成了一个基于视觉传播的科技类公司。

在公司经营中，我一直有一个梦想，就是运营一个功能逐渐完善的互联网平台。经历了两个平台的试水后，720yun全景发布平台在2014年8月上线。VR全景不再是我一个人的"独门兵器"，平台发展到2020年，VR全景摄影成了50多万平台用户的共同爱好或生活方式。

这20多年，我依靠摄影这门手艺生存了下来，虽然辛苦但心里充满快乐。如果这本书能让更多的人了解VR全景，能让VR全景摄影成为更多人的事业，这将令我感到非常的满足和欣慰。

感恩VR全景，愿人人可以拍摄VR全景作品。

刘纲

2020年7月

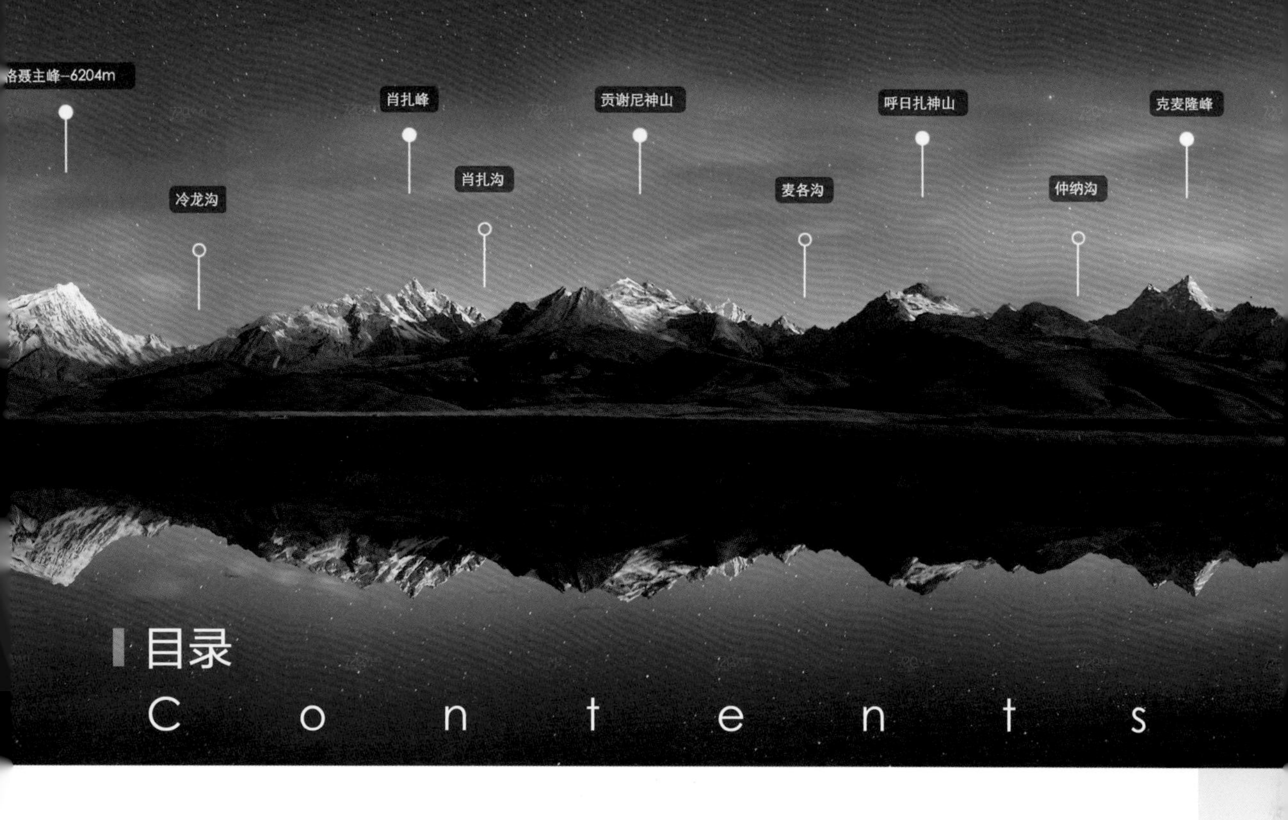

目录 Contents

第1章 初识 VR 全景

第2章 VR 全景图制作流程

第3章 再识 VR 全景

第4章 全景摄影

第5章 硬件及软件

第6章 摄影基础

第7章 拍摄实践

第 8 章 后期拼接

第 9 章 后期美化及漫游制作

第10章 应用及实践案例

第1章

初识 VR 全景

第 1 章总述

虚拟现实（Virtual Reality，VR）全景技术是目前全球范围内迅速发展并逐步流行的一种视觉新技术。它通过使用专业的相机捕捉整个场景的图像信息，利用拼接软件进行图片拼合，或者使用建模软件制作并渲染出完整空间的图片。通过720yun（一个VR全景内容制作与分享平台）生成的VR全景虚拟漫游（可以通过VR全景方式切换游走），可以把二维的平面图模拟成三维空间，呈现给观看者。VR全景漫游会给人们带来真实感和交互感。

这一切的发展并不是偶然的，而是人们对影像质量不断追求的结果。商业社会的应用需求加上互联网的免费特征，使得摄影技术的发展速度比以往任何时候都快，尤其是VR全景摄影的发展速度。现在让我们一起来揭开VR全景摄影的面纱，进入一个全新的摄影领域吧！

扫码看全景

微视界
观手绘

在学习之前，我们先对几个名词进行明确定义。

- **全景摄影：**是一种摄影方法，摄影是指使用某种专门设备进行影像记录的过程，而全景摄影是在摄影的基础上在水平面或竖直面上转动相机进行的一种摄影方式。
- **全景接片：**在本书中是一种图像类型的名称，通过从左到右或者从上至下分别采集若干张照片，再进行拼接形成的矩形长画幅照片。
- **全景图：**是一种图像类型的名称，这种图像类别可以包含VR全景图和全景接片、矩阵图等，例如使用手机相机中的全景模式拍摄出的照片通常就称为全景图（由于目前市场上多称普通宽幅接片为全景图，在本书中为了有效区分和便于理解，将全景图中的360度全景图统称为VR全景图）。
- **VR全景图：**是一种图像类型的名称，它是指可以360度观看的全景图，可以涵盖某个场景中的所有角度，此类图片如何制作出这也是本书重点讲解的内容。其中，360度VR全景图、球形VR全景图等与VR全景图意义相同叫法不同而已。
- **全景视频：**是一种视频类型的名称，这种视频影像类别可以包含VR视频和180度视频等，为了统一名词，在本书中全景视频是指可以360度观看的视频。
- **VR全景漫游：**这里是指将一幅或多幅全景图片组合成为一套内容，可以通过计算机、手机、VR眼镜等载体进行互动浏览，以达到漫游的效果。

1.1 全景的起源和发展

全景这个词语其实早就融入人们的生活中了。在以前，比普通图像更大更全的图像都可以称为全景。例如，在古代，画家就已经开始创作全景艺术作品了。全景艺术作品因其更广阔的画面带给观看者更强、更震撼的视觉冲击。

1.1.1 全景绘画

我们就从北宋画家张择端绘制的《清明上河图》（见图1-1）开始说起。画幅超过5米的《清明上河图》记录了北宋时期都城东京（今河南开封）的城市面貌和当时人们的生活状况。由此可见，早在北宋时期就有画家希望通过一幅作品展示信息量丰富的景象，画家张择端希望把整个都城的形形色色的生活都融入一幅画里，这算是最早的全景图之一了。

▲图 1–1

随着摄影技术的发展，现在创作一幅全景图比以前容易得多。通过对本书内容的学习，读者就可以通过相机轻松记录一个生动的全景场景。

1.1.2 全景摄影

上一小节提到的是全景绘画，我们再追溯一下全景摄影（接片）的历史。早在 1860 年，就有一个意大利籍战地摄影师菲利斯 · 比托（Felice Beato）把他的相机架在北京的南城墙上，将古老都城的风貌收入镜头之内。每拍完一张照片，他就会调整相机的镜头方向，就这样，他拍下了多张照片，完全依靠肉眼的观察和判断来保证影像的连续，最后呈现在人们眼前的照片为 6 张照片组成的“全景接片”。

这是与北京有关的全景摄影史能够追溯到的开端。这幅作品拼接后宽 165 厘米，高 20.3 厘米，是菲利斯 · 比托最著名也是最重要的作品之一（见图 1–2）。因早期采用的摄影技术的工艺非常复杂，拍摄全景接片时，想要将多张照片完美地拼接起来，需要摄影师具有高超的技法。

▲图 1–2

随着胶片时代的到来，全景接片技术往前迈了一步，全景接片的实现相对容易了。现在我们经常听到“剪辑师”这一职业，在胶片时代，他们的工作主要是对电影胶片进行物理裁剪、排列和组合。他们在剪辑电影胶片时，会利用剪辑台将需要的镜头从胶片中选择出来，然后使用剪刀将胶片剪开，使其变成可以随意组合的素材片段，再根据自己想要表达的故事，利用接片工具把每个镜头拼接起来，最后在剪辑台上观看效果，满意后再将其黏合（见图 1–3）。

当时全景照片的后期拼接方法也一样，先将拍摄得到的底片进行冲洗，再通过相似比对进行后期加工，对照片进行重合拼接，然后在剪辑台上观看效果，满意后将其黏合，最后洗印照片。胶片拼接主要针对被拼接的两张照片中需要拼接重叠的画面扭曲变形不严重的情况，在镜头严重畸变的情况下（如使用鱼眼镜头拍摄的图像），画面是无法准确拼合的，所以往往都是对使用长焦镜头拍摄的照片进行拼接。这就是在数码相机普及之前全景照片的生产方式。

▲图 1–3

1.2
VR 全景图

VR 全景图

扫码看全景
创意手绘

VR 全景图并非普通的图片，它包含了 360 度的影像内容，记录了完整的空间。它不仅仅是一个大画幅的图片这么简单，那么何为 VR 全景图呢?

1.2.1 何为 VR 全景图

首先通过数码相机把完整的空间环境一览无余地捕捉、记录下来，形成图像信息，再使用拼接软件进行图片拼合（或者使用建模软件直接渲染出完整空间的图片），将视角范围达到 360 度的内容全部展现在一个二维平面上，这就形成了 VR 全景图。图 1-4 所展现的就是一张 VR 全景图。

▲图 1-4

随着数字影像技术和互联网技术的快速发展，现在人们已经能够用一个专用的 VR 全景播放软件在计算机或移动设备中显示 VR 全景图，并可以调整观看的方向，也可以在一个窗口中浏览真实场景，将平面照片变为 360 度 VR 全景漫游进行浏览。如果带上 VR 头显（虚拟现实头戴式显示设备），还可以把二维的平面图模拟成三维空间，使观看者感到自己就处在这个环境当中。观看者通过交互操作可自由浏览，从而体验 VR 世界（见图 1-5）。

▲图 1-5

1.2.2 VR 全景摄影的由来

数码摄影时代的到来彻底打开了全景摄影这扇大门，人们现在可以通过后期软件拼接出一张大画幅的全景图。早期的全景接片需要在暗房中对胶片进行手工操作，时间成本和经济成本都很高。在数码时代，制作一张大画幅全景接片可以很轻松，同时，图像编辑软件让数字影像的重塑编辑变得十分容易。

VR 全景摄影也是由数码全景接片转化升级而来的，相信很多摄影师在接触 VR 全景摄影之前都有接片经验。所谓的“接片”就是利用相机镜头有限的视角范围，对超出镜头视角范围的实际场景进行依次、连续的拍摄，将想要表现的场景全部拍摄下来，然后把拍摄的场景画面依次拼接在一起，形成一张照片。（例如手机相机中常用的全景模式这一功能，其实就是在拍摄接片图像，通过移动手机记录更加广阔的画面，手机会自动进行拼接处理。）这样就取得了宽画幅的接片图像，宽幅照片是 VR 全景的一部分，如果将空间中 360 度范围的内容都记录下来，就形成了 VR 全景图。本书主要对 VR 全景图的拍摄和制作方法进行讲解。学会 VR 全景摄影后，全景接片的方法也会随之掌握。全景接片的使用场景十分广泛，如拍摄银河拱桥、风光大片等。

1.2.3 全景照片的分类

全景照片可以分为单张平面图片、宽幅接片、柱形全景图、VR 全景图 4 类。

1. 单张平面图片

单张平面图片（见图 1-6）是指水平视角小于 100 度的接片图像。使用标准镜头拍摄的照片都属于单张平面图片。在拍摄宽阔的大场景时，我们通常会使用广角镜头拍摄，照片的 4 个角一般会偏暗，当然有的摄影师会利用 4 个角偏暗的“影晕”来突出主体。但如果想避免这种情况，就需要拍摄第 2 类全景照片——“宽幅接片”。

▲图 1-6

2. 宽幅接片

宽幅接片是指水平视角大于 100 度、小于 360 度的接片图像。之所以将水平视角定为大于 100 度、小于 360 度，是因为目前的主流镜头厂商所推出的超广角镜头，除了鱼眼镜头之外，水平视角大都在 100 度以下，拍摄者需要通过接片的方式来形成超宽幅的图像。这种方式一般用于风光摄影，是使用频率很高的一种接片方式。图 1-7 展现的就是使用 70 毫米的镜头获得的宽幅接片。

▲图 1-7

3. 柱形全景图

柱形全景图（见图 1-8）即水平（垂直）视角等于 360 度、垂直（水平）视角小于 180 度的接片图像。从图 1-8 中可以看到，图像是左右两边相连的柱形图。柱形全景图一般用于拍摄人像合影。多人合影需要人物先围成圆形，再转动相机拍摄一圈来记录全部影像，最后通过后期拼接制作成合影。

▲图 1-8

4. VR 全景图（球形 VR 全景图）

VR 全景图（球形 VR 全景图）即水平视角等于 360 度、垂直视角等于 180 度的接片图像（见图 1-9）。这种图像有多种叫法，如 360 度 VR 全景图、球形 VR 全景图、三维 VR 全景图等。VR 全景图的用途十分广泛，如室内建筑摄影、风光摄影、航拍等，后面也会详细介绍不同的应用场景。

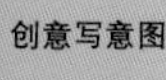
扫码看全景

创意写意图

▲图 1-9

贴士

此处对网络流行名词进行特别解释。目前市场上也有 720 度全景图这种叫法，可能是 720yun 这个品牌的出现导致这种叫法的出现。其实 720yun 品牌的含义为 360 度服务和 360 度全景的云端漫游工具。通过前面的分类我们可以知道水平视角或垂直视角最大为 360 度，是无法达到 720 度的。设想一下，如果一个视角达到 720 度，不就变成两圈了吗？所以 720 度全景图这种叫法不是本书所提倡的。

1.3 全景和 VR 的关系

通过前面的学习，我们了解了全景照片的分类，但可能有人会问，本书提到的 VR 全景和 VR 有什么关系呢？

2016 年被很多媒体称为“VR 元年”。随着 VR 技术的火热发展，不少行业纷纷涉足 VR 领域，与 VR 相关的创业公司也越来越多，VR 领域受到了媒体的广泛关注，这其中就包括大众所熟知的 VR 全景领域。当前的 VR 全景领域又包括全景视频和 VR 全景图。

有人说全景就是 VR，也有人说 VR 全景不是 VR。其实 VR 全景内容是 VR 产业的一种初级形态和重要组成部分，属于广义的 VR。它是最容易被广泛接受并传播的一种影像方式，并且是影像产业中相当重要的一个组成部分。VR 技术配合终端显示设备（见图 1-10），能够给受众带来沉浸感，可以把受众带进一个虚拟空间里，这种技术的发展会让我们获取信息的方式变得更加丰富。

▲图 1-10

1.3.1 虚拟现实场景分类

虚拟现实场景主要分为两类：一类是虚拟的场景，类似于游戏场景或虚拟建模制作的场景；另一类就是本书主要讲解的通过数码相机采集的真实的场景（实景）。

1. 虚拟的场景

虚拟的场景是先通过软件制作出来，再呈现给受众的场景。例如《头号玩家》这部电影（见图 1-11），影片讲述了 2045 年一个在现实生活中无所寄托、沉迷 VR 游戏的大男孩，凭着对虚拟游戏的深入剖析，历尽磨难，成功通关游戏的故事。男主角戴上 VR 终端显示设备就仿佛置身于现实的世界，一切都显得十分真实，并且场景交互性非常强。

▲图 1-11

2. 真实的场景

真实的场景往往是通过实拍的方式将现实世界先记录下来，再呈现给受众的场景。

VR 技术能够给受众带来沉浸感，使受众进入一个虚拟的真实空间，例如淘宝开发的 Buy+ 虚拟购物平台。淘宝 Buy+ 虚拟购物平台主要服务于线上购物，里面有虚拟场景也有真实场景。用户首先在一个虚拟的场景中选择不同的地区（见图 1-12），而后切换到真实 VR 全景的场景中来模拟购物的真实感。

▲图 1-12

1.3.2 VR 全景摄影的特点

是什么在推动 VR 全景摄影的发展？从“小孔成像”到第 1 台相机的诞生，从“达盖尔摄影法”再到“VR 全景摄影”，摄影技术突飞猛进，但是摄影师对相机的追求的变化并不大，主要围绕着以下 3 个较重要的方向。

（1）通过更大的画幅记录更大的场景画面，直至将所有可见画面都记录下来。

（2）通过优质硬件获取拥有更高清晰度和更大像素的画面。

（3）通过更好的感光材料使记录的图像拥有更大的光影动态范围。

贴士

画面中的明暗细节都可以通过一次曝光更好地记录下来，这就是我们常说的相机拥有更高的宽容度。

当然除了以上 3 个方向，摄影师还会追求相机更加轻便等，但主要的方向只有这 3 个。我们通过 VR 全景摄影的方法加上一些技巧，就可以以现有的硬件设备实现很好的效果。VR 全景摄影有 3 个重要的特点。

- **特点 1:** VR 全景摄影技术可以记录更大的场景画面。在通过播放器观看 VR 全景图时，观看者可以与画面进行交互，犹如站在画面内，可以从任意方向观看任何想看到的画面（见图 1-13）。

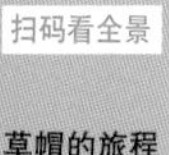

草帽的旅程

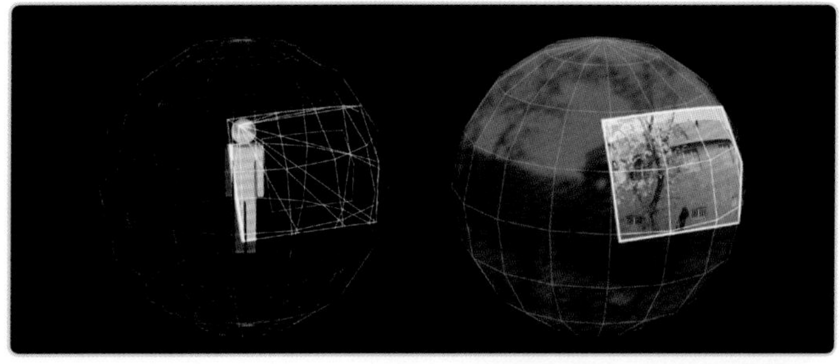

▲图 1-13

- **特点 2：** VR 全景摄影的大像素拍摄技术可以使画面拥有更高的清晰度，甚至达到亿万像素级别。图 1-14 所示的全景图放大后，可以清楚地看到远处高楼上的铆钉。
- **特点 3：** VR 全景摄影技术加上包围曝光合成技巧可以捕获现实生活中的大部分光线，从而记录更加丰富的色彩和光线，拍摄出更接近人眼看到的实际场景的影像，对光线记录的范围非常大。图 1-15 所示为 VR 全景漫游作品中通过包围曝光合成的一个场景。这张图片对光线的记录十分丰富，可以看到远处的云彩的细节，扫描二维码就可以通过移动端设备进行 VR 全景图的观看。

▲图 1-14

▲图 1-15

1.3.3 VR 全景播放器

了解清楚了 VR 全景图的由来和发展以及相应的特点后，再看一下自己拍摄的图片，它们往往只展示了一个角度的影像，而我们看到的 VR 全景图展示的是全方位的空间，如何才能创作出这样的作品呢？想必你已经迫不及待地想要了解了吧！

别着急，VR 全景摄影并不难。我们先从将 VR 全景图转换成 VR 全景漫游开始学习，通过了解如何生成 VR 全景漫游，你会更容易理解 VR 全景图的拍摄与制作方法。

想要将 VR 全景图转换成 VR 全景漫游，可通过拖动观看的方式来实现。我们需要通过专用的 VR 全景播放器来播放 VR 全景图，目前有不需要联网就可以直接观看的 VR 全景播放器软件，如 Adobe Flash、DevalVR、pano2VR 等；也有线上的 VR 全景播放器，如 720yunVR 全景播放器（见图 1-16）、UtoVR 等。但是多数 VR 全景播放器没有对制作好的 VR 全景图进行深入加工和编辑的功能。本书主要讲解具备 VR 全景漫游编辑功能的 720yunVR 全景播放器的使用方法，它不仅可以对 VR 全景图进行漫游编辑，还可以进行线上的分享、存储和展示，从而生成一个 HTML5（H5）格式的网页，这个网页可以应用到不同的行业中。

▲图 1-16

1.4 VR 全景漫游

VR 全景漫游

VR 全景漫游可以在哪些场景应用呢？作为一个 H5 漫游作品，VR 全景漫游具备多端覆盖、低门槛浏览的优点，可以应用到不同的场景中，例如浏览世界各地的风景、参观著名建筑、选酒店、择校看环境、选车看内饰、云旅游等，如图 1-17 所示。

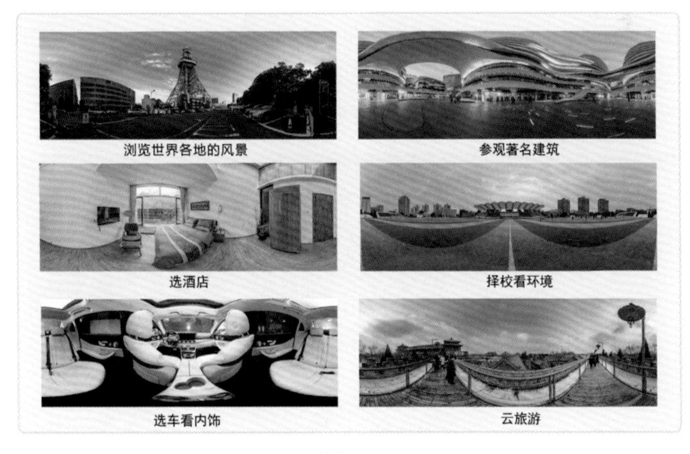

▲图 1-17

1.4.1 景区 VR 全景展示

我们在游览景区的时候，经常会有一种“不识庐山真面目，只缘身在此山中”的感受。景区 VR 全景展示使用无人机航拍景区全景图，以高空视角展示景区整体环境，再通过 VR 全景播放器给游客一种身临其境的体验。结合景区游览图的虚拟导览展示，还可以制作景区的旅游纪念品，如 VR 地图、旅游线路手册等。

接下来以故宫 VR 全景展示为例进行介绍。故宫，一座令人遐想不断的“皇城”，从 1420 年明成祖朱棣在北京建成“紫禁城”，到今天的故宫博物院，想必每个中国人都想来这里感受一下“皇城”的魅力。如今，我们可以用科技穿越到“皇城”，用 VR 全景的方式参观故宫，使用手机扫描图 1-18 中的二维码即可打开故宫的VR全景内容。打开VR全景内容后即可在线上漫游故宫，游客还可以在平台中发表感想，这将给游客带来一种很奇妙的感受。这项技术能更好地展现祖国的美好山河，让人们随时随地都能参观各著名旅游景区。

扫码看全景

甘孜丹
巴党岭

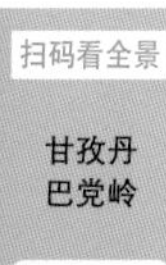

▲图1-18

1.4.2 校园VR全景展示

在学校的宣传介绍中，有了校园VR全景展示，人们就可以随时随地参观优美的校园，这能吸引更多的学生报考该学校。学校可以制作“迎新季”“毕业季”等主题的VR全景图，并将其发布到网络上进行宣传；也可以将线上VR全景图作为智慧校园平台进行应用，展示学校的风光等。

例如，2017全国百所高校VR迎新生公益活动（见图1-19）是由720yun与中国教育在线联手打造的线上公益活动，旨在给高校提供高品质、全方位的校园VR全景展示平台，借力迎新季，在全网真实展现校园的良好办学环境，广泛传播院校的优质品牌形象，提升高校的社会知名度与关注度。

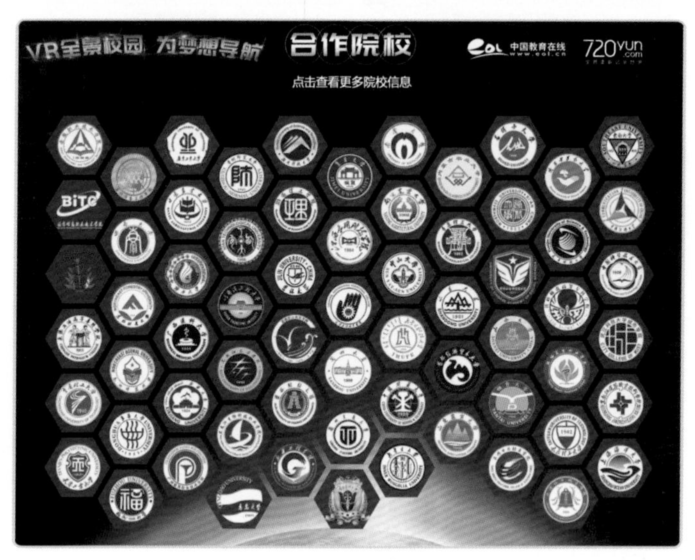

▲图1-19

参与此活动的同学们在单击进入高校VR全景图后，屏幕将直接呈现校园内真实的迎新场景。同时，精准的地图导航可以帮助大家迅速了解从自己所在地至学校的最优路线，承载迎新信息的精美卡片可以为新生提供完整的报到流程、学校的住宿条件等实用信息。

1.4.3 漫游制作工具

随着科技的发展和人们欣赏水平的日益提高，VR 全景技术快速迭代，从《清明上河图》的全景绘画，到 VR 全景摄影，再到 VR 全景漫游，内容的呈现形式在变，人们对获取信息的方法更便捷、内容更全面的向往没有变。接下来将介绍 VR 全景漫游是如何生成的。

（1）首先使用浏览器访问 720yun 官方网站，可以看到图 1-20 所示的页面。(由于相应的网站在不断更新，看到的样式与下图有可能不一致，但基本操作步骤相同，请理解后操作即可。)

▲图 1-20

（2）在网站中进行注册体验，或在“制作工具”页面中找到中找到【立即体验】按钮，单击即可免登录体验 VR 全景互动制作工具，如图 1-21 所示。

▲图 1-21

（3）单击右侧的【立即体验】按钮即可免登录体验 VR 全景互动制作工具，如图 1-22 所示。图 1-22 左侧边栏为功能模块，主要用于对 VR 全景图进行操作设置，每个模块都有具体的功能可供使用。

▲图 1-22

需要注意的是，在使用体验版 VR 全景互动制作工具的情况下无法保存和预览作品，如图 1-23 所示。

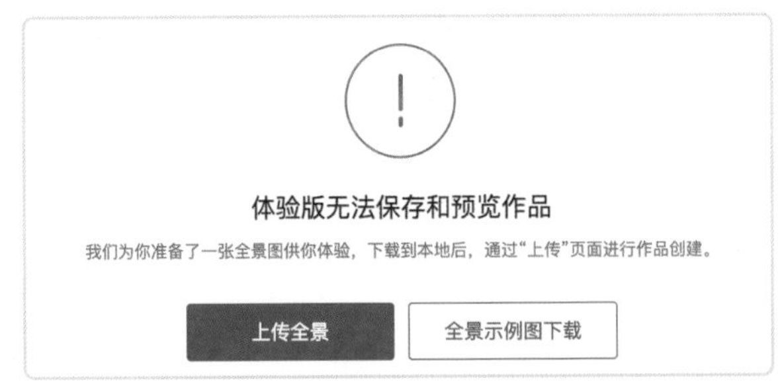

▲图 1-23

扫码看全景

废墟厂

（4）免费注册 1 个账户并上传 1 张 VR 全景图。

（5）如果没有 VR 全景图，可以单击【全景示例图下载】按钮下载全景图。下载相应的示例图后，只需简单 3 步即可发布 1 个 VR 全景漫游作品，如图 1-24 至图 1-26 所示。

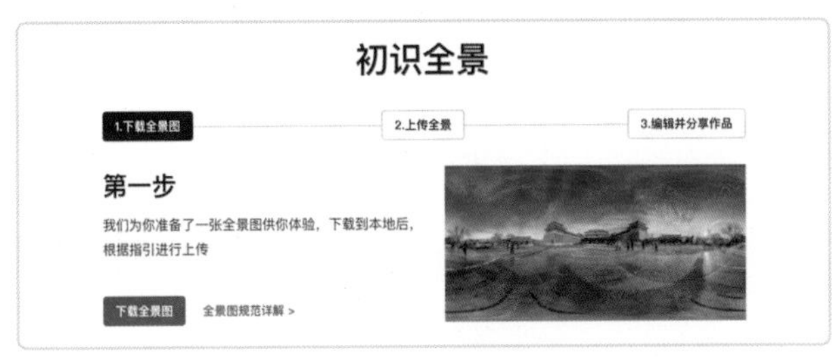

▲图 1-24

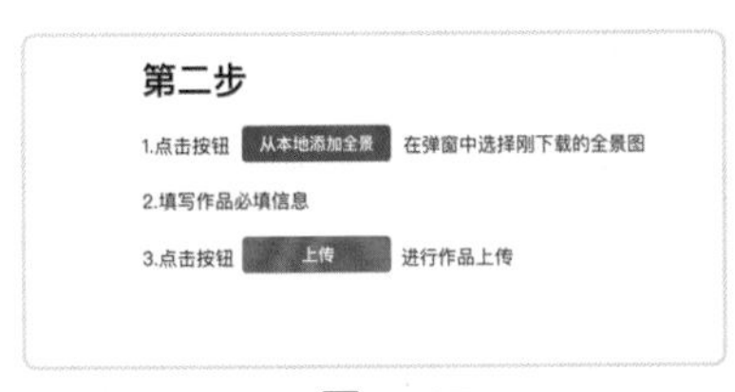

▲图 1-25

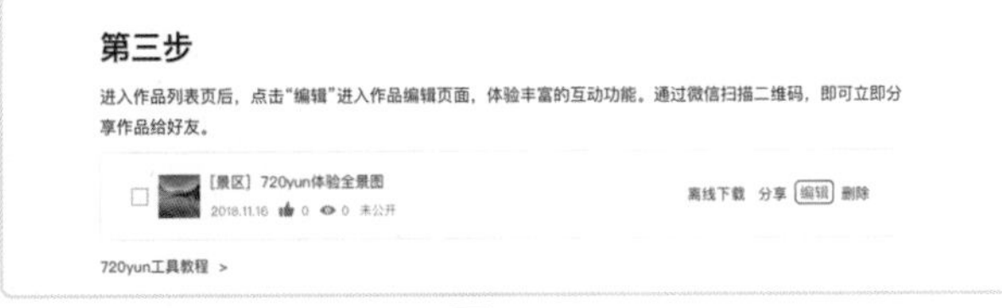

▲图 1-26

（6）在编辑页面可以先选择一些 720yun 的工具感受一下，在第 9 章中我们会对互动制作工具的每个功能进行详细讲解。

（7）回到首页，选择个人账户下拉列表中的【作品管理】，如图 1-27 所示，可以看到自己刚才上传并发布的作品集合页。

（8）进入【作品管理】中就可以预览和分享作品了。扫描二维码即可打开作品并分享给好友，如图 1-28 所示。

▲图 1-27

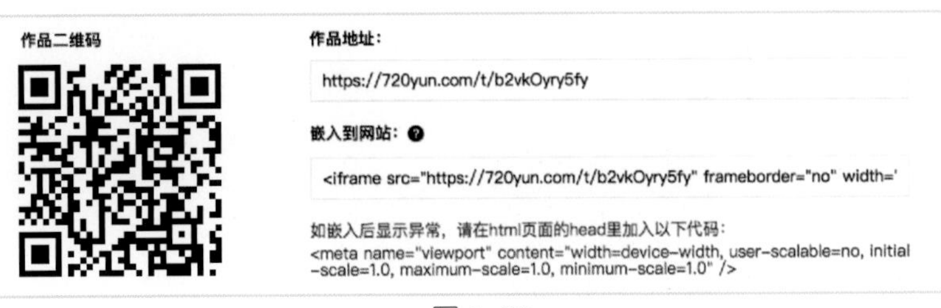

▲图 1-28

当你了解了 720yun VR 全景播放器的 VR 全景漫游的使用方法后，你会更容易理解 VR 全景的拍摄与制作方法。

第 2 章

VR 全景图制作流程

2.1 原理与拼接

2.2 动手拍摄

第 2 章总述

通过第 1 章的学习，我们基本了解了 VR 全景的基础概念和一些技术特点。制作一张实景的 VR 全景图其实并不是特别复杂，之前说到的《清明上河图》就是一张全景绘画作品。我们在日常生活中也会见到一些 VR 全景图，例如常见的世界地图就是一张展开的 VR 全景图。VR 全景图简单来说就是在对空间进行完整记录后，再进行拼接的一张图片。当然拼接也需要通过专用的软件来完成，接下来将讲解 VR 全景图的拼接流程，这样就可以更好地理解需要拍摄什么样的素材。

扫码看全景

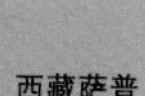

西藏萨普

2.1 原理与拼接

原理与拼接

第 1 章提到了漫游制作工具，并且介绍了它的应用场景，相信细心的你一定会发现我们上传的图片的尺寸比例均为 2:1（长是 2，宽是 1）。这样的图片生成了可以拖动的 VR 全景图，为什么会是比例为 2:1 的图片呢？怎么不是正方形的或者圆形的图片呢？

通常标准的 VR 全景图是一张长和宽的比例为 2:1 的图片，其背后的原因就是拍摄 VR 全景图时使用的是等距圆柱的投影方式。等距圆柱投影是一种将球体上的各个点投影到圆柱体的侧面上的投影方式，投影完之后再展开就得到了一张长和宽的比例为 2:1 的长方形的图片，如图 2-1 所示。

▲图 2-1

为了方便理解，我们首先了解后期拼接方法，在了解后期拼接方法的过程中会发现很多奥秘。如果先拍摄后拼接，初次接触 VR 全景摄影的摄影师有可能会制作失败。当然，本章是为了使大家快速上手而设立的，后面还是会按部就班地从原理说起。大家跟着本书的节奏进行学习，可以快速学会 VR 全景摄影。

2.1.1 准备拼接素材

既然知道了 VR 全景图是通过普通的平面图拼接而成的，那么可以先使用本书提供的拍摄好的素材来练手。在【素材】文件【人邮教育社区下载（www.ryjiaoyu.com）】中找到相应内容。

以下是用不同的设备拍摄的制作 VR 全景图所需的素材，如图 2-2 所示。

▲图 2-2

【手机拍摄全景图源素材】是用手机拍摄的制作 VR 全景图所需的素材。

【无人机拍摄全景图源素材】是用无人机拍摄的制作 VR 全景图所需的素材。

【鱼眼镜头拍摄全景图源素材】是用单反相机搭配鱼眼镜头拍摄的制作 VR 全景图所需的素材。

先分别将 3 种拼接前的素材下载到本地，打开【手机拍摄全景图源素材】文件夹，可以看到其包含的 42 张素材照片，如图 2-3 所示。

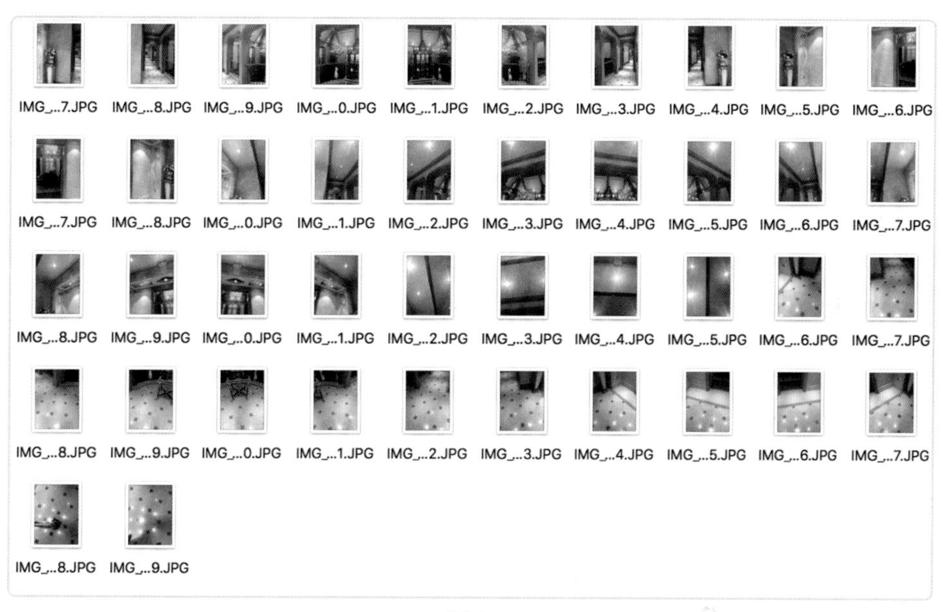

▲图 2-3

如果将这些素材照片紧密排列起来可以得到图 2-4 所示的图片，可以很直观地看到一个 VR 全景图的雏形。接下来要做的就是把这些图片拼接起来，最终得到一个完整的 VR 全景图。

▲图 2-4

采集拼接 VR 全景图所需的素材时对拍摄设备没有太多要求，为了方便，我们先对用单反相机搭配鱼眼镜头拍摄的素材进行拼接，再对使用手机拍摄的素材进行拼接。

2.1.2 准备拼接软件

我们所使用的拼接软件是 PTGui，读者可以在官网下载试用版软件进行练习。相对其他图片拼接软件来说，PTGui 可进行很细致的操作，例如手动定位添加控制点，矫正变形，调整画面水平位置、垂直位置、中心点等，非常方便，所以我们使用 PTGui 软件进行后期拼接操作。

通过官网下载 PTGui，目前的版本在 PTGui 11.0 以上，但事实上很多摄影师安装的是之前的版本（如 PTGui 10.15）。本章我们会分别使用两个版本的软件进行拼接操作介绍，但本书主要使用 10.15

版本的 PTGui 进行后期拼接操作，升级后的软件在操作原理和使用习惯上与此版本大同小异，在 8.5.3“PTGui 11.7 版本迭代功能”中会具体介绍其区别，读者可以根据自己的情况选择合适的软件版本进行拼接操作。

使用 PTGui 可以快捷方便地制作出 360 度 ×180 度的 VR 全景图，其制作流程非常简单，主要分为以下 3 个步骤。

扫码看全景
蜀山之王贡嘎

（1）导入一组原始的源图像。

（2）自动对齐图像。

（3）生成并导出 VR 全景图。

2.1.3 拼接 VR 全景图

1. 拼接单反相机拍摄的 VR 全景素材

通过官网下载 PTGui 11.7 试用版进行拼接操作，这个版本的软件是 2018 年 11 月发布的，目前已有中文版。试用版与授权版的操作方法和功能是一样的，但是使用试用版导出的合成好的图片会附带 PTGui 的水印。

PTGui 可以在 Windows 和 Mac 这两种操作系统中使用，本书主要演示在 Mac 操作系统中使用该拼接软件的相关操作，该版本软件在 Windows 操作系统中与在 Mac 操作系统中仅菜单栏有一些区别，使用方法完全一致。

（1）安装并打开。安装好 PTGui 后，打开软件可以看到一个窗口样式的工具，如图 2-5 所示。

（2）语言设置。单击界面中的⚙图标，弹出“Preferences”窗口。选择【General】-【Language】-【中文】，如图 2-6 所示。

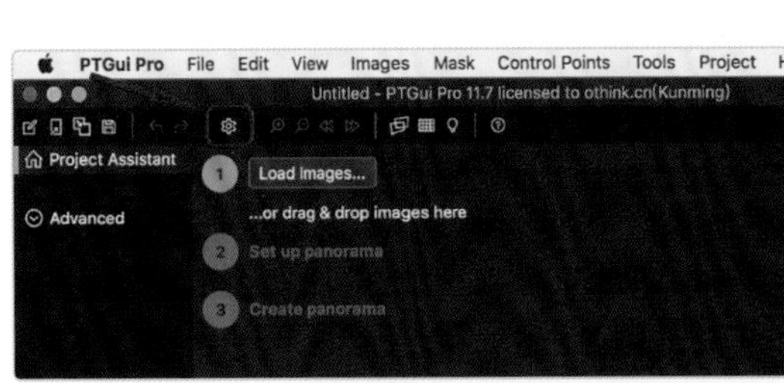

▲图 2-5

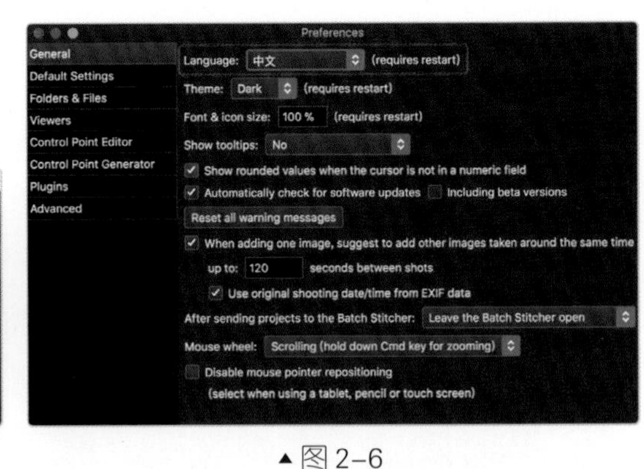

▲图 2-6

（3）重启软件。单击【ok】后重新启动软件，重启后的软件就变成了中文界面，如图 2-7 所示。

（4）加载图像。将【鱼眼镜头拍摄全景图源素材】文件夹中的全部图片加载到软件中，如图 2-8 所示。

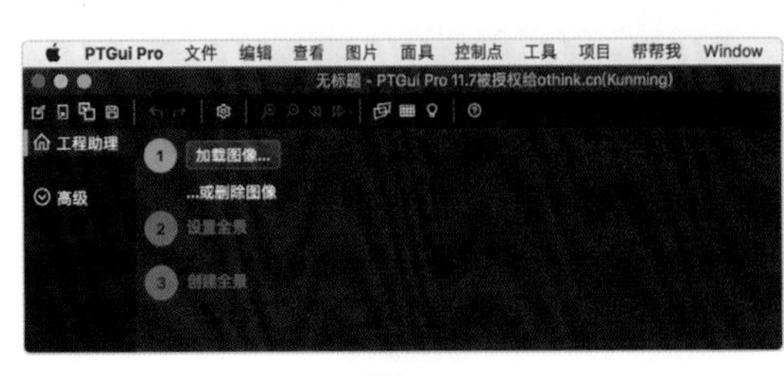

▲图 2-7

▲图 2-8

（5）设置镜头参数。图像加载完成后会弹出设置镜头参数的“焦距”窗口，如图 2-9 所示。如未弹出图 2-9 所示的窗口，即代表软件自动识别了镜头参数，也可单击图 2-8 中的【镜头参数】选项卡进行设置。这组图片是使用索尼 A7RII 全画幅相机配合佳能 EF 8-15 毫米 f/4L USM 鱼眼镜头所拍摄的，因此，在【焦距】中选择 15 毫米，在【镜头类型】中选择“Canon EF 8-15mm f/4L Fisheye USM”。

（6）加载数据库。设置好镜头参数之后，再对数据进行识别就可以加载之前设定的镜头数据库了，如图 2-10 所示。

▲图 2-9

▲图 2-10

（7）对齐图像。单击【对齐图像】（见图 2-11）后会弹出“请稍候...”的进度条，如图 2-12 所示。

▲图 2-11

▲图 2-12

软件在对齐过程中会弹出一个“全景编辑”窗口，我们可以检查一下画面是否有问题，如果得到如图 2-13 所示的图像即无问题。

（8）创建全景。回到初始的“工程助理”选项卡页面，我们可以看到【创建全景...】按钮，单击按钮后，页面如图 2-14 所示。

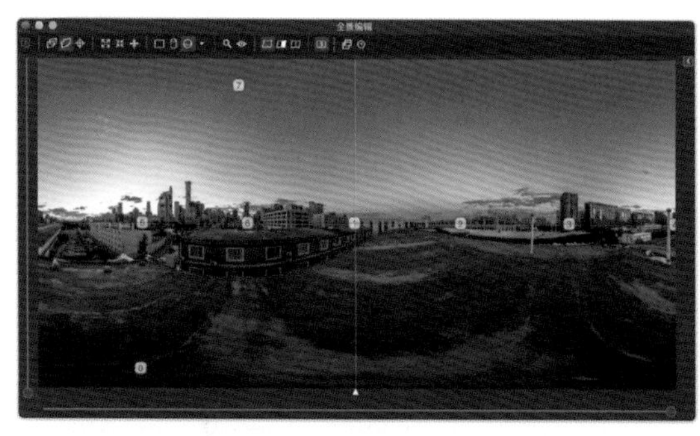

▲图 2-13

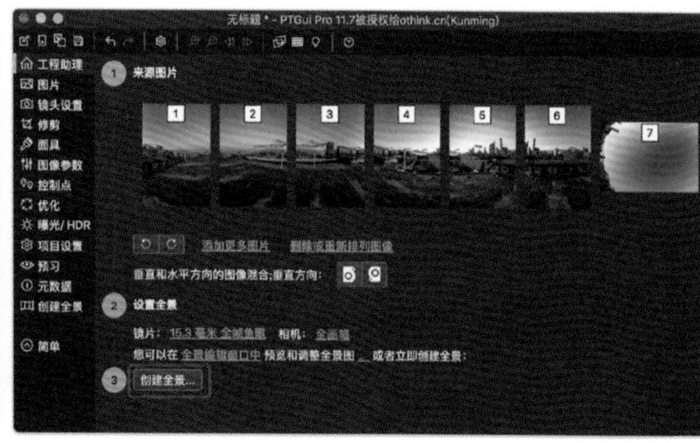

▲图 2-14

（9）设置创建参数。切换到【创建全景】选项卡，对创建参数进行设置，将图片宽度设为 10 000 像素，高度设为 5 000 像素，文件格式设为 JPEG（.jpg），并设置输出文件的目录，单击【创建全景】，如图 2-15 所示。

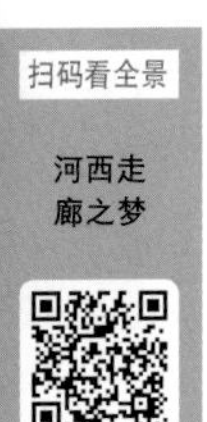

单击后会弹出一个“请稍候 ...”的进度条，如图 2-16 所示，随着进度条加载完毕，VR 全景图也合成输出完毕。

扫码看全景

河西走廊之梦

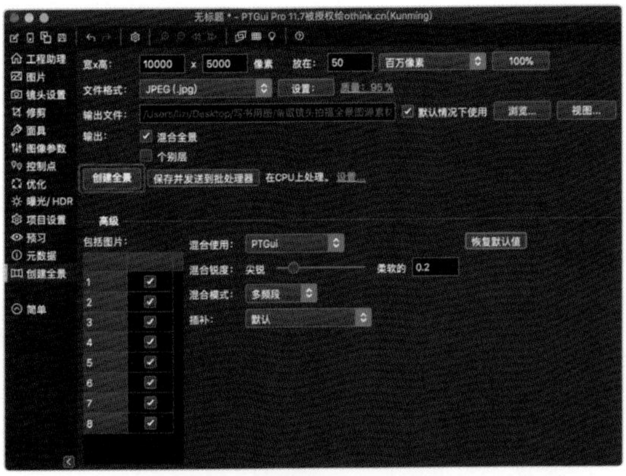

▲图 2-15

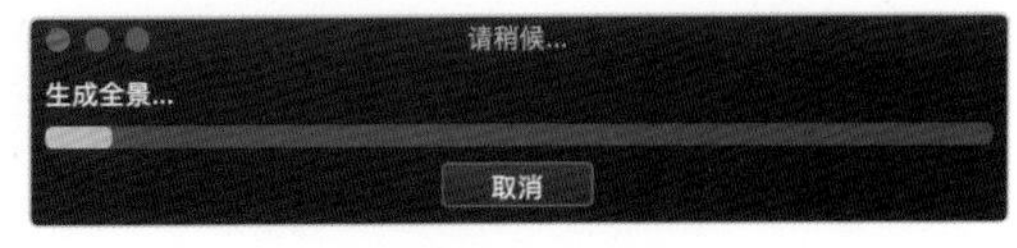

▲图 2-16

2. 拼接手机拍摄的 VR 全景素材

由于目前很多摄影师还是在使用 PTGui 11.0 之前版本的软件，我们接下来讲解使用 PTGui 10.15 进行拼接操作的步骤。

（1）安装完毕后启动软件，可以看到如图 2-17 所示的界面，软件的其他功能不在本章进行详细介绍，第 8 章会对 PTGui 的操作方法及功能进行详细讲解。

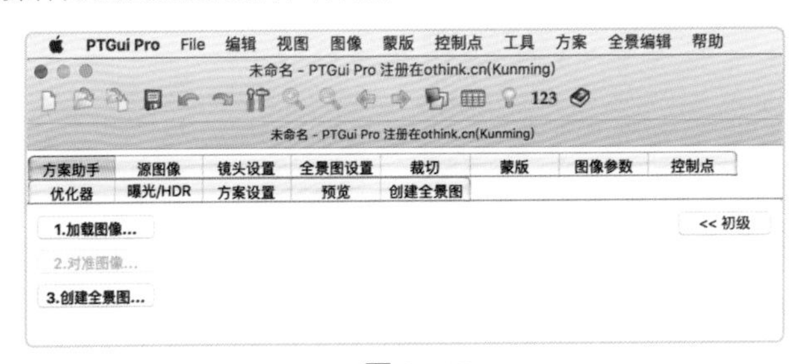

▲图 2-17

（2）为了保证拼接的高效和准确，首先要对软件进行简单的设置。

（3）单击快捷方式栏中的图标，如图 2-18 所示，会弹出一个“性能”窗口，如图 2-19 所示。切换到【控制点生成器】选项卡，将“生成最多 × × × 个控制点在每对图像”中的文本框里的数字改为 150(这个版本的软件默认参数为 15，PTGui 11.0 以上版本的默认参数为 100 以上)。设置完毕单击【好】，保存设置，这样的设置会让拼接更加准确。

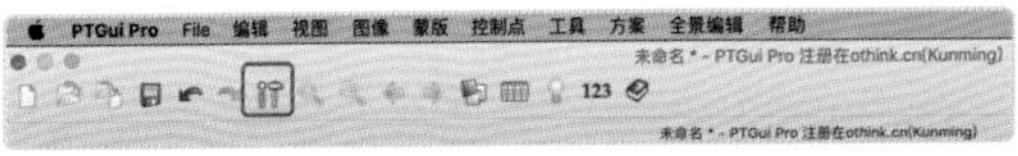

▲图 2-18

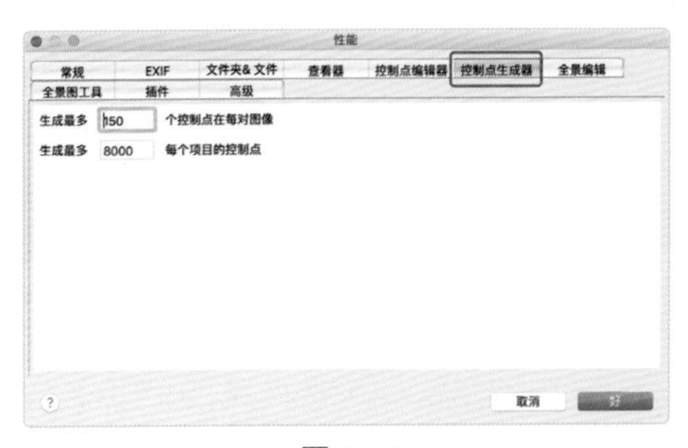

▲图 2-19

（4）单击【1. 加载图像 ...】，如图 2-20 所示，找到刚才下载的【手机拍摄全景图源素材】文件夹，打开文件夹，全选图像，单击【Open】。

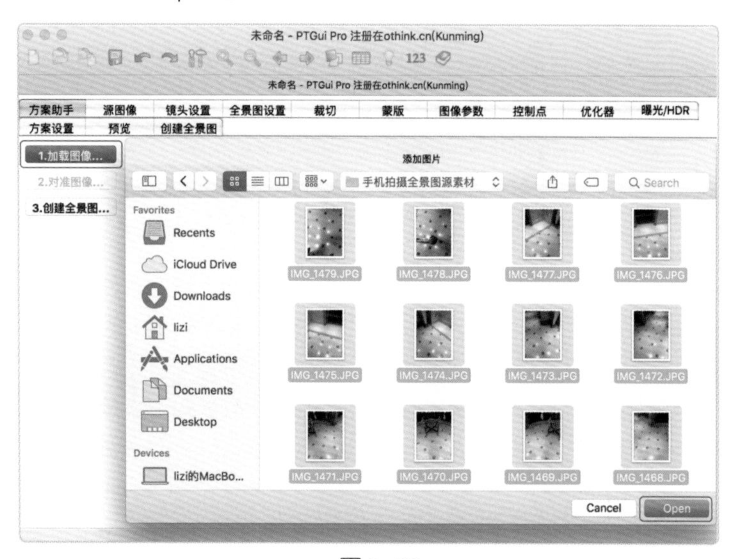

▲图 2-20

（5）将手机拍摄全景图对应的源素材载入软件中，如图 2-21 所示。

▲图 2-21

（6）单击【2. 对准图像 ...】，会弹出一个“请稍等 ...”的进度条，如图 2-22 所示，并等待进度条加载完毕。

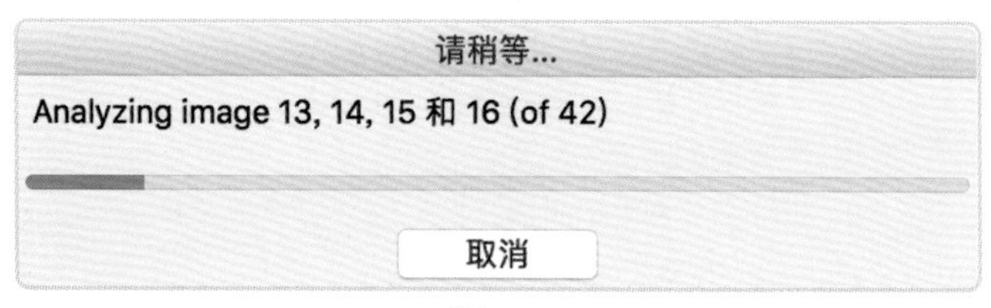

▲图 2-22

（7）单击【3. 创建全景图 ...】会切换到【创建全景图】选项卡，我们可以看到选项卡内自动填入了尺寸等信息，如图 2-23 所示。

▲图 2-23

（8）设置创建参数。我们将宽度设置为 10 000 像素，将高度设置为 5 000 像素，将文件格式设置为 JPEG（.jpg），并设置输出文件的目录，单击【创建全景图】，这时会弹出一个“请稍等 ...”的进度条，如图 2-24 所示，随着进度条加载完毕，VR 全景图也合成输出完毕。

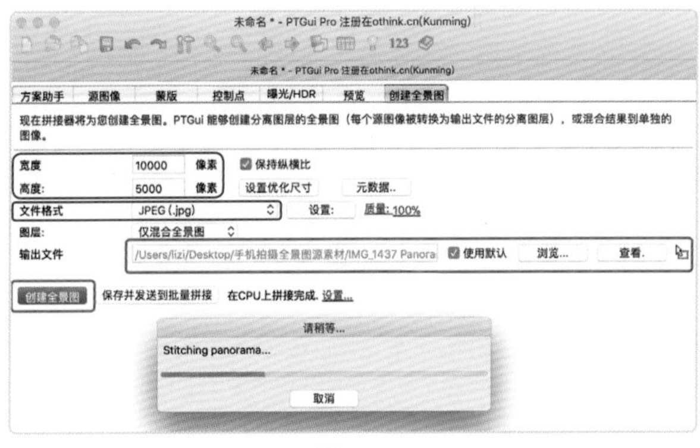

▲图 2-24

（9）对刚才生成的方案进行保存。我们可以按【Ctrl+S】组合键（Windows 操作系统）或【Command+S】组合键（Mac 操作系统）对方案进行保存，也可以在菜单栏选择【File】-【保存方案】，如图 2-25 所示，对方案进行保存，方便后面进行细节处理的时候再调出方案。

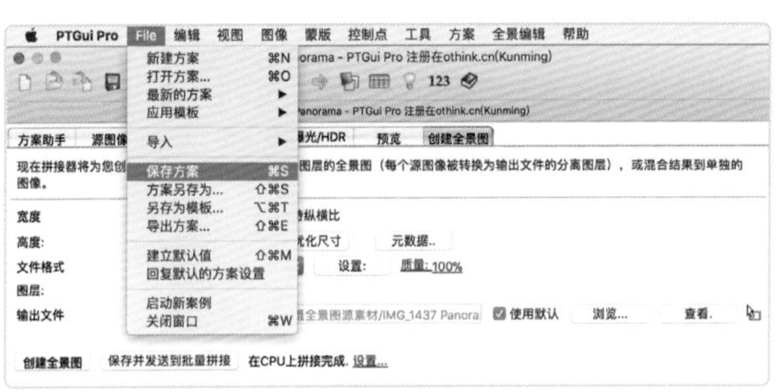

▲图 2-25

（10）保存操作的默认设置。保存方案后，即可调出“保存项目”窗口，如图 2-26 所示。在源图像所在的目录中会保存一个 PTS 格式的文件。后面需要使用这个方案的时候，打开这个文件便可启动 PTGui 刚才生成的这个方案。

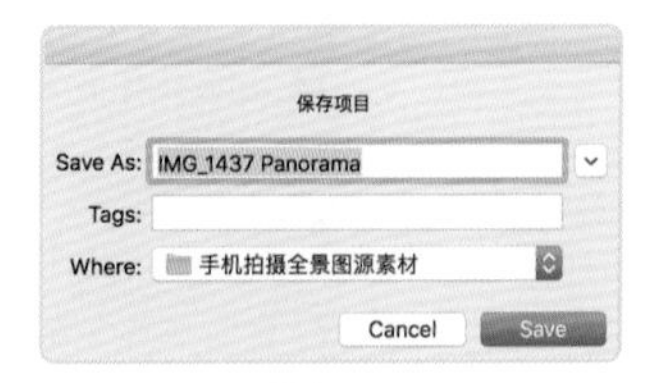

▲图 2-26

2.1.4 检查 VR 全景图

找到 VR 全景图的输出目录并打开文件，可以看到一张通过手机拍摄的画面比例为 2:1 的图片，如图 2-27 所示，这就是一张 VR 全景图，已经成功拼接出来了，是不是很简单?

▲图 2-27

下面通过 PTGui 自带的播放器 PTGui Viewer 查看这张图片，具体操作如下。

（1）选中要查看图片，单击鼠标右键，在弹出的快捷菜单中选择【打开方式】-【PTGui Viewer (1.1)】，如图 2-28 所示，查看图片。另一种查看图片的方法是，启动 PTGui，在菜单栏选择【工具】-【PTGui 查看器】，如图 2-29 所示，打开查看器，再将合成好的图片通过播放器打开查看。

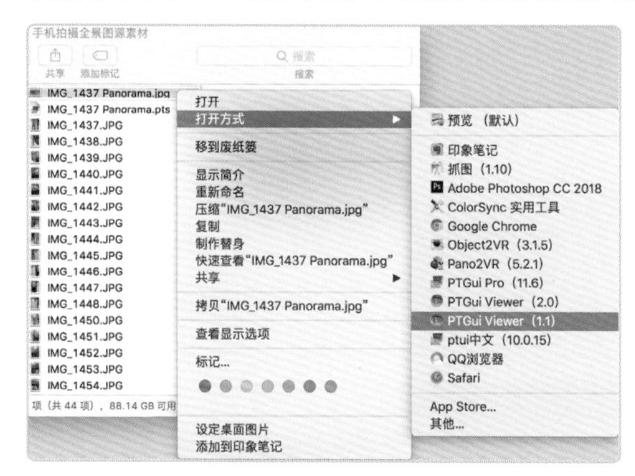

▲图 2-28

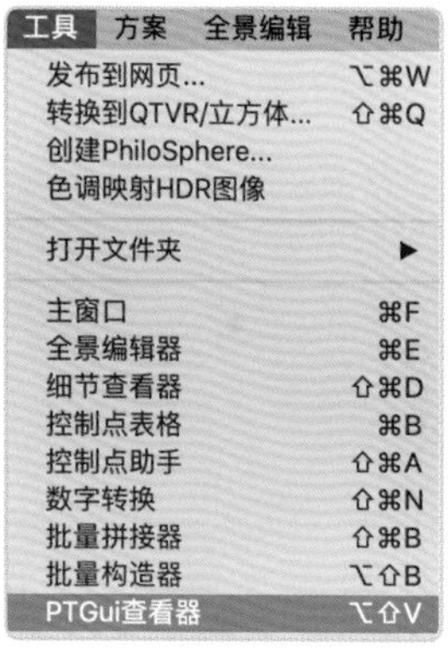

▲图 2-29

（2）打开播放器后，可以看到地面底部视角有脚架等瑕疵，如图 2-30 所示。

▲图 2-30

扫码看全景

城市地标风光

（3）拖动图片观看，可以看到图片有些向左倾斜，如图 2-31 所示，即画面“不正”。

▲ 图 2-31

（4）画面左上角还有拼接错位等问题，通过播放器就可以看出这些问题。接下来通过软件的其他功能解决此类问题。

2.1.5 图片细节优化

图片细节优化的具体步骤如下。

（1）重新打开 PTGui 软件，对图片进行水平矫正。打开刚才保存的文件，利用软件进行水平调整，单击【全景编辑】，会弹出“全景编辑”窗口，拖动下方的三角滑块会出现网格参考线，如图 2-32 所示。

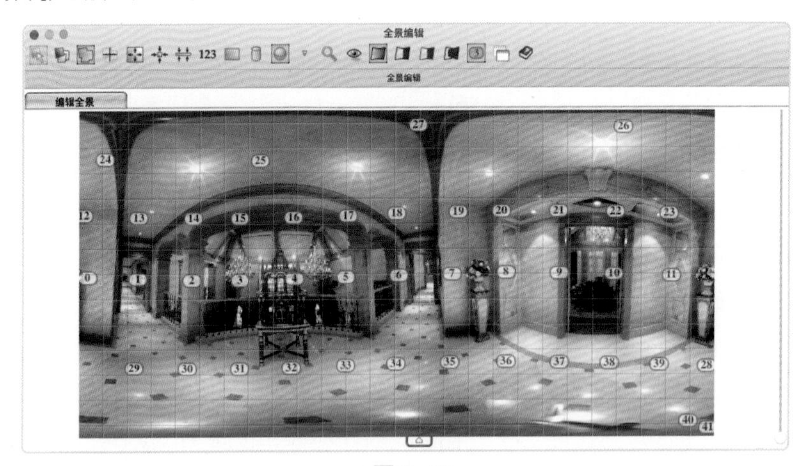

▲ 图 2-32

（2）通过上方的【123】数值变换工具对图片进行水平调整，如图 2-33 所示，通过 x 轴可以调整画面视角中心，通过 z 轴和 y 轴可以对画面的倾斜情况进行调整。最小输入值（正值）为 0.1，若调整过度可以输入负值进行再调整，直至画面中的墙边缘与网格参考线保持平行为止，如图 2-34 所示，这时就成功矫正了画面，最后进行导出操作。

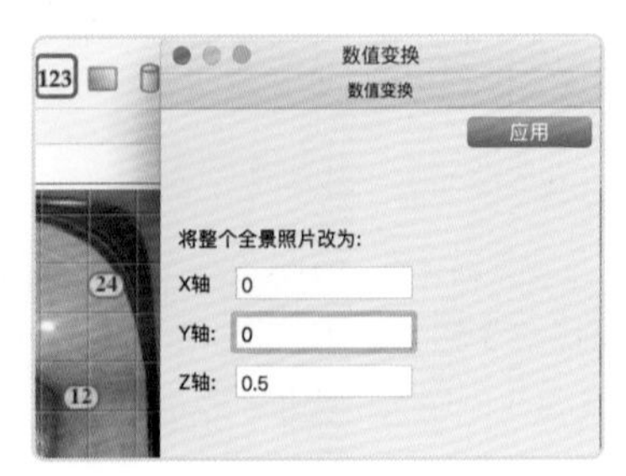

▲ 图 2-33

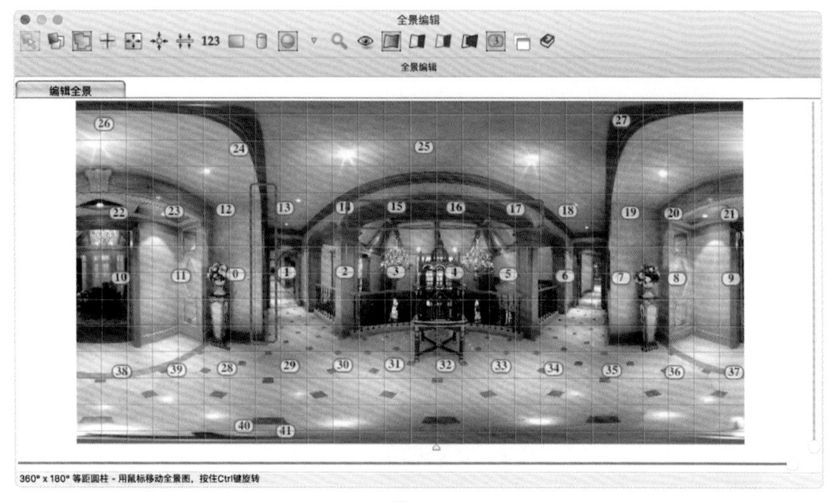

▲图 2-34

使用 PTGui 软件制作 VR 全景图的初步介绍就到此为止，第 8 章会对 PTGui 软件进行重点讲解，让读者在遇到各种特殊情况时都可以轻松应对。

拍摄 VR 全景图

2.2 动手拍摄

通过对后期拼接的学习，我们基本掌握了 VR 全景图的后期拼接流程。由于拼接素材是本书提供的，读者一定跃跃欲试，希望自己动手拍摄一组 VR 全景图的素材。

在 2.1 节中说到过，制作 VR 全景图需要先使用拍摄设备捕捉整个场景的图像信息，再使用软件拼接。通过学习拼接素材的流程，聪明的你可能已经可以猜到拍摄素材的大致方法了，即，使用拍摄设备进行旋转拍摄取景，如图 2-35 所示。不过在实际拍摄过程中还有许多问题需要注意。

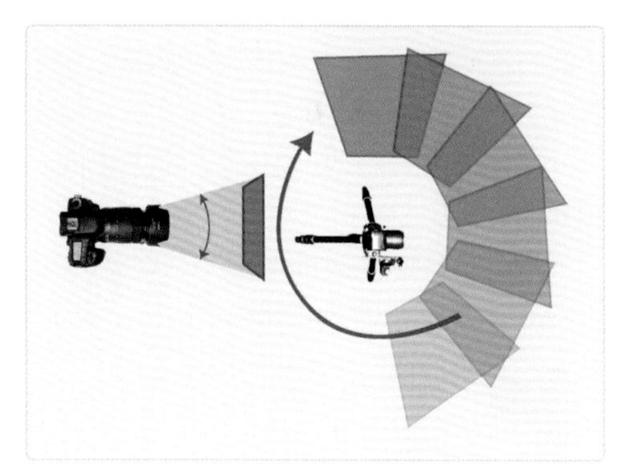

▲图 2-35

2.2.1 拍摄设备

说起 VR 全景拍摄，很多人会觉得所需设备门槛非常高，需要专业的单反相机、鱼眼镜头、无人机、节点云台等。接下来将讲解在没有专业设备的情况下，如何使用手机进行拍摄。在 2.1.3 小节中，我们已经对使用手机拍摄的图片成功进行了拼接，接下来就揭晓 VR 全景图的拍摄过程。

使用手机拍 VR 全景图需要有以下 4 种主要设备。

（1）记录画面的设备。一部具备拍照功能的手机，任意品牌均可，如图 2-36 所示。

（2）全景云台。例如便携版（mini）720yun 全景云台，如图 2-37 所示。如果你手上有球形云台也是可以的，但是其拼接出的图片的错位问题很难修复，在 2.2.2 小节中将会讲解具体原因。

▲图 2-36

（3）支架。三脚架、720yun 自拍杆、720yun 独脚架等可以立在地面上的支架均可，如图 2-38 所示。

（4）无线相机遥控器。蓝牙遥控器、控制手机的线控耳机等均可（主要为了方便拍摄，非必备品），如图 2-39 所示。

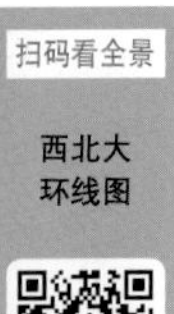

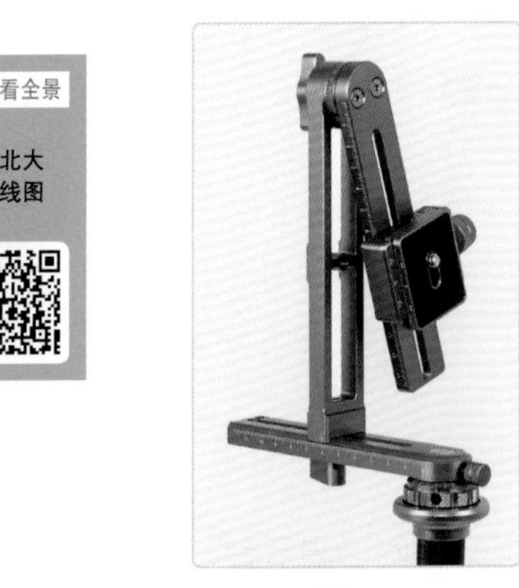

▲图 2-37

▲图 2-38

▲图 2-39

单反相机与手机的拍摄方法是大致一样的，第 7 章会详细讲解使用单反相机拍摄 VR 全景图的方法。

2.2.2 认识视差

准备好设备后需要简单了解一下什么是视差，我们通过一个小实验来进行讲解。保持头部不动，闭上左眼，睁开右眼，伸出右手的一根手指，移动手指使其与右眼看到的面前的垂直物体相重合，即保持三点一线。在手指不动的情况下，闭上右眼，睁开左眼，会发现手指与前方的垂直物体不在一条直线上，手指向右移动了一小段距离，这种现象就是视差。产生这种现象的原因很简单，因为观察位置发生了水平位移。

在数码接片摄影中，如何消除视差则成了关键问题。在 VR 全景图的拍摄过程中，如果相机发生位移，或者相机没有围绕一个节点旋转就会出现视差，导致拍摄图像中的物体发生位移，给数码接片的配准对齐造成麻烦，最终影响接片质量。导致视差的原因就是视点发生了位移。如果相机可以围绕一个圆心（节点）旋转拍摄，就可以解决视差问题。关于镜头节点的问题在 4.2 节会详细进行讲解。

使用球形云台，相机无法以镜头节点为圆心旋转。使用球形云台拍摄宽幅接片还可以完成，但是拍摄 VR 全景图就会很困难，这就是为什么要使用全景云台拍摄 VR 全景图。在 4.2.4 小节中会详细讲解其原理。

2.2.3 拼接要点

VR 全景图是通过画面重叠识别进行拼接的，图片拼接通常以两张相邻的图片的相关特征作为相互拼接的参考依据，所以拍摄 VR 全景图至少需要相邻两张图片有 25% 的画面重叠。

像 PTGui 这样的拼接软件可以通过识别、计算相邻图片重合部分的相似点，将多张图片拼接成一张图片。把之前拼接的图片的源素材进行排列，从图 2-40 中可以看到，【图片一】与【图片二】这样相邻两张图片的红色虚线框中的画面是重叠的，这是图片拼接的必要条件，不管是用手机拍摄还是用单反相机拍摄的素材都需要满足这一条件。

▲图 2-40

如果不是很明白，没关系，先动手拍摄，遇到问题可以在后面的学习中找到答案。VR 全景摄影最核心的一个概念就是“节点”。如果你手上拿的是单反相机，可以在 7.1 一节中了解如何安装相关设备，第 7 章讲解的主要内容是通过单反相机来拍摄 VR 全景图。

2.2.4 设备安装

接下来对手机和全景云台的安装进行讲解。（为了避免走弯路，还是建议准备 mini 全景云台，这是一款为手机定制的全景云台。）

首先组装全景云台，如图 2-41 所示；再将手机固定到全景云台上，如图 2-42 所示。

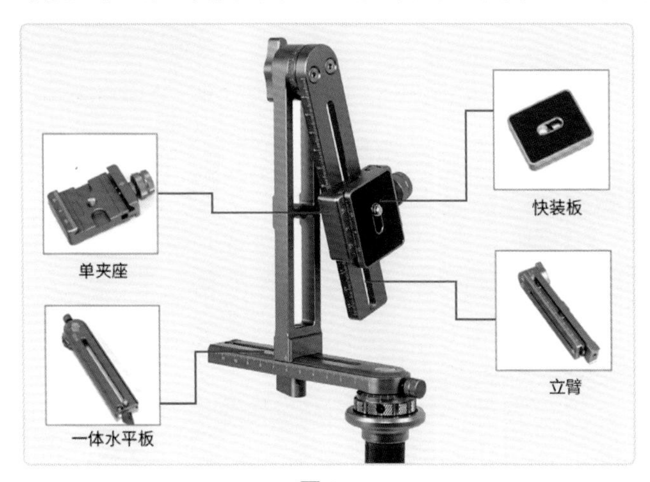

▲图 2-41

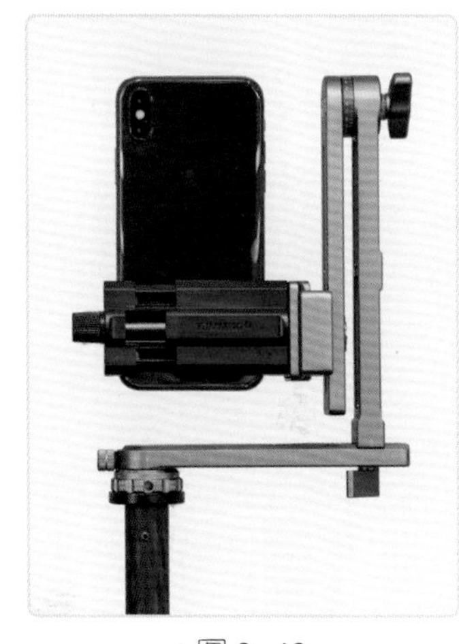

▲图 2-42

按照上述示意图安装手机的目的就是在拍摄 VR 全景图的时候让手机的镜头以主摄像头为圆心进行旋转，从图 2-43 可以看出，手机的主摄像头（打开相机应用后，用手遮住一个镜头即可判断哪个是主摄像头）的横轴要对准全景云台立臂的上方可以旋转的轴的位置，竖轴要对准全景云台的一体水平板与脚架的连接轴的位置，参考红色箭头位置进行安装。如果是其他类型的手机，只需要移动一体水平板，调整立臂的位置即可。

▲图 2-43

使用这种方式安装手机就是为了避免视差，你可以测试一下这样安装手机，左右旋转手机或者上下旋转手机是否都是将主摄像头作为圆心进行旋转的。我们将所看到的场景按前后、左右、上下的顺序有计划地拍摄下来就是 VR 全景图的拍摄方法。

2.2.5 用手机拍摄 VR 全景图

扫码看全景

冰川风光

在使用手机拍摄 VR 全景图时需要注意一个问题，打开手机上自带的相机，可以看到手机上通常有个全景功能，如图 2-44 所示，这个全景功能是无法拍摄出我们需要的 VR 全景图的。这个全景功能拍出的全景图是宽幅接片全景图，其无法完整地记录天空和地面，所以无法拼接成真正意义上的 VR 全景图。

手机拍摄 VR 全景图

▲图 2-44

在取景的时候，把当下眼睛所能够看到的景象，围绕一个视点全部记录下来就可以拼接成一张完整的 VR 全景图。先确定拍摄设备取景范围的大小，通过保证每相邻两张素材至少有 25% 的重叠来确定拍摄素材的数量。通过手机拍摄 VR 全景图需要拍摄 40 张素材图，图 2-45 展示的是排除一张地面图后的 39 张图，在拍摄的画面的下方有手机旋转方位与之对应。通过图 2-45 可以看出，手机是从上（仰拍）、中（水平拍摄）、下（俯拍）3 个方向共旋转 3 圈进行拍摄的。

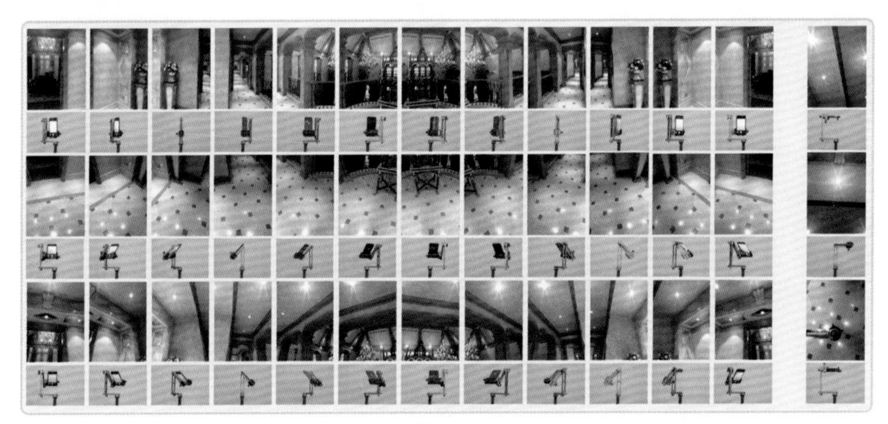

▲图 2-45

用手机拍摄 VR 全景图的具体操作步骤如下。

（1）先将手机平行放置，每转动 30 度拍摄 1 张照片。将全景云台的分度台的定位旋钮拧紧后，在每转动 30 度的时候，mini 全景云台会给出一个到达 30 度的触感反馈，这样就不需要时刻盯着转盘的度数，手机转动 1 圈合计拍摄 12 张照片。

（2）将 mini 全景云台的立臂向上仰 45 度，每转动 30 度拍摄 1 张照片，手机转动一圈合计仰拍 12 张照片。

（3）将 mini 全景云台的立臂向下调 45 度，每转动 30 度拍摄 1 张照片，手机转动一圈合计俯拍 12 张照片。

（4）这时候还缺少天空和地面，翻转全景云台的立臂为 90 度，手机垂直向下拍摄 2 张照片（第 1 张照片拍摄时手机呈南北朝向放置，第 2 张照片拍摄时手机呈东西朝向放置），再垂直向上拍摄 2 张照片（第 1 张照片拍摄时手机呈南北朝向放置，第 2 张照片拍摄时手机呈东西朝向放置）。

这样就完成了全部的拍摄。

手机型号不同，镜头的取景范围会有一些区别。可以加装手机配件来扩大取景范围，例如加装广角镜头、鱼眼镜头等，这样拍摄 VR 全景图时所需要的素材的数量就会少很多。

2.2.6 注意事项

在拍摄之前，要对手机进行曝光锁定设置，这是为了保证拍摄的每一张照片的明暗度是一致的，这样拼接出来的照片才没有违和感。

选择曝光点时，为了方便后期处理，前期拍摄要做到“宁欠勿曝”。这个时候可以选择整个环境中偏亮的地方，例如户外等。以苹果手机为例，长按屏幕，此时屏幕上方会显示自动曝光锁定和自动对焦锁定，使用安卓系统的手机可以手动调整锁定参数。

拍摄的时候拍摄者要站在手机后面，防止将自己拍入画面中。

拍摄的时候可以用手机的蓝牙遥控器控制，打开手机蓝牙，连接蓝牙遥控器，如图 2-46 所示，这样可以提高拍摄效率，也可以防止手机抖动导致画面模糊。

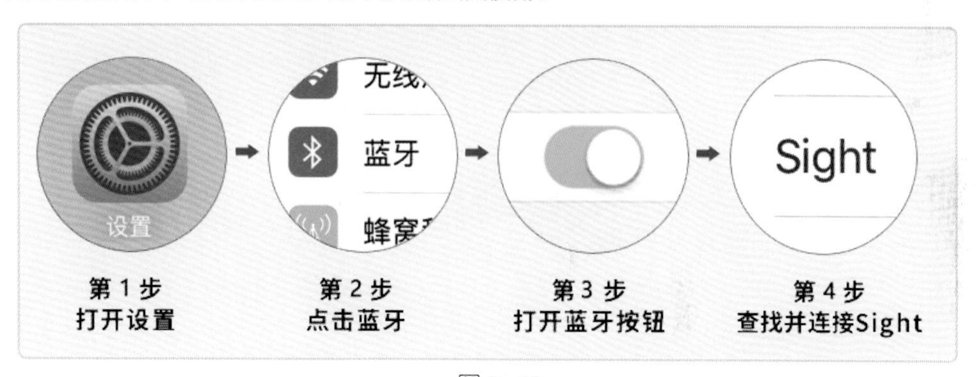

▲图 2-46

如果使用三脚架，三脚架尽量不要张得太开，应稍微集中一些，这样拍摄的面积就会大一些，拼接起来更方便。

这样，VR 全景图的前期素材就拍摄完毕了，你可以拿着自己拍摄的素材按照 2.1.3 小节讲述的 VR 全景图的拼接方法进行拼接，拼接好一个完整的 VR 全景图后就可以通过 720yun 平台进行分享了。

本书前两章对 VR 全景图的基础知识和快速上手拍摄 VR 全景图的方法的介绍已经结束，即使你已经完全掌握了拍摄与拼接方法，在反复练习的情况下，还是可能遇到很多的问题或者在有些细节的处理上效果总是不够理想，那就准备好开始系统地学习 VR 全景图的制作方法吧！

第 3 章

再识 VR 全景

第 3 章总述

通过第 1 章和第 2 章的学习和实操，你应该对 VR 全景这个概念有了基本的认识。掌握了基本流程后就可以拍摄出一些作品了，但是如果你想拍摄出一个佳作，就要对前两章的内容进行深入理解。在后面的学习中，你不仅会了解拍摄出佳作的多种方法，还会了解拍摄原理。当你能充分掌握其中的技巧和方法，并且知其然也知其所以然的时候，那么你在任何场景和各种特殊情况下应该都可以发挥出超高的水平，以使拍摄结果达到自己满意的效果。

人类获取信息的过程，大致经历了从“单向”到“双向”，从“一维”到“多维”，从“简单”到“复杂”的过程。VR 技术正是顺应了这一趋势，在现有人机交互的基础上，实现了更为真实的体验，使得用户在获取信息的过程中体会到更强的交互感和沉浸感。

VR 技术出现较早。早在 20 世纪 50 年代，Morton Heilig 就发明了 Sensorama 设备。这是一款集成体感装置的 3D 互动终端，用户坐在上面能够观看 6 部炫酷的短片，非常新潮。但是它看上去硕大无比，像是一台医疗设备，无法成为大众娱乐设施。

VR 行业是具有较长历史的新兴产业，从关键技术上看，目前的 VR 行业形成了以眼镜显示、渲染处理、感知交互、网络传输、内容制作为主的技术体系。在内容展示方面主要分为静态内容和动态内容两大类，在两类内容中又包含虚拟和真实的场景内容，例如动态的内容可以通过计算机制作，静态内容也可以通过计算机制作。一般情况下，动态的视频内容有实拍场景，也有通过计算机渲染制作的场景。

3.1 VR 全景内容——视频

全景视频技术是一种很早就诞生的技术，但它在近年来才真正成熟。全景视频可以理解为在一定空间范围内记录一段时间动态的全景图片。

由于很少将矩阵类型的视频称为全景视频（即两者不会产生混淆），这里的全景视频特指水平视角等于 360 度、垂直视角等于 180 度的视频内容，也可以称为 VR 全景视频。

我们知道传统视频是连续的图像，包含多幅图像及图像的运动信息。传统视频是人类肉眼的“视觉暂留”和“脑补”现象，即光信号消失后，“残像”还会在视网膜上保留一定时间，大脑通过“脑补”自行补足中间帧的画面，最终在它们的混合作用下，人们误以为每秒播放 24 帧的图像是连续的，这是传统视频的基本原理。全景视频也一样，通过相机连续记录空间内不同角度的视频，再将其拼合成一个完整的球形视频。

通过显示终端（如头盔、眼镜等）观看拍摄好的全景视频的沉浸感会更好，转动头部就可以看到视频中每个方向的图像。目前市场上很多企业为了降低创作者的创作门槛，研发出了方便的一体式 VR 全景相机，用户可以通过该相机实时进行记录与拼接，方便地拍摄全景视频。

3.1.1 实景全景视频

1. 拍摄设备

全景视频拍摄设备通常分为一体式 VR 全景相机和组合式 VR 全景相机两大类。

（1）一体式 VR 全景相机，即一个整体的相机，摄像头可以同时对多个画面进行记录。Insta 360 Pro 2 VR 全景相机，如图 3-1 所示，以及理光（RICOH）THETA 双目 VR 全景相机，均属于一体式 VR 全景相机。

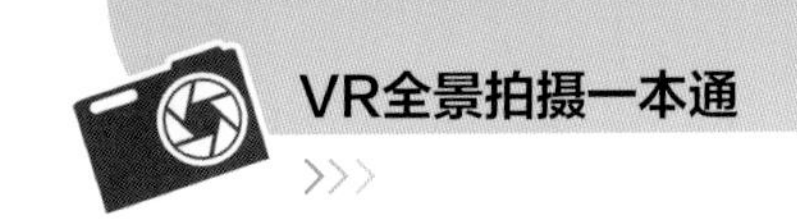

（2）组合式 VR 全景相机。该类相机通常需要对空间分别取景，例如通过多个相机组合在一起分别录制，如图 3-2 所示。

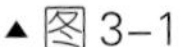
▲图 3-1

▲图 3-2

2. 拍摄方法

这两种类型的相机都是对完整空间同时开始录制，拍摄时保证所有的摄像头同时开始录制内容即可。两者的主要区别在于，一体式 VR 全景相机单个镜头的成像画质可能无法媲美组合式 VR 全景相机单个镜头的成像画质。但是一体式 VR 全景相机的使用方便程度大大超越了组合式 VR 全景相机，并且有些一体式 VR 全景相机自带陀螺仪防抖功能，可以有效防止画面抖动，这可以为后期减少很大的工作量。总的来说，全景视频的拍摄过程是相对比较简单的。但是因为全景视频拍摄过程是利用设备全方位地进行空间记录，所以需要注意拍摄者入画和脚架的穿帮问题。同时，全景视频的拍摄方式与传统平面视频的拍摄方式有很大的区别，需要拍摄者非常注意。

3.1.2 全景视频后期及展示

当采集完视频素材后，一体式 VR 全景相机通常会自动进行拼接，形成一个画面比例为 2:1 的视频。如果是制作要求比较高的专业级的视频内容，就需要单独对每一个画面进行调色和拼接缝合处理。制作全景视频的后期工作量比制作普通视频要大得多，并且合成后的视频占用的存储空间非常多，例如使用 6 目的一体式 VR 全景相机拍摄的一个 8K、30 帧的全景视频，每分钟的源素材体积会达到大约 5GB，这对计算机的处理性能要求十分高。后期通常用 Mistika、Autopano Giga 等软件对源素材进行缝合处理，并使用 Adobe Premiere 等软件进行视频编辑，如图 3-3 所示。

目前市场上的设备可以输出 4K、6K、8K 等不同分辨率的全景视频文件，当然分辨率较高的全景视频需要使用处理性能更好的显示终端才能观看。

全景视频在普通视频播放器上播放的画面比例也是 2:1，但是画面的上下端都是变形的，想要以正常视角观看全景视频需要使用全景视频播放器，例如 720yun 全景视频播放器或者 Crystal View 播放器等。Crystal View 播放器可以在大屏幕或移动端进行播放，可以通过鼠标或手指拖动画面查看想要看的内容，还可以使用 VR 眼镜（见图 3-4）进行沉浸式观看，通过转动头部来控制看到的内容。

▲图 3-3

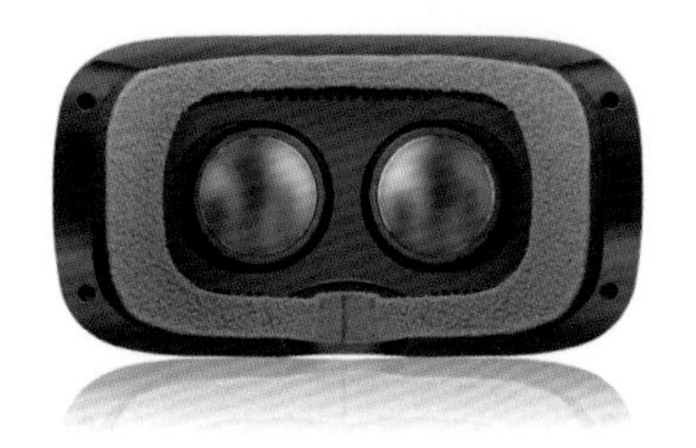

▲图 3-4

贴士

拍摄全景视频还需要注意帧率的问题。我们想要通过全景视频体验身临其境的感觉，一般会配合 VR 眼镜进行观看。使用 VR 眼镜观看全景视频，24 帧的帧率无法满足观看者的视觉需求，延迟和卡顿的现象会让观看者眩晕，所以市面上的 VR 全景相机在追求便捷性的同时还在不断地提高帧率。

3.1.3 拍摄注意事项

在使用组合式 VR 全景相机拍摄时需要注意以下 4 个问题。

1. 保证足够的安全距离

通过对视差和镜头节点的学习可以了解到，每一次采集画面都需要围绕相同的镜头节点进行拍摄，但是组合式 VR 全景相机由于物理空间的问题，很难让设备的每一个镜头都围绕相同的节点拍摄，这时候就会无法避免地产生视差。在合理距离下，视差可以通过软件进行后期强行拼接，但是在镜头与场景之间距离比较近的情况下，再强大的后期拼接软件都可能“无能为力”，强行拼接会使相邻的两个镜头的画面拼接处产生明显的错位。所以对组合式 VR 全景相机的支架节点的控制就显得尤为重要，拍摄时也需要注意镜头的安全距离，简单来说就是场景不要太过于靠近镜头，尤其是两个镜头交错的边缘位置。组合式 VR 全景相机的安全距离通常为 50 厘米～ 200 厘米。

2. 每个单独的相机需要同步开启录制

不管使用几个相机组合，每个镜头背后都有一个独立的相机，那如何保证各相机同步开启录制就是一个非常值得重视的问题，不然在后期缝合的时候你就需要为每一个镜头进行同步对帧处理。当然你也可以拍摄一些创意视频，让同一个人在全景视频中同时出现两次及以上。同一个人在每个镜头录制的时候都出现，后期再拼合在一起，这样就可以使该人在全景视频中同时出现多次了。

3. 所有相机的参数设置需要相同

这与 VR 全景图的拍摄原理一样，每个镜头背后都有一个独立的相机，需要把每个镜头的参数（光圈值、快门速度、感光度、色温等）设置成相同的，不然在后期拼接时会出现画面明暗不一致或者颜色不一致的问题，这也是需要注意的。

4. 避免相机抖动

在拍摄全景视频的过程中难免会移动机位（例如航拍全景视频），如果需要移动机位就要非常注意相机的抖动问题，通常需要利用稳定云台来避免相机抖动。如果是所有相机整体的抖动，通过后期可以处理，如果每个相机在不同方向或以不同频率抖动就很难处理了，所以在拍摄时需要有效地避免相机的抖动。

3.1.4 虚拟全景视频

虚拟全景视频通常是指借助计算机动画制作技术所制作出来的全景视频。计算机动画大致可以分为二维动画（2D 动画）和三维动画（3D 动画）两种。通常情况下，我们就是通过日常听到的 CG（Computer Graphic）技术来完成全景视频的制作的。随着以计算机为主要工具进行视觉设计和生产的一系列相关产业的形成，国际上习惯将利用计算机技术进行视觉设计和生产的领域统称为 CG。它既包括技术又包括艺术，几乎囊括了当今计算机时代中所有的视觉艺术创作活动，如图 3-5 所示。

CG 中的 3D 制作流程包括模型制作、灯光制作、材质渲染、细节润色、渲染合成等。3D 建模能够制作电影，粒子系统可以完成流体制作效果。用不同的模拟软件进行模拟，经过渲染和后期制作，不管是烟雾、龙卷风，还是浪花、河流，你都能够通过软件制作出来。

制作三维动画的软件有 3D Studio Max、Autodesk Maya 等。短短十几年，CG 以高端科学技术为依托，以无限的创意为内容，彻底颠覆了传统视觉时代，开辟了图像新时代。当然，这个技术应用在全景视频中就更加契合了，不需要考虑画面的穿帮问题，也不需要考虑演员的走位或者相机的运动问题。例如，爱奇艺 VR 采用引擎制作的全 CG VR 影片《无主之城 VR》(见图 3-6)，就能使观众在电影中获得真正的 6Dof (6 自由度) VR 体验。这部电影与数字王国空间开发的 VR 座椅相匹配。电影中的 6Dof 内容与物理交互相结合，座椅所具有的大幅度旋转和倾斜的独特功能让观众融入角色故事中去体验飞行、失重、撞击、坠落等普通 VR 影片所无法传达的视听感受。

▲图 3-5

▲图 3-6

本书会重点讲解 VR 全景图的制作方法，当你学会 VR 全景图的拍摄与制作后，再学习全景视频的制作就会更加得心应手了。

VR 全景内容——图片 - 实景

VR 全景内容——图片 - 虚拟

3.2 VR 全景内容——图片

VR 全景图根据其生产工艺也可以分成两类，一种为实景 VR 全景图，即通常是通普通相机、VR 全景相机或其他设备拍摄真实空间，从而对所处的空间进行全方位的记录，再通过后期拼接形成的 VR 全景内容。另一种为虚拟 VR 全景图，可以使用三维建模软件和手绘等方式构建而成虚拟 VR 全景。实景 VR 全景图根据视点的高低又可以分成两大类，分别为地面图和航拍图。

3.2.1 实景 VR 全景——地面图

实景 VR 全景的地面图通常是通过将相机置于三脚架上，然后将三脚架支撑在地面进行取景拍摄，使用一体式 VR 全景相机或单反相机对空间进行完整记录，再通过拼接形成的对应空间的 VR 全景内容。地面 VR 全景的拍摄视角往往与人眼视角相符，拍摄时机位的高度不同，拍出的 VR 全景图的视觉效果差异较大，因此可以按机位高低对其进行分类。

其实地面图和航拍图主要是因为拍摄所用的设备不同才分成这样两类，但不管是航拍 VR 全景图还是地面 VR 全景图，都只是视角高低不同罢了。地面视角也有多种不同的表现形式，例如普通视平线 VR 全景图、高杆 VR 全景图和悬空 VR 全景图等。

1. 普通视平线 VR 全景图

普通视平线 VR 全景图即在普通人站立时的视平线下拍摄的 VR 全景图，这类图片的视角高度和人正常站立平视时的视角高度相符，视觉感受会更加真实，如图 3-7 所示。

▲图 3-7

2. 高杆 VR 全景图

高杆 VR 全景图是在利用比较高的摄影辅助脚架等设备将相机的机位架高，让相机在离地面 3 米以上的情况下拍摄的。在比较空旷的场景下适合使用此种方法，例如剧院、广场、古建筑等，高杆 VR 全景图会给人一种宽广大气的感觉，如图 3-8 所示。

▲图 3-8

3. 悬空 VR 全景图

悬空 VR 全景图大致可分为两种，一种是普通视平线高度，但在机位悬空的位置，用横杆将相机伸入自己不方便进入的地方拍摄的 VR 全景图，例如用横杆伸入的方式拍摄汽车内饰的 VR 全景图。

另一种是在高大建筑物高层的窗口或露台上，用横杆将相机伸出窗外拍摄的 VR 全景图。需要注意的是，这种拍摄方式通常风险偏高，拍摄时需要做好安全措施。例如，曼谷这座华灯璀璨的天使之城，灯光五彩斑斓，高楼大厦鳞次栉比，图 3-9 记录了这座繁华都市的风景。

扫码看全景

花城广场夜景

▲图 3-9

3.2.2 实景 VR 全景——航拍图

实景 VR 全景的航拍图通常是通过无人机或者摄影师乘坐直升机等交通工具进行俯瞰拍摄的，目前大多使用民用无人机进行拍摄。以大疆的民用无人机为例，无人机都带有相机及云台，并且可以远程操控云台从而控制相机的取景。航拍 VR 全景拍摄时通过旋转无人机云台的方式对空间进行完整记录，通过后期拼接处理对无人机无法记录的天空部分进行弥补，从而制作出航拍 VR 全景图。图 3-10 的视觉效果非常震撼，它是通过高空视角拍摄的地面景物。

▲图 3-10

3.2.3 虚拟 VR 全景——效果图

虚拟 VR 全景的效果图通常是通过软件生成的，创建虚拟场景会用到的软件主要有 Autodesk Maya、3D Studio Max、Unity 3D、Unreal Engine 4 等。这些软件通过对环境进行搭建和对场景里的物体进行建模，从而建设出 VR 虚拟场景。

常见的方式是通过 3D Studio Max 将空间搭建出来并将其放入对应的模型，再对灯光和材质贴图进行处理。场景建设完毕后，放置一个 VR 全景相机，渲染输出画面比例为 2:1 的 VR 全景图，从而模拟真实空间。图 3-11 所示为建模场景渲染的虚拟 VR 全景图。

▲图 3-11

贴士

室内设计师一般通过建模设计出室内的场景，再调整到一个合适的角度，渲染输出图片，从而展示室内的大概风格。有了 VR 全景技术后，室内设计师可以渲染出完整的空间，让装修效果图更加直观。图 3-12 所示为传统效果图，图 3-13 所示为 VR 全景效果图，还可以通过 VR 全景漫游的方式为效果图添加更多的热点交互功能。

▲图 3-12

扫码看全景

新疆大峡谷

▲图 3-13

3.2.4 虚拟 VR 全景——手绘图

虚拟 VR 全景的手绘图是插画师或原画师通过手绘的方式在软件中绘制而成的。他们通常会利用 VR 全景的网格参考线来确定透视关系，也有直接在三维空间中进行绘制的，首先构想 VR 全景的场景空间，再直接将 VR 全景图绘制出来，通过不断地修正从而达到一个满意的状态。《赤壁之战》(见图 3-14) 采用的是手绘的 VR 全景图，充分展现了当时的战争场景。

▲图 3-14

3.2.5 虚拟 VR 全景——游戏截图

通常情况下的 3D 游戏，例如《绝地求生》等都是提前对完整的空间进行搭建，再呈现给受众的，这些搭建好的空间也是 VR 虚拟场景。目前有一种职业叫“游戏摄影师”，他们先固定一个视角，再对每个角度的图像进行截取，然后通过软件进行拼接，这样就可以合成一张虚拟 VR 全景图，如图 3-15 所示。

通过虚拟 VR 全景的知识我们知道，通过计算机可以制作虚拟场景，也可以生成 VR 全景图。本书主要围绕实景拍摄的 VR 全景图展开讲解。

▲图 3-15

3.3 富媒体应用

VR 全景能在互联网上进行传播，不仅是因为其内容有很大的价值，更是因为 VR 全景摄影技术是人人都可以学习的技术。在 1.4 节中提到过 VR 全景非常适合通过 H5 网页的方式在互联网上传播，这种方式不仅非常便捷，还可以连接视频、图片、声音、超链接等内容成为“富媒体”形式。

富媒体本身并不是一种具体的互联网媒体形式，而是指具有动画、声音、视频和交互性的一种内容集合。富媒体可以通过各种形式的内容融合来加强信息，从而达到更好的传播效果。

本章开始处提到过，人类获取信息的过程大致经历了从“单向”到“双向”，从“一维”到“多维”，从“简单”到“复杂”的过程。在 VR 行业的市场进一步发展之前，可以在 VR 全景图的基础上融合多种媒体内容（包含视频、音频、图文信息等），再对其进行传播。

富媒体主要是一种应用，这种应用采取了所有可能采取的先进技术，以更好地传达信息以及与用户进行互动。广告的成功，最为关键的仍然是在正确的环境中向正确的消费者传递正确的信息。VR 全景是一个可以承载视频、音频、文字信息等各种媒体内容的特殊的内容形式，并且它可以与用户进行交互，更好地促使内容触动用户的心。通过移动终端、PC 端以及 VR 眼镜终端，用户可以很方便地观看 VR 全景内容，如图 3-16 所示。正因为 VR 全景是对各个终端兼容的载体，它有着广阔的应用空间，接下来就分享各个行业和 VR 全景结合的应用场景。

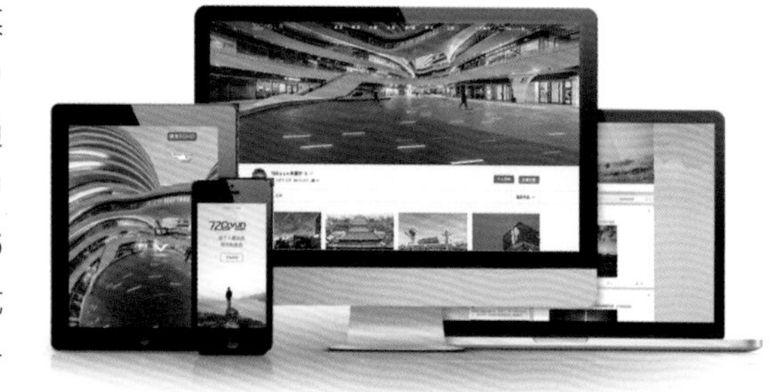

▲图 3-16

3.3.1 街景地图应用

各种不同的街景服务，其生产流程是先由专用街景车（见图 3-17）进行拍摄，然后通过后期处理把 360 度实景拍摄照片上线供用户使用。这一服务使枯燥乏味的地图阅读变得简单有趣。用户还可以很直观地看到自己想看到的街区的样貌，通过热点箭头可以向前、向后“漫游”浏览。

扫码看全景

亚丁三怙主

▲图 3-17

3.3.2 酒店公寓应用

VR 全景不仅可以展示酒店舒适的环境、完善的服务，还可以增强用户的真实感受。用户通过手机即可浏览酒店（见图 3-18）的外观、会议厅等。在 VR 全景中还可以加入预约订房等功能，为商家增加销量。

▲图 3-18

3.3.3 线下博物馆应用

VR 全景还可用于宣传展示线下博物馆。例如，博物馆的数字展览（见图 3-19）以博物馆建筑的平面和三维式方位导航，结合“一键导览”功能，使观众可以自由穿梭于每个场馆之中，观众只需用手指或鼠标拖动即可全方位参观浏览。博物馆还能利用 VR 全景为数字展览配以音乐和解说，使观众更有身临其境的感觉。

▲图 3-19

3.3.4 房产应用

使用 VR 全景技术可搭建线上“售楼处”，房地产企业的房屋展示形式从最早的平面图到视频、3D，再到 720yun VR 全景漫游，将“房”的可视化做到极致，VR“售楼处”突破了房地产线下销售的局限。购房者可以通过航拍 VR 全景对楼盘的位置有清晰的了解，利用室内 VR 全景漫游对楼盘户型进行 360 度的参观浏览，如图 3-20 所示。VR 全景技术在房产上的应用，让购房者在家中通过网络即可查看和了解房产信息的方方面面。

▲图 3-20

3.3.5 汽车展示应用

汽车内景的高质量 VR 全景展示，可以展现汽车内饰和局部细节；汽车外部的 VR 全景展示，可以从各个角度展示汽车外观，实现汽车在线上的完美展现。“汽车之家”已经通过线上 AR 智能展厅为用户提供了线上预先体验，实现线上导流、线下购车新体验。观看汽车内景 VR 全景，会产生一种犹如坐在汽车中的感觉，如图 3-21 所示。

扫码看全景

山川河
流风光

▲图 3-21

3.3.6 新闻内容应用

新闻纪实活动、会议等都可以通过 VR 全景的方式全方位地展示实时情况。图 3-22 所示为中央广播电视总台“5G 的未来”推介会活动现场，其中将 720yun VR 全景视觉技术运用到场景解析及商业模式构思上，快速采集新闻现场情况，并进行图片、文字、音频、视频的整体编辑，及时发布 VR 全景新闻，增强了活动现场与互联网用户之间的互动，极大地增加了用户的阅读兴趣。

▲图 3-22

如果说从纸质阅读发展到数字阅读是阅读来源的改变，那么 VR 阅读改变的则是信息传播方式，读者将从单纯“看”书到“进入”书，跨越媒介的局限，与情景实现融合。人们在书籍、音频、视频、虚拟现实的世界里不停地切换，这样的体验前所未有。

本节初步介绍了不同行业的富媒体应用场景，第 10 章会对几个具体行业的应用案例进行详细讲解。

第4章 全景摄影

第 4 章总述

本章会对全景摄影的相关概念和知识进行梳理，其中涉及图片的清晰度、分辨率的概念，相机和镜头的拍摄视角范围，镜头视差和透视关系，以及畸变等问题，还会对普通平面图接片的类别和方法进行讲解，你需要认真学习并理解其概念。学习全景摄影相关知识，将为后面实际拍摄和制作 VR 全景图提供很大的帮助。

扫码看全景

亚丁五色海

4.1 摄影相关知识

通常，标准的 VR 全景图是一张画面比例为 2:1 的图像，其实质就是等距圆柱投影所得到的展开图像。等距圆柱投影是将球体上的各个点投影到圆柱体的侧面上的一种投影方式，投影完之后再展开就得到了一张长宽比为 2:1 的矩形的图像。一个球体展开成为平面的步骤如图 4-1 所示。VR 全景图也是静态图像，它和普通照片的基本原理是相同的，只是图像的上下两端会被拉伸。将投影方式改为直线投影，或者使用全景播放器播放全景图就可以看到正常无变形的画面。

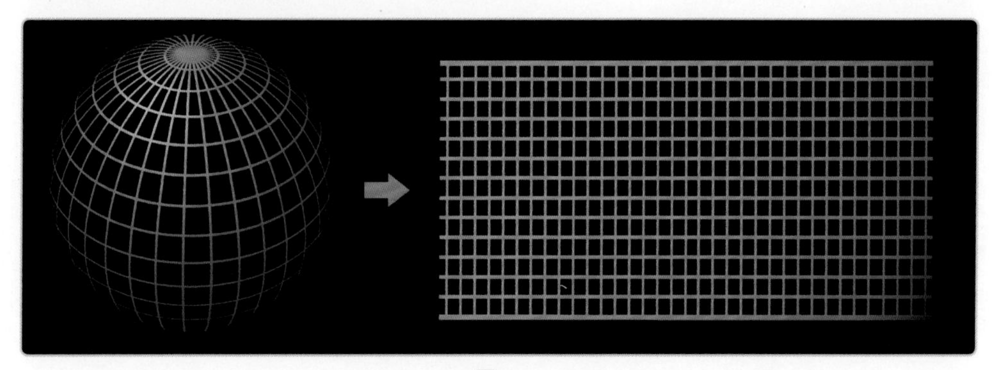

▲图 4-1

VR 全景摄影也是摄影技术的一个门类，学习 VR 全景摄影之前，首先需要对摄影这门技术的基本术语和原理进行学习。摄影技术所涉及的知识点非常多，本书对摄影涉及的重要知识进行了梳理和讲解。在学习摄影的过程中，你还需要多思考如何将摄影技术应用在 VR 全景摄影中，这样你的 VR 全景作品才会更加出彩。

▲图 4-2

4.1.1 基础概念

想学好 VR 全景摄影，必须先成为一名合格的摄影师。

摄影又称摄影术，就是人们通过相机把反射在景物上的光线通过镜头投射在感光元件上感光而形成影像的过程。相机成像的原理和景物在人眼的视网膜上成像的原理相同，人通过眼睛看景物会在视网膜上形成影像，摄影是通过相机使光线在感光材料（胶片）上形成潜影，从而记录下被摄物的过程。

被摄物发出的光线被相机镜头汇聚，由摄影者调整镜头和曝光等参数，使其在感光材料平面处产生清晰的影像，相机便可以记录下想要的内容。

理解这个基本原理，就可以开始了解影响影像的因素有哪些了，通过调整这些影响影像的因素，获得自己想要的画面是一个摄影师的基本技能，下一步才是随心创作。图4-3是作者朱富宁使用高杆拍摄民宿的情景。

如果想要拍摄出一个优秀的摄影作品，还需要对摄影相关的参数和基本概念有一个清楚的认识，例如相机的成像原理、光圈、快门速度、感光度等。

▲图 4-3

4.1.2 图像分辨率

自从摄影技术出现以后，人们一直在追求创造一个媲美人眼，甚至超过人眼的相机来记录更大、更清晰的图像，那么相机的分辨率和像素是什么呢?

我们首先需要了解像素，像素是组成图像的最基本元素。而图像分辨率指图像中存储的信息量，分辨率是用于度量图像内数据量多少的一个参数。通常表示成 ppi（Pixel per inch，每英寸像素数）和 dpi（Dots Per Inch，每英寸点数）。Ppi 和 dpi 经常都会出现混用现象。从技术角度说，“像素”（P）只存在于计算机显示领域，而“点”（D）只出现于打印或印刷领域，请读者注意分辨。

日常提到的 300Ppi 就是每英寸上有 300 个像素点。图 4-4 所示的黑色圆环的大小在 100% 缩放的情况下与本书的正文文字一样大，但是放大后就可以看到整齐排布的像素点，在分辨率低的情况下适当放大图片就可以看到像素点，在稍大一些的屏幕上观看分辨率比较低的图片，会感到图片模糊。这就是为什么做大幅的喷绘时，要求图片分辨率要高，就是为了保证每英寸的画面上拥有更多的像素点。

▲图 4-4

可见，图像分辨率决定了图像输出的质量，另外图像分辨率和图像尺寸（高和宽）的值一起决定了图像文件的大小。图像的分辨率越高，尺寸越大，图像文件占用的磁盘空间就越大。如果保持图像尺寸不变，将图像分辨率提高 1 倍，则其文件大小增大为原来的 4 倍。

我们常说相机最大有多少像素，就是指相机中 CCD（Charge-coupled Device，电荷耦合元件）或 CMOS（Complementary Metal Oxide Semiconductor，互补金属氧化物半导体）感光元件芯片上最大像素点的多少。相机感光元件（CCD/CMOS）为相机中间的感光装置（见图 4-5），其密集排列的像素点越多，拍摄出的图像的分辨率就越高。图 4-6 所示并非将感光元件放大后得到的示意图（并非真实放大拍摄），数码相机的最大分辨率也是由感光元件的生产工艺决定的。就同类数码相机而言，最高像素数量越多，通常相机的档次越高。

例如，2 400 万像素的单反相机所记录的最大图像尺寸为 6 000 像素 ×4 000 像素，通常按照 300dpi 的印刷标准，最大可输出 20 英寸 ×13.3 英寸（对角线为 24 英寸）画布的图像（当然也可以通

过 PS 处理，降低 dpi 从而获得更大尺寸画布的图像），所以如果想要获得更大并且清晰的图片我们可以通过使用更大相机感光元件的数码相机获取到尺寸更大的图像。

▲图 4-5

▲图 4-6

贴士

人眼就好比一台像素高达 5 亿的“超级相机”，目前我们使用的相机所能记录的图像的像素值距离人眼的像素值还差很多。

4.1.3 镜头视角

通常人们都知道，使用长焦镜头拍摄出来的照片的画面范围会比较小，而使用广角镜头拍出来的照片的画面范围会比较大。从拍摄物体的左右边缘作引向视点的两根直线所形成的夹角就是镜头视角，这是以成像画幅的尺寸定义的视角（见图 4-7 左）。除此之外，视角还可以以镜头可视范围定义，即镜头中心点到成像平面对角线两端所形成的夹角也是视角（见图 4-7 右）。一般以镜头可视范围来定义镜头视角。

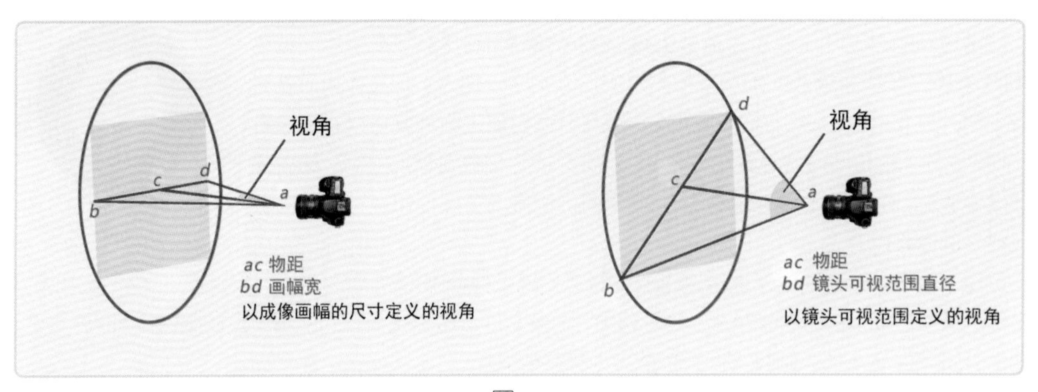

▲图 4-7

视场角（FoV）是指镜头所能覆盖的范围大小（超过这个角度的画面就不能被记录到镜头里）。

贴士

有很多摄影师疑惑：我明明用了广角镜头却拍摄不出大场景效果的图像，这是怎么回事呢？这就需要弄懂摄影中的像场和视角等概念了。

4.1.4 相机的画幅

从镜头视角和视野之间的关系可以看出，视角实际上是镜头的开口角度，视野是镜头在相应距离内可以拍摄的物体的范围，因为镜头是圆形的，所以镜头的视野也是圆形的。

但人们看到的照片显然是矩形的，为什么说视野是圆形的？这是拍摄时存在像场的缘故，像场即在镜头视野范围内可清晰成像的区域。

为了符合人们的视觉习惯，相机的感光元件是矩形的，如图 4-8 所示。为了保证拍摄出来的照片是矩形的，就不能让感光元件的最大幅面超过镜头像场的范围，这样拍摄出来的照片才是清晰的。

▲图 4-8

换句话说，我们看到的照片只是镜头像场区域的一部分。不同相机的传感器是不同的，一些广角镜头不能捕获大型场景的影像，这可能是因为这些相机不是全画幅相机。画幅实际上很好理解。以前的相机是用胶片作为感光元件进行图像记录，但现在是用电子感光元件进行图像记录。就像胶片有很多尺寸一样，数码时代不同的相机画幅代表了不同尺寸的感光元件（包括 CCD 和 CMOS）。感光元件的面积越大，捕捉到的光越多，摄影性能就越好。自诞生以来，数码相机一直拥有多种尺寸不同的传感器，不同的传感器有不同的名称，例如全画幅、APS-C 画幅、M4/3 画幅、1 英寸等，可以通过图 4-9 看到它们所对应的尺寸大小。

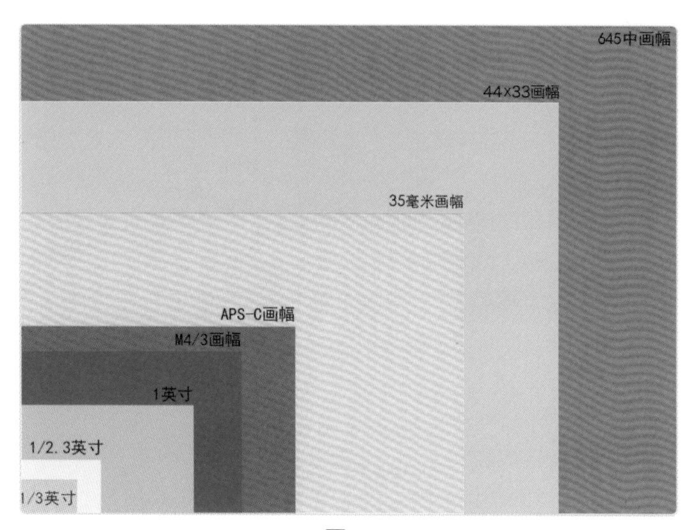

▲图 4-9

贴士

画幅是对相机中的感光元件的大小的一种称呼，人们通常称拥有全画幅感光元件的相机为全画幅相机，文中所指的画幅为感光元件大小的单位。全画幅相机的感光元件的尺寸为 36 毫米 × 24 毫米。全画幅是针对传统的 35 毫米胶卷的尺寸（也可以称为 35 毫米画幅，如图 4-9 所示，其对角线尺寸为 43.4 毫米）来说的。

可能你会疑惑，为什么要制造不同大小的传感器呢？在胶片行业还未衰落，还需要讨论使用胶片相机好还是数码相机好的时代，想要快速提高数码相机的市场占有率，必须要降低成本。当时传感器的成本十分高昂，尤其是全画幅传感器（就是和原来的普通胶卷的一张底片的面积一样大的传感器）。于是各个厂商开始将传感器做小，以达到降低成本的目的。于是介于成本和画幅之间，市场所能接受的平衡点的产物诞生了——APS-C 画幅传感器的数码相机。

扫码看全景

城市黄昏景观

35 毫米全画幅传感器可以将镜头转化的像场完整地记录下来，但是 APS-C 画幅传感器只可以记录像场的一部分，就像是对全画幅传感器记录的影像进行剪裁后所获得的画面。APS-C 画幅覆盖的像场更小，如图 4-10 所示。

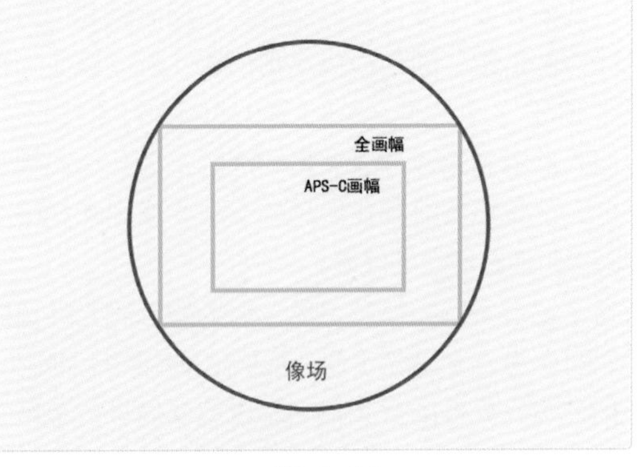

▲图 4-10

贴士

VR 全景摄影可将小画幅照片“变”大画幅照片。

在镜头焦距、拍摄距离和传感器密度相同的情况下，相机所能记录的场景的大小由传感器的尺寸所决定。传感器的尺寸越大，所能记录的场景就越大，画幅就越大，照片输出尺寸就越大，成像表现自然就更好。但是像飞思、哈苏、宾得等公司的顶级中画幅相机的价格都高达 20 万元左右，普通消费者根本难以负担。一般对于初学者而言，市场上销量比较大的单反相机往往是 APS-C 画幅相机和全画幅相机，它们在售价与性能上有着不错的平衡，但是很多商业摄影都需要大画幅出图，这时我们就可以通过数码接片来解决此类问题。使用 APS-C 画幅相机，通过中长焦镜头为一个场景拍摄多组照片再进行后期拼接，就可以将一张照片的像素值提升至上亿。至于拍摄方法，我们会在第 7 章中进行详细讲解。这里的拍摄方法与 VR 全景的拍摄方法同理，这样你就可以使手上的小画幅照片“变身”为大画幅照片，从而为你的创作空间打开一扇窗。

4.1.5 镜头焦距

镜头焦距是指镜头光学后主点到焦点的距离，是镜头的重要性能指标。

前面提到视场角是指镜头所能覆盖的范围大小，镜头的焦距是镜头另一个非常重要的指标，镜头焦距决定了该镜头拍摄的被摄物在传感器上所形成的影像的大小。假设以相同的距离面对同一被摄物进行拍摄，那么镜头的焦距越长，则被摄物在传感器上所形成的影像就越大。

镜头焦距的长短决定了成像大小、视场角大小和景深，以及画面的透视强弱。根据不同的用途，相机镜头的焦距差别很大，有短到几毫米的镜头，例如 10 毫米焦距的镜头，可用于风光摄影等。也有几百毫米长的镜头（这里的长度是指镜头焦距），例如 200 毫米焦距的镜头，可用于鸟类摄影等。根据焦距和拍摄范围，镜头可分为鱼眼镜头、广角镜头、标准镜头和长焦镜头等。

在同一位置用不同焦距的镜头拍摄景物并进行对比，如图 4-11 所示，可以看到 15 毫米焦距的镜头的视野宽广，取景范围大，容纳的景物多；70 毫米焦距的镜头的视野窄，取景范围小，容纳的景物少。

总的来说，焦距数值越小，焦距越短，视野越宽广，取景范围就越大，反之亦然。

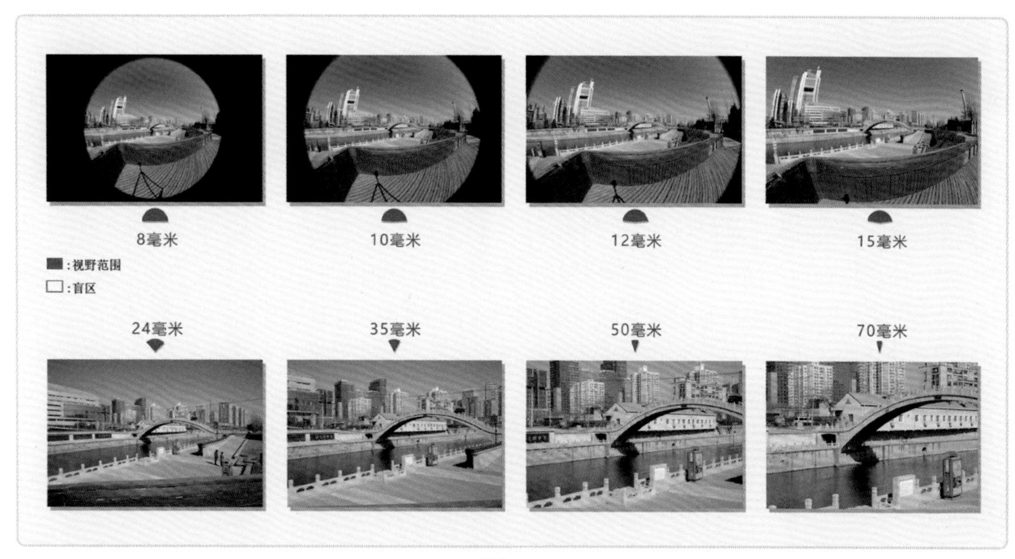

▲图 4-11

4.1.6 画幅的等效焦距

我们在讲解相机画幅时说过，目前市场上有很多不同类型的相机画幅，这里有一个问题需要特别注意，如果你使用 APS-C 画幅相机，安装的镜头上标注的焦距其实不是真实的焦距。通过对画幅的理解我们知道，APS-C 画幅传感器只可以记录像场的一部分，就像是对全画幅传感器记录的影像进行剪裁后所获得的画面，所以 APS-C 画幅传感器的取景范围变小了，这会导致画面被放大，这时你需要计算出等效焦距，那等效焦距怎么计算呢？

大家习惯于将不同尺寸的感光元件上成像的视角转化为全画幅相机（具有与 35 毫米胶卷尺寸相同的感光元件的相机）上同样的成像视角所对应的镜头焦距，这个转化后的焦距就是等效焦距。

全画幅传感器的焦距转换系数是 1.0，可以理解为全画幅相机上的镜头的实际焦距是多少，等效焦距就是多少。

APS-C 画幅传感器的相机的焦距转换系数与品牌有关，通常尼康、索尼、富士公司的相机的焦距转换系数是 1.5，佳能公司相机的焦距转换系数为 1.6，实际焦距乘以 1.5 或者 1.6 就是这些相机镜头的等效焦距，相当于画面放大了 1.5 倍或 1.6 倍。

不同画幅相机的等效焦距的计算方法为：实际焦距 × 对应的焦距转换系数。

例如，18~55 毫米焦距的镜头，如果搭配一个 APS-C 画幅相机，虽然它的广角端的实际焦距是 18 毫米，但转化为等效焦距就是 27 毫米了（乘以 1.5）。所以只要我们记住使用的相机机身的焦距转换系数，然后乘以实际焦距，就能知道这个镜头放在自己的相机机身上的等效焦距到底是多少了。你需要充分了解这一点，这样在后期利用拼接软件进行拼接处理的时候，按照等效焦距进行填写才可以成功识别并拼接。

贴士

27 毫米的等效焦距视角只能算是广角，不能算是超广角。对于等效焦距要记住：只要你的机身不是全画幅的，就有焦距转换系数，就要考虑等效焦距。这也就是用广角镜头拍不出大场景效果图像的原因。

4.2 透视与视差概念

透视与视差概念

扫码看全景

深圳景观

我们可以将世界看作一个三维的空间，镜头将三维景象投射在二维平面上，与镜头距离不同的物体在二维平面上的大小表现亦不同。这种相对大小使人观看时产生远近的感受，这种感受称为透视感。

透视感这个词感觉有点抽象，在学习美术的时候，我们都知道近大远小的基本原理。透视感的第一要义就是近大远小，摄影或者绘画主要根据视点的固定或非固定来决定最终呈现的效果。

透视是建筑摄影的重要基础，它直接影响建筑摄影整个空间尺寸的比例及纵深感。在建筑摄影中，由于空间场景较大，透视显得较为抽象，难以把握，建筑空间也不容易表现。因此我们要利用一点透视、两点透视等知识把这些抽象之处用直观的方式拍出来。

先介绍透视的基本术语，如图 4-12 所示。

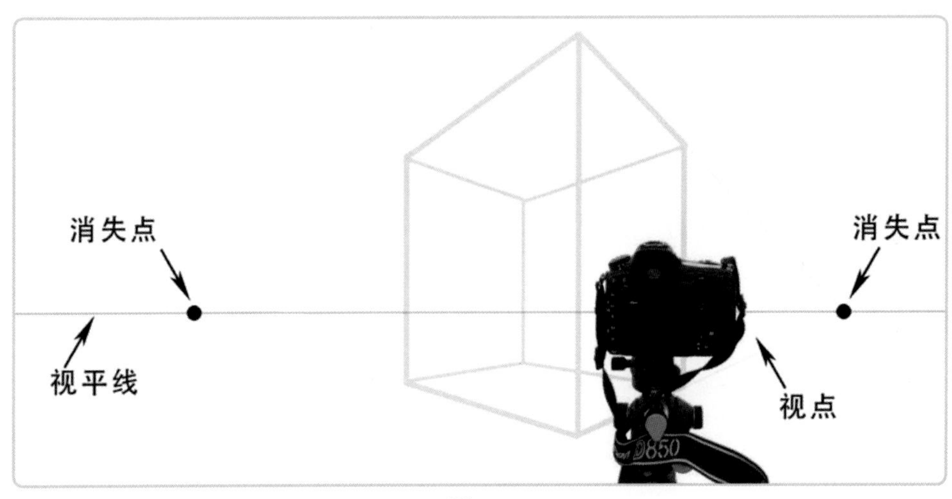

▲图 4-12

（1）视平线。视平线就是与相机平行的水平线。

（2）心点。心点就是相机正对着的视平线上的一点，它是一点透视的消失点，图 4-12 为两点透视结构，无法标注出心点位置。

（3）视点。视点就是相机的位置。

（4）消失点（灭点）。消失点就是与画面不平行的成角物体，在透视中延伸到视平线上的心点两旁的交点。

4.2.1 点透视

点透视主要分为一点透视、两点透视和三点透视 3 类。点透视都与最终的消失点有关，它分别会在一点、两点、三点消失。众所周知，距离近的物体看起来更大，距离远的物体看起来更小并会随着距离不断变远而逐渐消失。透视表达的就是这种关系。离自己近的物体看上去会更清晰、更大、更具体；而离自己远的物体会变得模糊，看上去会更小，下面分别对一点透视、两点透视、三点透视进行简要介绍。

1. 一点透视

一点透视是指有一面与画面平行的正方形或长方形的物体透视，只有一个消失点，视平线与被摄物平行（见图 4-13）。这种透视给人整齐、平整、稳定、庄严的感觉。

▲图 4-13

2. 两点透视

两点透视是指任何一面都不与画面平行的正方形或长方形的物体透视，有两个消失点，也是最常见的透视关系，如图 4-14 所示。这种透视使构图富有变化。

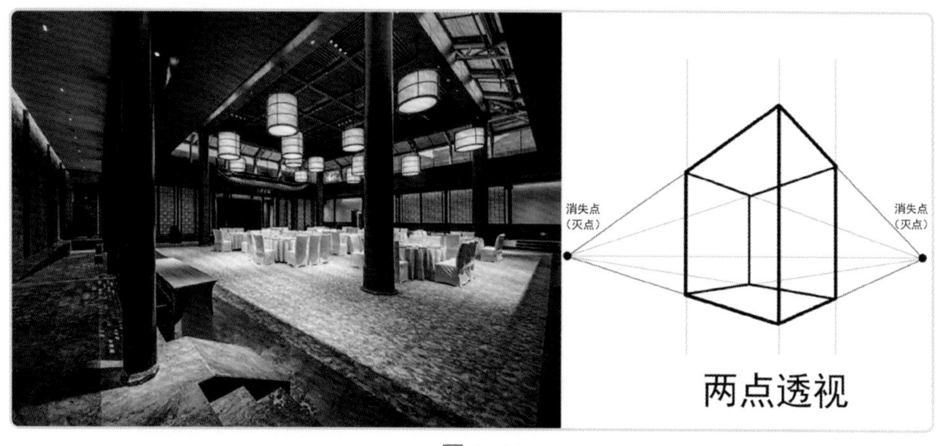

▲图 4-14

3. 三点透视

三点透视一般在仰视或鸟瞰物体的时候出现，此时有 3 个消失点，如图 4-15 所示。三点透视适合表现硕大的物体或强烈的透视感。在表现高层建筑时，当建筑物的高度远远大于拍摄画面的长度和宽度时，采用这种透视方法能表现出建筑物的高耸感。

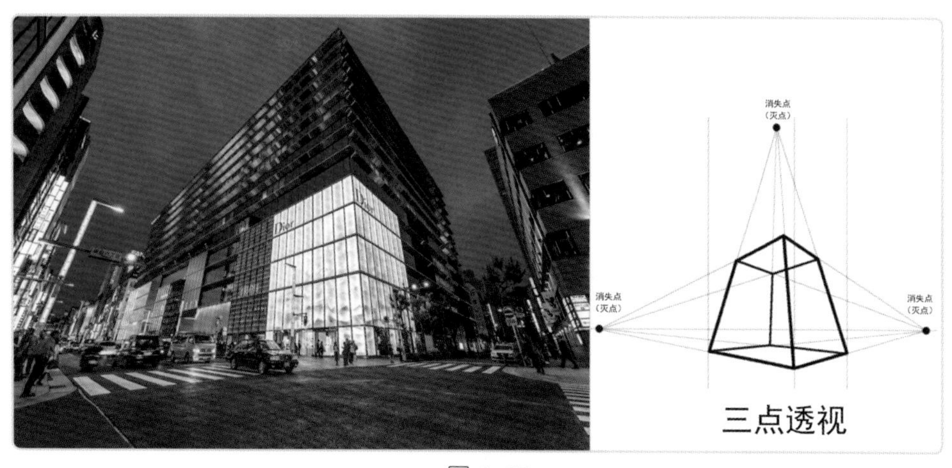

▲图 4-15

4.2.2 固定视点透视

固定视点透视的原理，是根据人眼的高度固定观察点，将人的眼睛比作一台相机，距离相机越远的物体在视网膜上的影像就越小，在极远处消失在视平线上的点，称为消失点，距离相机越近的物体映在视网膜上的影像就越大。VR 全景拍摄主要是运用这种固定视点的透视关系来记录画面，本书也主要针对固定视点进行讲解。

绝美胡杨

一般情况下，我们所拍摄的建筑都是四四方方的，为何会拍出不同的透视效果呢，例如上小下大，或者近大远小，甚至有时候连线条也不是直的？

在拍摄物体时，由于我们的相机镜头是凸透镜，与眼睛内的晶状体同理，会产生一定程度的透视，如近大远小、近实远虚等，这使拍摄出的图片空间感十足。

鱼眼镜头是一种特殊效果镜头，其拍摄画面失真极严重，画面内的透视线条从中心沿各个方向向外辐射，除通过中心的直线仍保持平直外，其他部分的直线都变弯曲。但是通过人的眼睛观看世界却不会有变形的失真效果，因为眼睛是双眼成像，外加人脑的视觉纠正，所以只有近大远小的透视效果。

使用超广角镜头或鱼眼镜头会形成更强烈的透视感。当你把 8 毫米鱼眼镜头举到齐眼的高度并向正前方拍摄时，镜头会拍摄下你面前的半球形空间内的一切，甚至包括你自己的脚，如图 4-16 所示。这种影像通常会在画幅内形成一个圆形，并不会充满矩形画幅。

▲图 4-16

4.2.3 非固定视点透视

顾名思义，不将观察点固定在一个位置点的透视类型即为非固定视点透视，它包括散点透视、移动点透视等。之前提到过《清明上河图》，该作品为长卷的全景绘画形式，采用了散点透视法，表现出了北宋都城的繁荣。绘画中运用了散点透视原理，画家的观察点不是固定在一个地方的，也不受视域的限制，他会根据需要移动立足点进行观察，如图 4-17 所示，在各个不同的立足点上所看到的东西都可组织到画面中来。这种透视方法叫作“散点透视”。

▲图 4-17

相机视点就犹如画中的观察点，我们可以通过这样的透视方法拍摄长卷、长条壁画等。如果我们不移动观察点，很难将一个长条的画作清晰完整地记录下来。在 4.4.2 小节中，我们会使用这种透视方式对壁画进行拍摄。值得注意的是，使用这种方式拍摄出的图像一般在相邻两个方向的交接位置会有脱离现实的感觉（往往还伴随着拼接的交错），4.4.2 小节中有使用移动视点透视法拍摄的图像，可以查看其效果。

4.2.4 视差

这里的视差是视点误差的意思，在 2.2.2 小节中提到过，VR 全景摄影的视差问题是非常值得注意的，所以这里介绍的概念需要好好理解。如果你能理解视差概念，就会知道为什么 VR 全景摄影有错位产生了，这样你才可以完美地拼接出一张 VR 全景图。

视差

人眼之所以能形成立体的视觉，主要是因为左右眼看到的不同画面所构成的视差。视差指的是在有两个以上的、前后有一定距离的垂直物体的场景中，如果观察位置发生位移，所观察图像中的物体也会发生位移的现象。例如，人有两只眼睛，它们之间大约相隔 65 毫米。当我们观看一个物体，两眼视轴辐合在这个物体上时，物体的映像将落在两眼视网膜的对应点上。这时如果将两眼视网膜重叠起来，它们的视像重合在一起，即会看到单一、清晰的物体。但人类的左眼和右眼看到的图像是不一样的，大脑会将左右眼看到的不同的图像进行合成，从而形成立体视觉（见图 4-18），并可以辨别图像的深度信息，所以人眼可以看到三维世界。

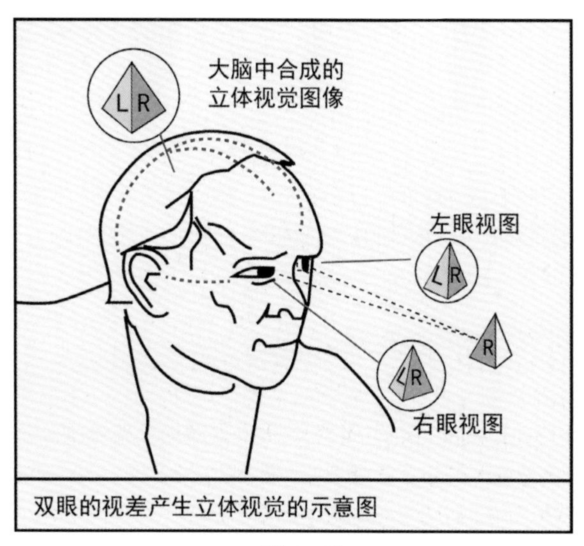

双眼的视差产生立体视觉的示意图

▲图 4-18

现在很多 3D 技术就是通过视差的概念来模拟立体效果的。计算机想要模拟人类视觉，只需要利用两台相机拍摄出左右眼两个视角的图像，再将两个不同的画面分别给左眼和右眼观看，这样就可以把二维的图像转变成三维的了，即使人观看时有立体感。

如果我们用右手伸出一根手指，闭上左眼，睁开右眼，让手指和远处墙角的竖线重合，三点一线，这时候手指不动，闭上右眼，睁开左眼，我们会发现手指与远处墙角的竖线不重合了，墙角的竖线往左偏移了一段距离。同理，如果我们把头横过来，手指也横置，与墙角的横边重合，双眼交替睁开也会导致之前的三点一线发生位移，这就是视差导致的结果。在这个实验当中，人眼所在这个观察位置被称为视点。当前景和后景的位置没有发生变化的时候，视点的位置如果发生变化，所看到的景象也是不一样的。

扫码看全景

贺州之美

前面说到 3D 技术是利用视差的概念来模拟立体效果的，但是 VR 全景摄影就是要尽可能地减少视差的存在，才可以将两个相邻的画面更好地拼接起来。我们要保证相邻的每两个画面没有位移，就需要使镜头围绕一个圆心旋转来记录画面（利用我们刚才举的例子，可以理解为如果一直都只是用一只同一方向的眼睛看，画面的位置关系就不会发生变化），如何才能使镜头围绕着一个圆心旋转记录画面呢？这时你需要了解镜头最小视差点的概念。

4.2.5 镜头最小视差点

镜头最小视差点又称镜头节点，拍摄 VR 全景图时需要让镜头围绕一个圆心旋转并进行拍摄，但是在拍摄的过程中，随便找一个圆心是不行的，必须让相机围绕镜头节点旋转，这样才可以拍摄出没有错位的 VR 全景图素材。

镜头节点是指相机镜头的光学中心，光线穿过此点不会发生折射。在镜头的光轴中有一对特殊的点，即折射点 *P*、*Q*（见图 4-19），前方的点（*P* 点）我们一般称为“物方节点”，后方的点（*Q* 点）我们一般称为“像方节点”。在拍摄时，从镜头前方物方节点射入的光线，会以相同的方向从像方节点射出，不会发生折射。本书所说的节点不是真正意义上的一个中心点，我们一般是从 *P*、*Q* 两点中间选择一个对视差影响最小的点。

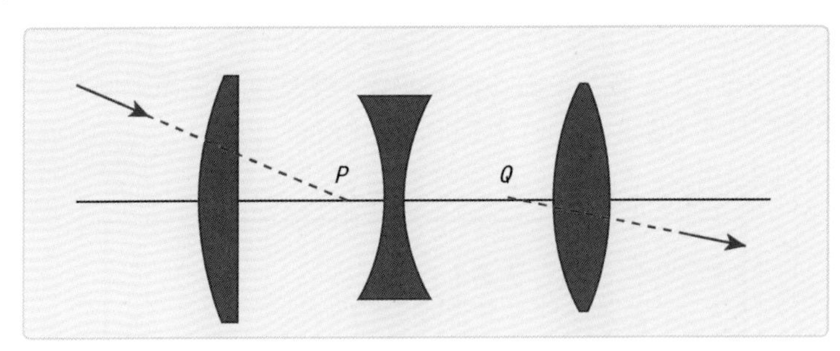

▲图 4-19

拍摄时，通过镜头节点的光线在成像面上不会产生折射，镜头转动时被摄物（远、近物体）也就不会发生位移，因此要拍摄出完美的 VR 全景照片就要把镜头节点作为旋转中心，这样拍摄的多张照片中的物体都不会发生位移，从而可以完美地合成一张 VR 全景图。

贴士

单张照片拍摄不涉及视差问题，而数码接片或 VR 全景摄影是通过多幅画面拍摄组合而成的，如果相机发生位移，就会出现视差，导致拍摄的图像中的物体发生位移，进一步导致后期的拼接过程无法配准对齐或者拼接不严谨，从而影响照片的拼接质量。

图 4-20 所示的红点位置是 8~15 毫米镜头大概的节点位置，在拍摄 VR 全景图时，我们需要精准地找到这个镜头节点，围绕这个点旋转并进行拍摄，这样才可以避免出现视差。对定焦镜头来说只有一个固定的镜头节点，而对于变焦镜头来讲，则可以有很多镜头节点，因为在改变焦距的时候，镜头节点随着镜头的机械变化会影响光线的折射。第 7 章会告诉你如何找到变焦镜头在不同焦距下的镜头节点，并且会讲解如何让相机准确地围绕着镜头节点旋转。

▲图 4-20

4.3 图片拼接原理

图片拼接原理

刚才讲到我们需要围绕镜头节点旋转并进行拍摄，才可以将相邻的两张图片进行拼接。我们通常使用软件通过算法进行拼接。图片拼接的主要原理是计算出相邻两张图片的位置关系，将其融合成为一张图片。目前市场上主流的拼接软件有 Photoshop、PTGui、Autopano Giga 等。拼接软件主要使用的拼接算法有两种，分别是基于区域特征拼接算法和基于光流特征拼接算法。

4.3.1 基于区域特征拼接算法

基于区域特征拼接算法是最为传统和应用最普遍的算法之一。基于区域特征拼接算法从待拼接图像的灰度值出发，对待配准图像中的一块区域与参考图像中的相同尺寸的区域使用最小二乘法或者其他数学方法计算其灰度值的差异，比较此差异后，来判断待拼接图像重叠区域的相似程度，由此得到待拼接图像重叠区域的范围和位置，从而实现图像拼接。

基于区域特征拼接算法是根据像素信息导出图像特征，然后以图像特征作为标准来搜索和匹配图像重叠部分的相应特征区域的拼接算法。这种拼接算法具有比较好的稳定性。基于区域特征拼接算法有两个操作步骤：先提取特征，再对特征进行匹配。

例如，图 4-21 中每对图片（图片一和图片二）之间都有 25% 的重叠。首先，从两个图像中提取具有明显灰度变化的点、线和区域；再将两个图像的特征集中，利用匹配算法尽可能将具有对应关系的特征位置对齐；最后将对齐的图像进行融合。

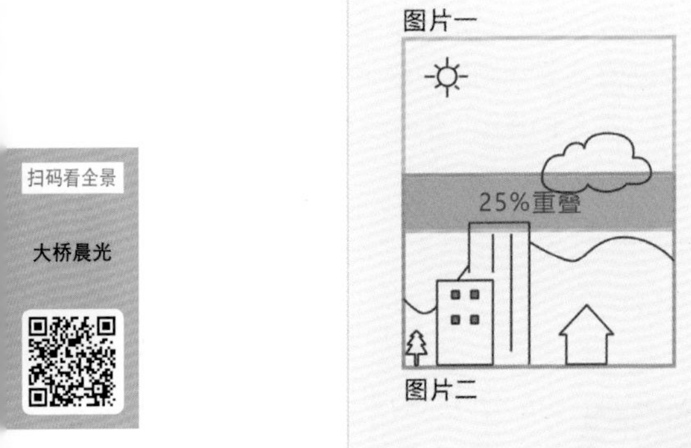

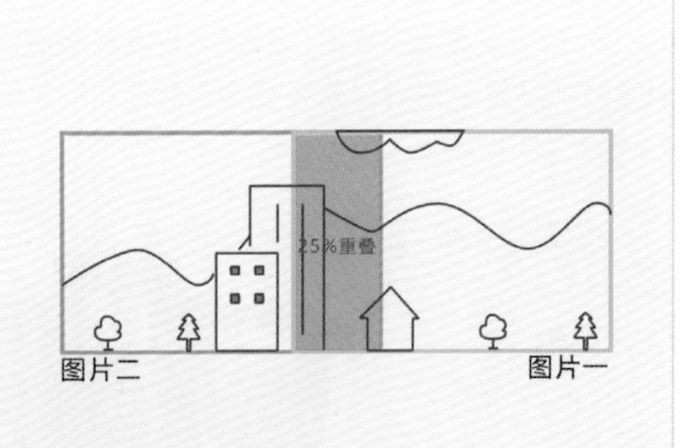

▲图 4-21

4.3.2 基于光流特征拼接算法

光流（Optical Flow）的概念是詹姆斯·吉布森（James J. Gibson）于 20 世纪 40 年代首先提出来的，它是空间中运动的物体在成像平面上的像素运动的瞬时速度。光流法是利用图像序列中像素在时间域上的变化以及相邻帧之间的相关性来找到上一帧跟当前帧之间存在的对应关系，从而计算出相邻帧之间物体的运动信息的一种方法。但是基于光流特征拼接算法需要在相邻两张图像已经通过相机镜头的位置关系基本对齐，并且图像信息已经分层的情况下才能实现，即原始的图像还是要通过基于区域特征拼接算法先建立匹配关系。一般而言，光流是由于场景中前景目标本身的移动、相机的运动，或者两者的共同运动所产生的。当人的眼睛观察运动物体时，物体的景象在视网膜上形成一系列连续变化的图像，这一系列连续变化的信息不断"流过"视网膜（图像平面），好像一种光的"流"，故称为光流。光流能表现图像的变化，由于它包含了目标的运动信息，因此可被观察者用来确定目标的运动情况。我们可以根据画面颜色的深浅判断图像深度（见图 4-22）（本图由 KanDao 提供）。在目标移动的时候，相机记录并匹配每一个像素后，就可以通过局部移动像素来插值形成中间视图。这样就可以"填补空白"，有助于减少拼接伪影，并生成具有清晰对象边界的深度图，从而在拼接时生成无错位的 VR 全景图。

▲图 4-22

这通常是 VR 全景相机拍摄全景视频时所使用的一种拼接算法，例如 Obsidian（看到科技的 8K 3D 全景相机）可以通过像素级的密集光流，准确计算不同镜头间画面像素的对应关系，实现实时拼接功能。像素级的密集光流还提供了丰富的深度信息，可以通过深度信息呈现 3D 效果，这个技术在全景视频的拼接中应用得比较多。

4.3.3 成功拼接图片的关键

VR 全景图的拼接算法都基于两个画面的相关性，将相关性作为拼接的参考元素才可以成功拼接，所以我们拍摄的相邻两张图片必须要有足够的，能提供给计算机识别和计算位置关系的重叠画面样本，这是成功拼接图片的必要条件。

在 VR 全景图中，所拍摄的相邻两个画面的图片至少要保证有 25% 的重叠才可以有效地拼接，在 25% 的重叠中要保证有足够多的有特征的画面。如果相邻画面都为相同的纯色（例如无云的蓝天、纯白色的墙壁等），就很难计算出相邻画面的位置关系，导致无法成功拼接。我们可以通过制造一些同时出现在两个画面中的特征，或者记录更大面积的重叠画面来保证图片拼接的成功。

图 4-23 所示的待拼接的图片素材共有 6 张，这里就有 6 个重叠区域（最左、最右两张图片也是重叠的，这里未标注），红色区域是相互重叠的内容，这样图片一和图片二就可以通过拼接软件进行拼接处理。这 6 张图片素材两两重叠就可以拼接出水平视角为 360 度的影像，如果中间有 1 张图片缺失，就会导致整个图片无法完整拼接，所以相邻图片之间的相互重叠是必需的。

▲图 4-23

4.4 接片技术

接片技术

所谓的“接片”是指将实际场景从左到右（或从右到左，或从上到下）分解成多个片段，使用相机有限的画幅对每个片段有规律地进行采集取景，完成所有拍摄后，在后期制作中将各个片段无缝拼接在一起。通过这种方式得到的是具有超大画幅的高像素图像（从理论上讲，接片技术可以将无限数量的片段拼接在一起）。这种方式特别适合拍摄大型场景。拍摄素材时使用的镜头焦距越长，拼接时用到的照片张数越多，获得的图像尺寸越大，细节表现就越好。但是对于 VR 全景图而言，对细节的需求并非必要。一般场景可以用鱼眼镜头拍摄，而特殊场景，例如具有丰富细节和有保留价值的场景，则可以使用焦距较长的镜头来拍摄取景。

我们一般使用的相机取景范围有限，如果想要获得更大的取景范围，首先会想到使用广角镜头取景或者换大画幅的相机。如果手上没有广角镜头，我们可以使用接片技术进行取景，图 4-24 是用配合专业的野猫 S2Pro 电动矩阵接片云台拍摄的 51 张照片合成的矩阵图片，将其缩放至 100% 后，建筑外墙的条幅依然清晰可见。现在很多相机，包括手机都有全景模式，通过平行移动或上下垂直移动相机或手机就可以拍摄出视角更广阔的照片，这也是接片功能的广泛应用。

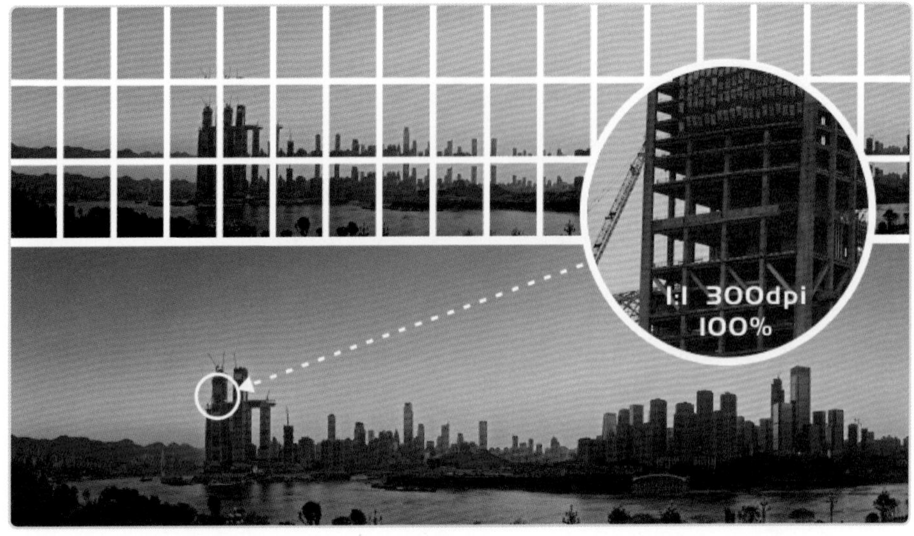

▲图 4-24

普通的单幅摄影不存在视差问题，而接片和 VR 全景摄影的视差则是一个关键问题。随着现代数码接片技术的发展，后期拼接软件已经可以在一定程度上缝合拍摄时有视差的源图像。因而可以将接片按照不同的视差分为两类，分别是固定机位单视点接片和移动机位多视点接片。

4.4.1 固定机位单视点接片

固定机位单视点接片即无视差或最小视差的数码接片。其特点是拍摄源图像时，以镜头的节点为相机的旋转中心，进行水平和垂直方向旋转拍摄，这样可以保证在任何场景下拍摄的照片都容易拼接且接片质量高，可以达到很好的效果。本书的图像除了特别说明之外，都属于使用这种方式拍摄得到。

之前在 1.2.3 小节中讲过 VR 全景照片的分类，我们根据不同类型的 VR 全景照片对接片拍摄方法也做了相应的分类，主要分为球形、条形、矩阵接片拍摄。

（1）球形接片拍摄（这里指 VR 全景图）：对着景物将其所有的影像信息全部记录下来，从而拼接成 VR 全景图，如图 4-25 所示。

▲图 4-25

（2）条形接片拍摄：对着景物从左到右拍摄，只拍摄同一水平线上的景物，用多张照片合成1张未完整记录空间的条形照片，如图 4-26 所示。

▲ 图 4-26

（3）矩阵接片拍摄：对着景物上下左右拍摄，用至少 4 张照片合成 1 张矩阵照片。图 4-27 所示为将 12 张素材照片排列后得到的效果。

▲ 图 4-27

4.4.2 移动机位多视点接片

移动机位多视点接片的特点是拍摄源图像时没有围绕镜头的节点旋转，因而源图像有较大的视差，接片难度较高。但如果场景是一个垂直平面，或近似于垂直平面，在拍摄距离相同、相邻源图像的重叠率足够高的情况下，也可以获得较高品质的接片图像。

在 4.2.3 小节提到过的利用散点透视原理绘制的中国画通常就是假想视点在移动，即画家的观察点不是固定在一个地方而绘制完成的。我们也可以通过这种方式对一些特殊情况进行移动机位拍摄，例如拍摄长形壁画《庆丰闸遗址》，如图 4-28 所示，往往我们拍摄出来的效果是近大远小。如果想将此画面全部记录下来，就可以使用等距平行移动拍摄方式，拍摄后将得到的多张照片进行拼接，拼接好即可看到完整壁画（见图 4-29），没有任何变形，并且放大后的“题”字依然很清晰。

▲图 4-28

▲图 4-29

需要注意的是，移动机位拍摄一组接片时，不同机位下相机和被摄物的直线距离要尽量保持一致。如果机位在水平移动中出现了距离变化，会导致画面大小不对等的问题，甚至会导致拍摄图像无法成功拼接，让画面看起来十分不协调。通常我们拍摄长卷的画或者壁画，需要提前规划好机位，户外拍摄时可以以地砖直线作为参考，拍摄卷轴画时建议提前将其挂起来，平行移动画卷进行拍摄。

4.4.3 透视带来镜头畸变

镜头畸变实际上是光学透镜固有的透视失真的总称，也就是透视原因造成的失真，通常是沿着透镜半径方向分布的畸变。出现镜头畸变的原因是光线在远离透镜中心的地方比靠近中心的地方更加弯曲，这种畸变在使用普通或廉价的镜头拍摄的画面中表现得更加明显，这种失真对于照片的成像质量是非常不利的。

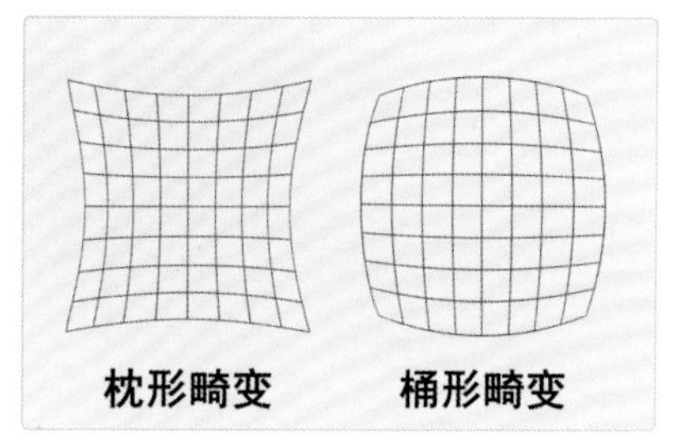

▲图 4-30

镜头畸变主要包括枕形畸变和桶形畸变两种，如图 4-30 所示。成像仪光轴中心的畸变为 0，沿着镜头半径向边缘移动，畸变会越来越严重。使用鱼眼镜头拍摄的画面会出现非常严重的透视畸变，这种镜头会有意地保留影像的桶形畸变，用以夸大其变形效果，其拍出的画面除了中心部位以外，其他部分的直线都会变成弯曲的弧线。

如何避免画面变形呢？

1. 选择优质的镜头进行取景

控制畸变对使用广角镜头拍摄来说很重要。如果想拍摄出横平竖直的建筑，可以使镜头的取景范围尽量大，镜头的中心靠近物体中心，再让相机后背（屏幕）与物体尽量平行，这样可以较好地解决透视带来的畸变问题。为了解决透视带来的畸变问题，镜头厂商制作了一种“移轴镜头”，它可以将相机固定，通过上下或左右移动镜头前半部分，被摄物的正面与位于固定位置的胶片可以保持平行。这是消除透视带来的畸变比较好的办法了，这也是建筑摄影师总是使用机背与视平线平行的方法取景的原因；但是它也会有相应的弊端，例如拍摄的效率会变低，有时候画面视野不够，无法将被摄物收全。

2. 通过软件矫正镜头畸变

对于使用鱼眼镜头拍摄的画面，我们可以通过软件将枕形畸变的图像或者桶形畸变的图像调整为人眼观看到的效果。注意在使用鱼眼镜头拍摄时需要尽量扩大取景范围。例如我们通过 PTGui 软件矫正使用鱼眼镜头拍摄的图像，如图 4-31 所示，将画面矫正为直线镜头的效果，画面四周会被拉伸，如图 4-32 所示，通过裁切，保留中间畸变最小的位置，如图 4-33 所示，这样图像就与人眼观察的效果一致了。

▲图 4-31

▲图 4-32

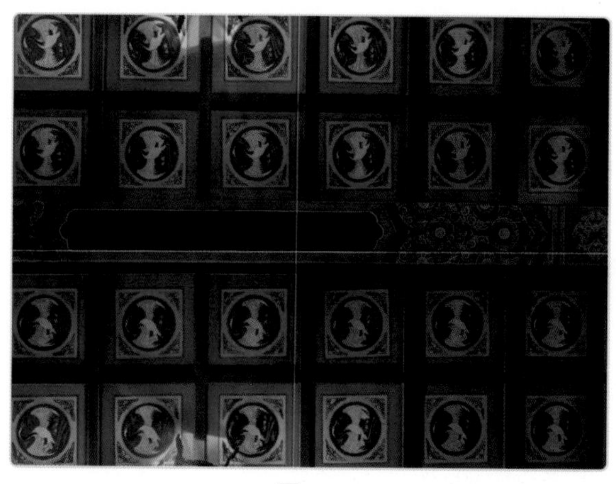

▲图 4-33

硬件及软件

第 5 章总述

本章主要对拍摄 VR 全景所涉及的相关硬件和软件进行介绍。硬件中的拍摄设备部分涉及相机、镜头、VR 全景相机、无人机等，辅助器材部分涉及全景云台、三脚架及其他配件等。另外还会对后期处理中所涉及的拼接及调整优化图像的软件进行介绍。

5.1 所需硬件设备

通常只要是可以记录影像的设备，都可以作为 VR 全景图采集设备来使用。

单反相机或微单相机可以设定为手动模式，手动调节焦距、光圈值、快门速度等参数，这样拍摄出的 VR 全景图的质量相对来讲更有保证，还可以拍摄出商业级作品。

运动相机、手机等也可以用于 VR 全景图的拍摄，但是其很多参数不可以手动设定，成像质量也比较差，拍摄出的作品质量欠佳。如果作为爱好，可以使用这类设备进行拍摄，它们可以满足一般需求。

为了追求效率和便捷性，多镜头的一体式 VR 全景相机应运而生，主要分为两大类：一类是由 2 个鱼眼镜头组成的消费级 VR 全景相机，另一类是由 4 个及以上镜头组成的专业级 VR 全景相机。一体式 VR 全景相机通常具有机内自动拼接功能。从普通平面相机到 VR 全景相机的设备进步，推动了 VR 全景摄影的快速发展。

正所谓“工欲善其事，必先利其器”，有一套好的拍摄设备对 VR 全景摄影来说至关重要。VR 全景摄影目前可分为航拍和地拍，我们就先从地拍设备说起。

5.1.1 单反相机、微单相机

如果想要拍摄出高质量的 VR 全景图，建议使用专业相机进行拍摄。

单反相机有全画幅相机和半画幅相机两大类，关于使用哪种相机这里不做限制，市面上的大部分单反相机都能够满足拍摄要求。之前提到过半画幅相机和全画幅相机对应的视角范围会有所不同，对于 VR 全景拍摄，建议使用全画幅相机来减少图片的拍摄数量，下面介绍几款主流品牌的全画幅相机。

1. 尼康系列单反相机

全画幅单反相机：D750 和 D810，如图 5-1 所示。这两款相机都很不错，价格差别不是特别大，建议有一定经济能力的可以考虑 D810，它的综合性能很好、拍摄出的画面锐度高，缺点是机身略沉。

▲ 图 5-1

2. 佳能系列单反相机

全画幅单反相机：5D Mark IV 和 5Ds R，如图 5-2 所示。这两款佳能相机做工扎实，拍摄时的握持感和操控感很好，属于佳能相机中高画质、高像素的机型，其缺点是价格略高、机身比较大。

▲图 5-2

3. 索尼系列微单相机

全画幅微单相机：ILCE-7RM3，如图 5-3 所示。这是一款性价比比较高的全画幅微单相机，拍出的图片画质高，细节控制得都很到位，在高感光度下噪点控制得也不错，机身小巧、便于携带，缺点是电池续航能力差、拍摄时的握持感和操控感欠佳。

▲图 5-3

5.1.2 镜头

单反相机所配备的镜头的视角应尽可能大，这样可以包含更多的景物，从而减少拍摄次数。拍摄视角范围越窄，制作出一个 VR 全景图所需要拍摄的图片的张数越多，拍摄图片的张数越多往往越容易造成拼接错位或出现残影。

使用焦距大约为 15 毫米的鱼眼镜头拍摄 VR 全景，在成片质量与拍摄效率之间有恰当的平衡点；使用焦距为 8 毫米的鱼眼镜头，视角范围很大但是图片四周没有画面，会降低图片的像素，所以使用同样的相机拍摄出的作品会不如 15 毫米鱼眼镜头拍摄的作品精度高。这里只对鱼眼镜头和广角镜头进行讲解，非广角镜头的超高精度矩阵拍摄方法只需换算成对应所需要拍摄的图片数量进行采集即可。用 8 毫米鱼眼镜头拍摄的样片和 15 毫米鱼眼镜头拍摄的样片分别如图 5-4 和图 5-5 所示。

▲图 5-4

▲图 5-5

鱼眼镜头可分为副厂镜头和原厂镜头两类。

（1）副厂镜头。副厂镜头可以作为入门级的选择，但是其成像效果很难达到商业级拍摄的要求。

① SIGMA（适马）8 毫米鱼眼镜头，如图 5-6 所示。

② SAMYANG（三阳）8 毫米鱼眼镜头，如图 5-7 所示。

▲图 5-6

▲图 5-7

（2）原厂镜头。下面介绍几种原厂镜头。

①佳能 EF 15 毫米 f/2.8 鱼眼镜头，如图 5-8 所示。

②尼康 AF 16 毫米 f/2.8D 鱼眼镜头，如图 5-9 所示。

▲图 5-8

▲图 5-9

以上两款镜头的研发和生产年代较为久远，目前已经停产，市场上多为二手镜头。佳能 EF 15 毫米 f/2.8 鱼眼镜头的成像效果还是很不错的，缺点是紫边较为严重，边缘成像画质比较差。

③佳能 EF 8-15 毫米 f/4L USM 鱼眼镜头，如图 5-10 所示。

④尼康 8-15 毫米 F3.5-4.5E ED 鱼眼镜头，如图 5-11 所示。

▲图 5-10

▲图 5-11

以上两款镜头是市面上鱼眼镜头中成像效果较好的镜头，目前使用佳能的 EF 8-15 毫米 f/4L USM 鱼眼镜头拍摄 VR 全景的人居多，之前提到过使用索尼相机也会搭配转接设备来使用这款镜头，但是这款镜头价格略高。值得一提的是，尼康这款 2017 年出产的镜头，在画面表现和控制方面均优于尼康上一代 16 毫米鱼眼镜头，所以建议使用以上两款镜头拍摄。

5.1.3 相机品牌特性

1. 价格

佳能、尼康、索尼等品牌的相机目前的市场价格非常透明，但是一分价钱一分货，要根据自身的经济能力来选择相机。尼康和佳能这两个品牌的同等定位的相机的价格相差不大。

贴士

索尼拥有相对比较便宜的全画幅相机，例如有些索尼全画幅相机比佳能部分半画幅机身还要便宜，单就机身价格这一方面建议选择索尼相机。往往全画幅相机的综合指数都会比半画幅的相机要高。（这里指当下，排除未来其他品牌会出更便宜的全画幅机身。）

2. 锐度和宽容度

佳能相机成像偏柔，在人像的处理上其具有独特的方法，在市场上较受欢迎。

尼康相机凭借尼康公司的光学研发能力，拍摄出的图片看起来比较锐利，尼康相机在拍摄风景等题材的图片上有优势。

索尼相机最大的卖点是其优秀的图像传感器，画质优秀与否很大程度取决于图像传感器的质量，所以索尼相机拍摄的图片的画质也比较优良。

虽然这 3 个品牌的相机的锐度略微有些区别，但是同级别的相机在清晰度方面都是没有问题的，尼康相机的成像质量很好，就锐度和宽容度而言建议选择尼康相机。

3. 镜头群

镜头方面，佳能凭借镜头卡口的优势，在长焦镜头、大光圈镜头方面推出了许多口碑不错的产品，镜头群比较有优势。佳能 8-15 毫米系列镜头镜头是目前 VR 全景摄影师广泛使用的一款镜头。尼康的镜头群好于索尼镜头群，而且价格适中，但是比佳能的镜头稍微贵一点。索尼在镜头方面与蔡司进行合作，虽然镜头的种类不多，但是在质量方面却有着过人的表现。由于索尼的镜头群偏贵，很多摄影师会使用索尼的相机转接佳能的镜头。

佳能的镜头价格比较亲民，种类丰富，如图 5-12 所示。如果你想要配备丰富的镜头，就镜头丰富程度而言建议选择佳能的镜头。

▲图 5-12

4. 便携性

索尼无反相机是将画质与轻便性结合得较好的机型，目前同级别的较轻便的相机中，佳能 6D 单机约重 675 克，索尼 A7 约重 416 克（仅主机），索尼相机在体积和重量方面非常有优势。虽然目前尼康和佳能也都在布局无反相机领域，但是索尼无反相机的型号已经非常丰富，并且索尼无反相机在价格方面也有很大的优势。

相机的便携性强，摄影爱好者才能经常带出去，才能创作出作品。如果相机和配件的体积过大，摄影爱好者每次带着它们出门也会有很大的负担，从而容易错失一些值得记录的瞬间，就便携性而言建议选择索尼相机。

5. 界面操控和功能

同级别的 3 个不同品牌的相机，佳能相机的上手操控性和软件界面体验是最好的，其次是索尼相机，尼康相机的上手操作性好，但是软件界面较复杂，对初学者并不友好。就软件的功能来讲，索尼相机拥有的软件功能比较实用，例如自动 HDR、峰值对焦等，还可以拓展安装需要的软件，相比之下优于其他两个品牌的相机。

根据多方面的调研，我总结了以上几点不同品牌的相机的区别，如果你打算学习摄影，可以对不同品牌相机的特点做一个了解。大多数摄影师选择相机品牌主要围绕着相机的性能、镜头群、操控性、画质、便携性和价格等方面来对比，但是哪个品牌的相机“最好”，这完全取决于你自己的需求，再好的硬件也只是手中的一件“兵器”，想要“武功”高还是得多练“内功”才行。

扫码看全景

川东巴灵台

5.2 VR 全景相机

VR 全景相机可分为单目全景相机、双目 VR 全景相机、多目 VR 全景相机和组合式 VR 全景相机，这些类型的相机各有各的定位。例如单目全景相机用于拍摄高质量的全景图片，双目 VR 全景相机的特点是方便快捷、便于记录日常生活，多目 VR 全景相机定位于拍摄 VR 视频内容。你可以根据下面的介绍来选择自己需要的相机。

5.2.1 单目全景相机

单镜头相机是很常见的，例如单反相机、手机、运动相机等都是一个镜头，但是这里提到的单目全景相机是指专门用于拍摄全景的单镜头相机。例如小红屋单镜头全景相机，如图 5-13 所示，可以拍摄出分辨率为 8K 的全景图片。它利用相机的鱼眼镜头，通过机身自带的电机进行转动并前后左右取景 4 次，将拍摄的图片传到 720yun App 中进行拼接处理，最终合成一个完整的 VR 全景图。由于其拍摄时围绕的节点更加准确，因此使用该相机拍摄全景图片比较有优势。

▲图 5-13

5.2.2 双目 VR 全景相机

双目 VR 全景相机，顾名思义是拥有 2 个镜头的相机，镜头通常为鱼眼镜头。我们通过拆解 Insta360 ONE X 全景相机的硬件可知，双目 VR 全景相机具备 2 个鱼眼镜头和 2 块传感器，如图 5-14 所示。

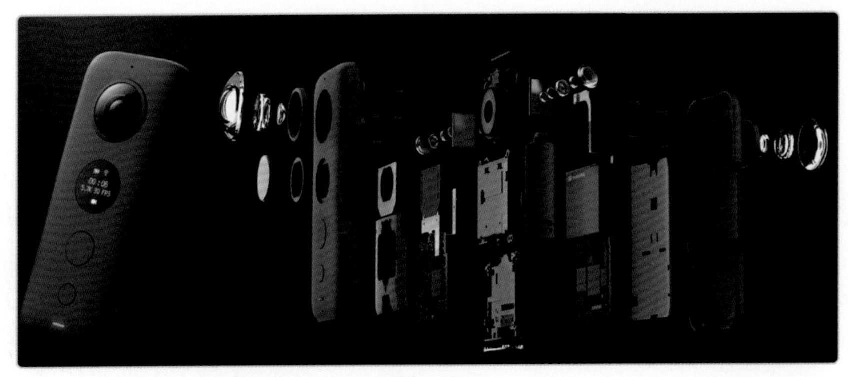

▲图 5-14

这类全景相机通常是通过连接移动 Wi-Fi 的方式来控制相机进行拍摄的，拍摄完毕后相机会自动合成一张画面比例为 2:1 的 VR 全景图。目前市场上主流的双目 VR 全景相机有理光 THETA 相机、Insta360 ONE X 全景相机等。在做极限运动的时候可以用双目 VR 全景相机来全方位记录运动过程，再通过后期剪辑成平面视频。双目 VR 全景相机还是 Vlog（Video blog，视频博客）的一种很好的辅助拍摄设备。双目 VR 全景相机可以很快速地获取全景视频和图片内容，通过 720yun App 就可以快速上传分享了。但是如果你想用它拍摄出高质量的 VR 全景图就会略显吃力了。

5.2.3 多目 VR 全景相机

多目 VR 全景相机是包含 4 个及以上镜头的相机，它能通过多个镜头同时取景并拼接组成 VR 全景图。目前多目 VR 全景相机主要用于全景视频的拍摄，市场上主流的多目 VR 全景相机品牌有 Insta360、泰科易、KanDao、Jaunt 等。图 5-15 所示为 Insta360 Por2 VR 全景相机，图 5-16 所示为 Jaunt 全景相机。

一般多目 VR 全景相机会自动拼接出分辨率为 4K 的全景图，机内拼接功能可以用于 VR 直播服务。对多目 VR 全景相机中每个镜头所单独采集的视频内容进行后期拼接，可以使画质更优良。例如 Jaunt VR 全景相机拥有 24 个镜头，通过计算机软件拼接甚至可以制作出分辨率达到 20K 的全景视频，但是这种影视级的设备的价格也是非常高昂的。

多目 VR 全景相机也可以用于 VR 全景图的拍摄，但是质量无法与单反相机媲美。多目 VR 全景相机已经是目前使用最广泛的拍摄全景视频的设备之一了，它可以有效地帮助创作者节约前期拍摄的时间成本，让创作者把更多的精力投入内容表达及内容制作中。

▲图 5-15

▲图 5-16

5.2.4 组合式 VR 全景相机

组合式 VR 全景相机由多个独立相机组合而成，这类相机通常将 Gopro 或者其他品牌的运动相机或单反相机，通过支架固定组合形成 VR 全景相机，如图 5-17 所示。组合式 VR 全景相机的支架包含不同的数量，如 6 目、12 目等，图 5-18 所示为莱瑞特全景相机支架。

▲图 5-17

▲图 5-18

这种组合式 VR 全景相机对于拍摄 VR 全景图的意义不是很大，一般会用于全景视频的拍摄。如果使用此设备制作 VR 全景图，依然需要进行复杂的后期拼接，相比之下还是使用单反相机拍摄更为方便，并且使用单反相机拍摄的图片的清晰度更高。

但是如果是用于全景视频的拍摄，组合式 VR 全景相机的画质优势就展现出来了。目前一体式 VR 全景相机还无法达到单反相机或市场上比较成熟的运动相机的成像效果和色彩水平，通常专业的全景视频制作团队还是会使用组合式 VR 全景相机来进行拍摄。

扫码看全景

成都城市景观

5.3 辅助器材

拍摄 VR 全景所用的辅助器材中最主要的就是全景云台了。全景云台和普通球形云台不同，在拍摄专业的 VR 全景时必须使用全景云台。全景云台可以让相机围绕着镜头节点旋转拍摄，而普通球形云台往往只方便相机平行旋转，对天空和地面的景象无法便捷地记录，并且记录下来的画面在后期拼接时会产生较严重的错位。使用全景云台可以有效地解决这类问题，全景云台可以调节相机镜头节点，使相机在一个纵轴线上转动，还可以让相机在水平面上进行水平转动拍摄。

5.3.1 全景云台

1. 720yun 全景云台

全景云台是拍摄 VR 全景最重要的辅助器材。720yun 全景云台的出现和发展要追溯到 2003 年，刘纲先生手工制作了第 1 代 720yun 全景云台。在收集摄影师的使用反馈以及梳理创作中的不同需求的基础上，2015 年，刘纲先生和黄植林先生共同研发出了不同定位的 720yun 全景云台。

720yun 全景云台的研发者希望能够降低 VR 全景拍摄的门槛，让更多的摄影爱好者轻松拍摄 VR 全景，让 VR 全景的创作无限，让每位摄影师都可用其中一款全景云台拍出“极致影像”。扫描图 5-19 中的二维码可了解刘纲先生的部分作品及创作经历。

▲图 5-19

720yun 全景云台目前主要有 3 款，不同定位的全景云台之间最大的区别是重量，应用场景分别为“盲拍调节 - 室内”“精准轻便 - 室外”“登山徒步 - 单反、手机‘通吃’”。本书使用 专业版（ Guide ）720yun 全景云台进行讲解。

（1）专业版（ Guide ）720yun 全景云台，拥有 10 档分度台，如图 5-20 所示。它的功能非常强大，这款云台经历了 5 年的考验，在这 5 年中得到了数万摄影爱好者的认可，不断改进创新后的成果，同时是为了向更高精度的 VR 全景拍摄者致以崇高的敬意，引领一代人走过 VR 全景之路，承载了数以万计的 VR 全景作品。

（2）旅行版（Light）720yun 全景云台，拥有 3 档分度台。以更加便携的方式，使摄影爱好者能够轻装上阵完成 VR 全景拍摄，它更适合户外旅行时携带，并且精准度和便携性做了很好的平衡，使摄影爱好者能够轻装上阵完成 VR 全景拍摄，也是全景摄影师非常受欢迎的全景云台。

（3）便携版（Mini ）720yun 全景云台，如图 5-22 所示。Mini 全景云台融合了手机与微单相机拍摄 VR 全景的特点，体型小巧，重量更轻，并且价格也会更低，让更多的创作者可以以更低的门槛加入 VR 全景的创作队伍中，通过这款云台它也可以拍摄出高质量的 VR 全景作品。

上述不同型号的云台，其设计师也在不断的改版和升级迭代中，每一款云台都有众多摄影师在使用中，在使用过程中均会收到很多评价和建议，根据评价会和建议进行迭代硬件。并且在目前 720yun 云台还有新品在研中，例如电动云台等。

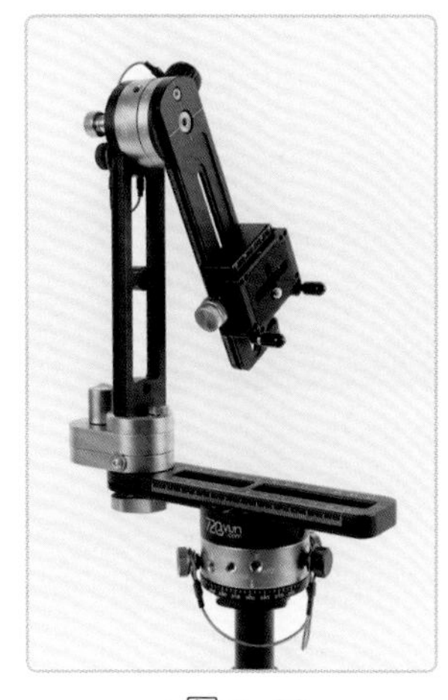

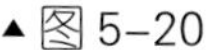

▲图 5-20

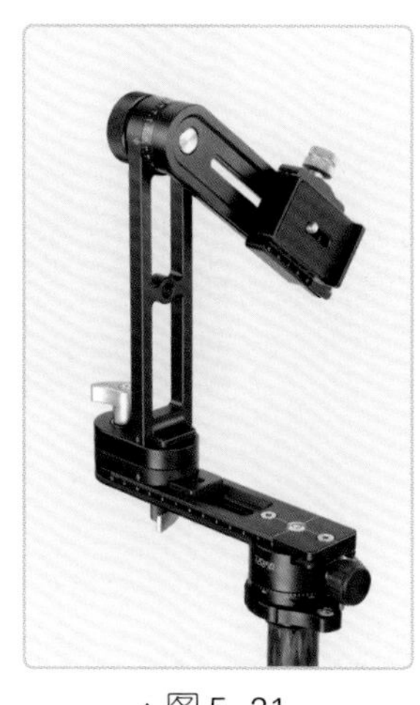

▲图 5-21

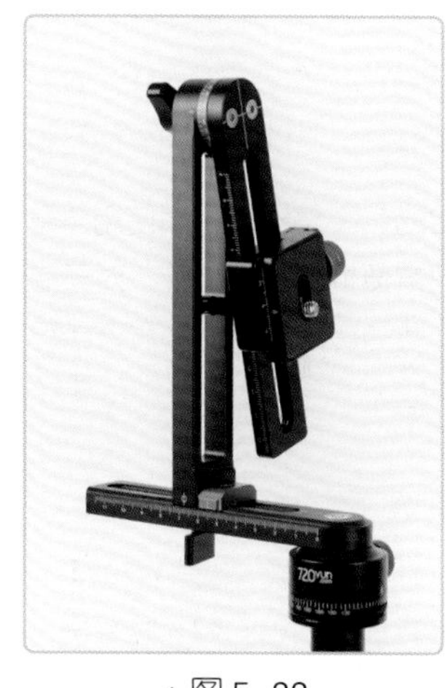

▲图 5-22

专业版（Guide）全景云台、旅行版（Light）全景云台和便携版（Mini）全景云台这 3 款的重量和大小都有所区别，如图 5-23 所示，第 7 章会对 720yun 全景云台的使用方法进行详细讲解。

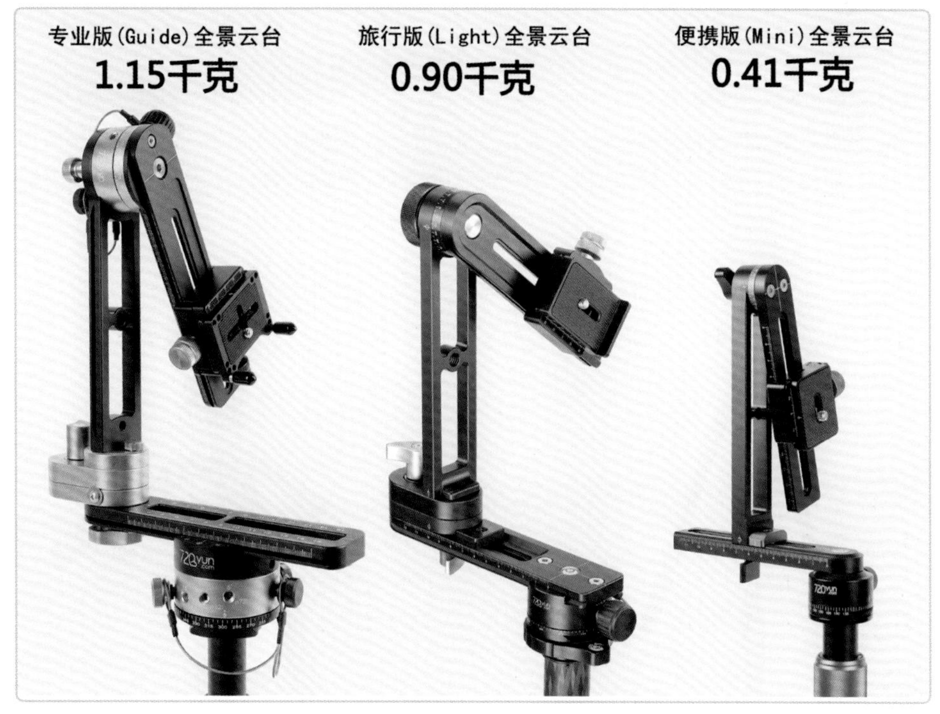

▲图 5-23

扫码看全景

冰岛众神瀑布

2. 电动全景云台

电动全景云台主要是指拍摄的时候可以自动进行旋转的全景云台，国内比较有代表性的电动全景云台是WildCat（野猫）电动全景云台。

WildCat（野猫）电动全景云台（见图5-24）采用分体结构设计，具有自由组合功能，便于携带，同时具备挂载较大负荷的摄影器材的能力。它能轻松应对数百幅照片的矩阵接片，也能提供精确节点调节。它还可以完成分层及单层VR全景的自动拍摄工作。电动全景云台在大画幅矩阵拍摄方面有很大的优势，但是对于日常的VR全景拍摄，使用720yun专业版Guide全景云台会更加便捷。

▲图5-24

5.3.2 三脚架

在进行VR全景拍摄时，会用到单反相机、鱼眼镜头等重量较大的设备，并且VR全景图片的拍摄，尤其是地面拍摄，对三脚架的依赖性很强。对VR全景拍摄使用的三脚架，主要有以下两个方面的要求。

1. 稳定性强

三脚架首先需要有足够的稳定性。如果三脚架太轻或者锁扣等连接部分的制作工艺不好，会造成三脚架整体的松动，这样固定在三脚架上的相机在转动时会发生晃动，导致拍摄出来的照片是模糊的。除了工艺方面，三脚架的承载重量也是一个重要的考量因素。目前单反相机机身的重量一般约为400克，鱼眼镜头和配件等的重量约为600克，720yun全景云台的重量约为1 150克，总重量为2 000~3 000克，因此三脚架的承重量要大于此数值。

这里建议使用720yun 8层纤维纯碳三脚架，它拥有很好的稳定性，并且碳纤维材料的重量相对较轻，同时不易损坏，如图5-25所示。如果拍摄汽车内饰和特殊狭小空间，建议使用720yun的小型三脚架，如图5-26所示。

▲图5-25

▲图5-26

2. 可拆卸

拍摄 VR 全景要使用全景云台和脚架是可拆卸的三脚架，如图 5-25 所示。有些入门级的三脚架的全景云台和脚架是一体的，无法拆卸。在拍摄 VR 全景时需要使用不同的全景云台，如果三脚架无法与不同的全景云台连接将导致无法拍摄。

贴士

有一种三脚架为摄像三脚架，如图 5-27 所示，摄像三脚架的 3 条腿是铝合金材质。因为这种三脚架的 1 条腿由 5 根管组成，在展开拍摄时会加大补低（最低视角拍摄）的难度，所以不建议使用这样的三脚架。

▲图 5-27

5.3.3 其他配件

1. 快门线

快门线（控制快门的遥控线）包含有线和无线两种。使用快门线是为了保证拍摄 VR 全景时相机保持稳定，并且在使用高杆进行拍摄时更方便。正常拍摄使用普通无线快门线和有线快门线均可，无线的快门线更为方便（见图 5-28），有线的快门线更加稳定可靠。

2. 高杆

高杆是拍摄高视角的 VR 全景的辅助器材，在三脚架上方添加高杆可以拍摄更高视角的 VR 全景，其在大场景中应用较为广泛。720yun 高杆设备可组装到三脚架上（见图 5-29）以改变视角高度，即使高度达到 2.5 米，三脚架依然比较稳定。目前市面上的高杆拍摄高度可以达到 6 米，这就可以解决有些地方无人机禁飞，但是又想获取高视角全景图的问题。

3. 内存卡

内存卡是拍摄 VR 全景必备的配件。之所以在这里提到，是因为需要根据相机的型号选取高速的 SD 内存卡，图 5-30 所示为读取速度为 170MB/s 的内存卡，建议选用闪迪品牌的读取速度在 95MB/s 及以上的内存卡。

▲图 5-28

▲图 5-29

▲图 5-30

5.3.4 航拍设备

航拍时通常会使用无人机进行拍摄，无人机会附带由无线电操控的云台和平面相机。市面上拍摄 VR 全景常用大疆品牌的无人机。

1. 便携式无人机

扫码看全景
冰雪毕棚沟

大疆“御”Mavic 2 专业版无人机支持一键拍摄 VR 全景，可以轻松拍摄出比较优质的 VR 全景图。机身小是它的一个非常大的优势，每次飞行结束之后，只需要将无人机机臂折叠起来就可以随身携带（见图 5-31），而不需要将桨叶拆下。它的重量为 907 克，能够达到 31 分钟的最长飞行时间与每小时 75 千米的飞行速度，其附带的相机是与高端影像品牌哈苏合作的云台相机。它拥有 1 英寸的 CMOS，最大 ISO 值为 12 800，暗光条件下拍摄也很清晰。它既可以用于商业用途，又可以作为摄影爱好者的日常拍摄设备，是很值得使用的一款无人机，其机臂展开时如图 5-32 所示。

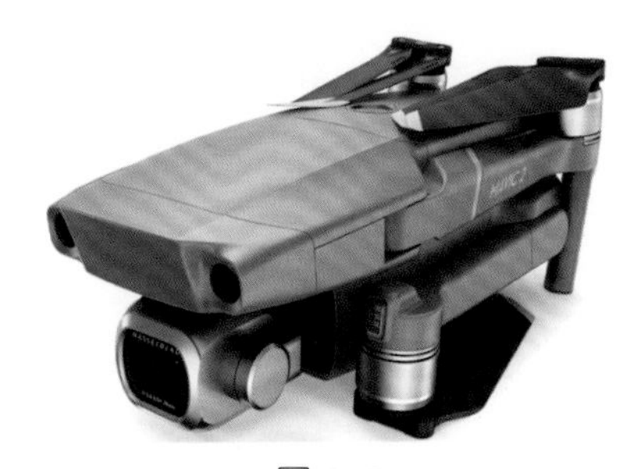

▲图 5-31

▲图 5-32

2. 专业级无人机

大疆“悟”Inspire 2 无人机（见图 5-33）是大疆“悟”系列的可变型无人机，其飞行的稳定性和影像画质都远超“精灵”系列，并且可更换镜头较多，如 x3、x5、x7 等系列的镜头均可。它的缺点是续航能力弱、价格偏高，高要求的商业拍摄可选择“悟”系列无人机。

▲图 5-33

5.4 相关软件

众所周知，摄影是个技术与艺术结合的技艺。有人说摄影是 7 分靠前期拍摄，3 分靠后期修图；也有人说摄影是 3 分靠前期拍摄，7 分靠后期修图，但是在 VR 全景摄影这个门类中，拍摄的图像是一定要进行后期处理的。本节我们先简单介绍相关软件，了解每个软件在后期流程中的作用，第 8 章和第 9 章会详细讲解其操作方法。

5.4.1 后期处理流程

VR 全景图的后期处理大致有 RAW 格式批量转化及初步调色、多图拼接及补地操作、主题突出及细节调整、生成富媒体文件 4 个流程。

在 VR 全景图后期处理的 4 个流程中，我们会使用软件工具进行处理。很多软件都在尝试将 VR 全景图后期处理涉及的所有过程全部融合在一起，目前即使有可以完美融合所有流程的软件，它们在某些领域也依然无法达到最好的效果。为了保证我们制作的 VR 全景图是一个优质的 VR 全景作品，我们还是需要通过多个软件进行后期处理。

后期处理所使用的软件及具体步骤如下。

第 1 步，将拍摄完毕的 RAW 格式的 VR 全景图导入 Lightroom 软件中，调整图片的曝光值等参数，对同组图片进行同步处理后导出 JPG 或 TIFF 格式的图片。

第 2 步，将经过初步调整的图片导入 PTGui 软件进行拼接、补地等操作，创建画面比例为 2:1 的 VR 全景图。

第 3 步，对处理合成好的 VR 全景图进行检查，通过 Photoshop 软件进行细节调整，可按喜好进行调色。

第 4 步，将最终调整好的 VR 全景图上传到 720yun，对其进行漫游编辑并分享。

5.4.2 Photoshop

Adobe Photoshop（见图 5-34），以下简称“PS”，是由 Adobe Systems 开发和发行的图像处理软件。

PS 是目前市场上专业的图像处理工具之一，处理由像素构成的数字图像都会用到 PS，涉及平面设计、广告摄影、影像创意、网页制作、后期修饰、视觉创意、界面设计等多个领域。

PS 的 CS3 版本更新了与图片拼接相关的功能，很多摄影师都在使用 PS 的这个功能进行接片，但目前 PS 还无法完整地进行 VR 全景图的拼接。

▲图 5-34

想深入掌握摄影这门技艺，对 PS 工具的学习是必不可少的，由于 PS 涉及的功能太多，本书将主要针对 VR 全景图后期处理所涉及的相关功能进行讲解，例如错位的调整、航拍补天和地拍补地的细节调整、蒙版调色、瑕疵处理等。

5.4.3 Lightroom

Adobe Photoshop Lightroom（见图 5-35），以下简称“Lightroom”，是 Adobe 公司研发的一款以后期制作为重点的图形工具软件，是当今数字拍摄工作中不可或缺的处理工具。其丰富的校正工具、强大的组织功能以及灵活的选项设置可以帮助我们加快后期处理图片的速度，方便我们将更多的时间投入拍摄。

Lightroom 是一款重要的后期制作工具，主要面向数码摄影、图形设计等专业人士和高端用户，它支持各种格式的图像，主要用于数码照片的浏览、编辑、整理、打印等。

▲图 5-35

Lightroom 是一款性能优良、功能齐全且使用方便的图像处理软件。从图片的导入到最终输出，Lightroom 都能提供强大而简单的一键式工具和步骤，它可以根据图片的不同类型进行相应的个性化处理，能够轻松实现图片的组织、润饰和共享。

在处理 VR 全景图的过程中，主要使用的 Lightroom 的功能是对 RAW 格式的图片进行解码以及调色、润饰和参数同步等。虽然 PS 中也有相应的插件（Adobe Camera Raw 插件）可以进行这些处理，但是高效批量处理 VR 全景图时，还是使用 Lightroom 更加方便。

扫码看全景

新疆喀纳斯

5.4.4 PTGui

PTGui（见图 5-36）是一款功能强大的 VR 全景图拼接软件，该软件名称的 5 个字母取自 Panorama Tools Graphical User Interface 的首字母。从 1996 年公司成立 至 2021 年，它已经升级到 PTGui 12 版了。

使用 PTGui 可以快捷方便地制作出 360 度 ×180 度的完整球形 VR 全景图（Full spherical VR panorama），其工作流程主要分为以下 3 步。

（1）导入一组原始底片。

（2）运行自动对齐控制点。

（3）生成并保存 VR 全景图文件。

▲图 5-36

PTGui 从原始图片的输入到 VR 全景图的输出，包括输入原始图片、参数设置、控制点的采集和优化、粘贴 VR 全景、输出完成 VR 全景图等流程。相对其他 VR 全景图处理软件来说，PTGui 可进行很细致的操控，例如手动定位，矫正变形，调整画面水平、垂直、中心点等，非常方便。

PTGui 可以处理大部分问题，在其他 VR 全景图处理软件不能正确拼接照片的情况下，PTGui 可以实现非常完美的效果，第 8 章会对 PTGui 软件进行重点讲解。

5.4.5 720yun 工具

720yun（见图 5-37）是由北京微想科技有限公司开发运营的，面向全球的 VR 全景内容创作分享平台。该平台为全球的 VR 爱好者和创作者提供了包括上传、编辑、分享、互动功能在内的一站式 VR 全景制作分享工具。

针对不同的用户场景，该平台使用起来都简单高效，同时支持 Windows、Mac 等多种操作环境，无论是对于初入门的摄影师还是专业摄影师来说都十分友好，只需采用单击或拖动的方式就可添加丰富的漫游效果。此外，用户可添加作品专属 ID 水印，让版权保护更完善，最大化保证创作者的利益不受侵害。

▲图 5-37

720yun 的用户账户分为普通账户和商业账户。普通账户享有不限量素材库空间，热点、沙盘、音乐等多样化展示效果，以及快捷的分享功能，能够满足用户的日常需求。普通账户可按需升级为商业账户。商业账户拥有电话导航链接、自定义 LOGO、密码访问、离线导出等功能，能够满足更多的商业需求和个性化、稳定性需求，有助于实现作品价值最大化。

在 9.4 节中我们会对 720yun 平台进行详细讲解，这个软件会让你的作品的互动性更强。

第 6 章

摄影基础

第 6 章总述

想要拍摄出一张优质的 VR 全景图，需要做足前期准备。第 5 章我们讲到了 VR 全景图拍摄的前期软硬件准备，现在前期准备完毕，我们需要了解一些相机的操作及设置方法，这样才能拍摄出一张优质的 VR 全景图。我们以佳能 80D 相机和索尼 A7RII 相机为例来展示基础参数的设置方法。

打开相机进行参数设置，相机的基础操作方法可查看相机附带的说明书。我们主要针对拍摄 VR 全景图涉及的知识点进行讲解。

扫码看全景

空中看北京

6.1 相机设置

相机设置

6.1.1 设置合适的画面比例

第 4 章提到过，我们是通过相邻两张照片的重叠来进行拼接的，因为 CMOS 的长宽比是 3:2，所以我们需要把相机拍摄画面的长宽比也设置为 3:2，让记录的画面尽可能地充分利用相机的画幅。佳能相机的长宽比设置如图 6-1 所示，索尼相机的纵横比设置如图 6-2 所示。

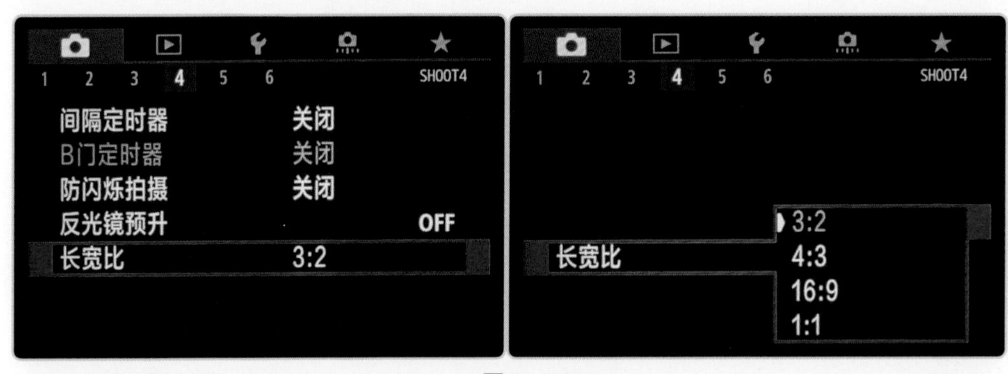

▲图 6-1

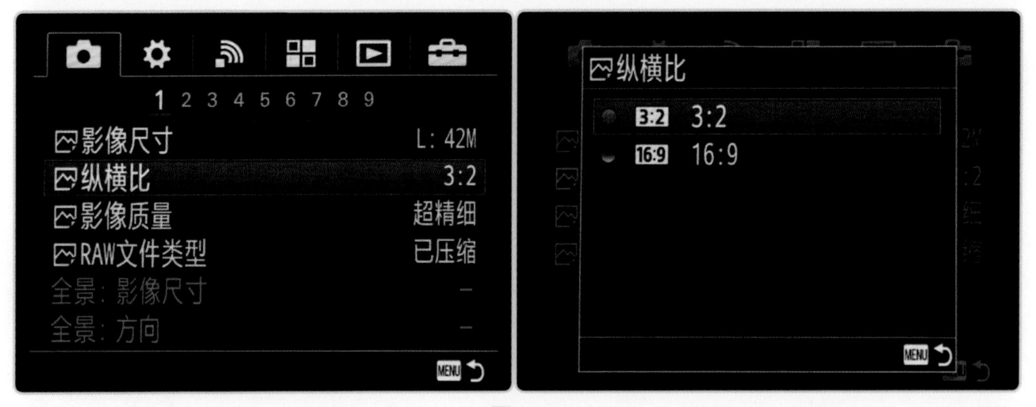

▲图 6-2

6.1.2 设置合适的图像格式

关于图像格式，VR 全景图的拍摄是为了追求更高的像素，并且希望画面在放大后依然清晰，所以在拍摄时需要将相机记录图像的格式设定为 RAW（无损）格式。如果有可能，也可以使用 RAW+JPEG

格式，因为光线复杂的场景需要使用 RAW 格式来处理图像，在白平衡准确和曝光准确的情况下，JPEG 格式图像也基本够用。但是最好要有 RAW 格式图像，因为其极具储藏价值，后续有更广阔的调整空间；也可以进行确权（版权）等。佳能相机的图像画质设置如图 6-3 所示，索尼相机的影像质量设置如图 6-4 所示。

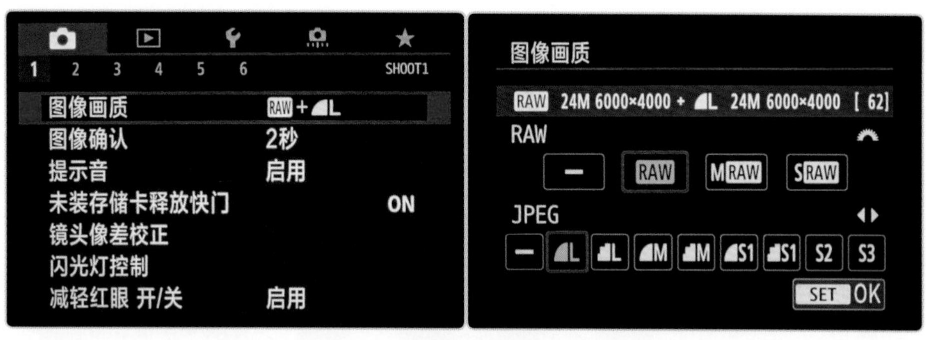

▲图 6-3

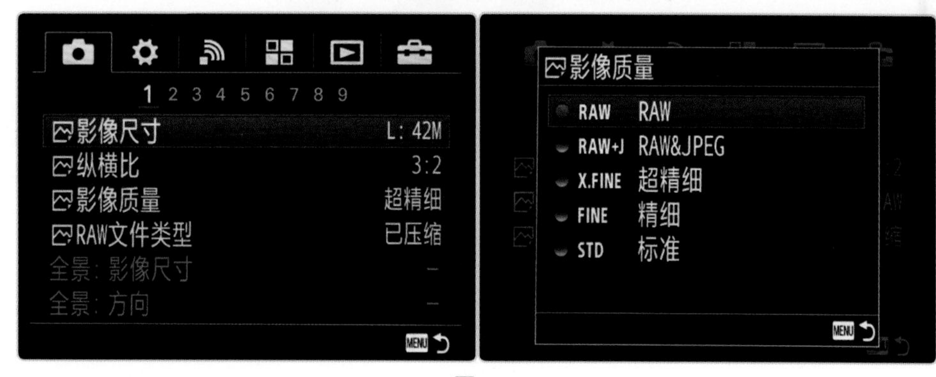

▲图 6-4

6.1.3 设置拍摄模式

相机的上方转盘通常会有很多种拍摄模式，如图 6-5 所示，正常情况下使用【P】（程序自动曝光）模式拍摄图片，不需要调节参数，程序会自动曝光。但是为了保证在拍摄 VR 全景图时参数是统一的，需要使用【M】（手动曝光）模式进行拍摄，如图 6-6 所示。

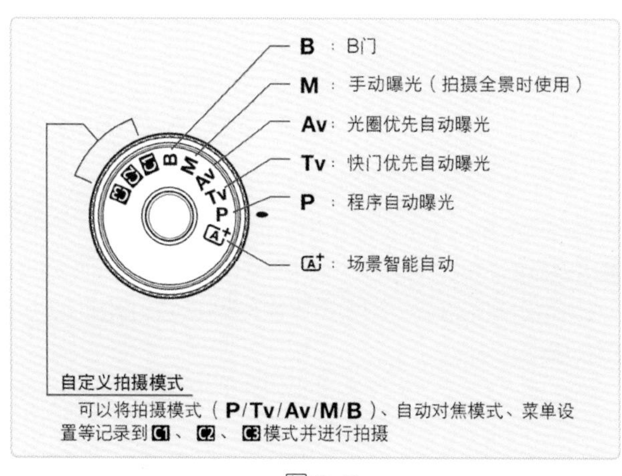

▲图 6-5

▲图 6-6

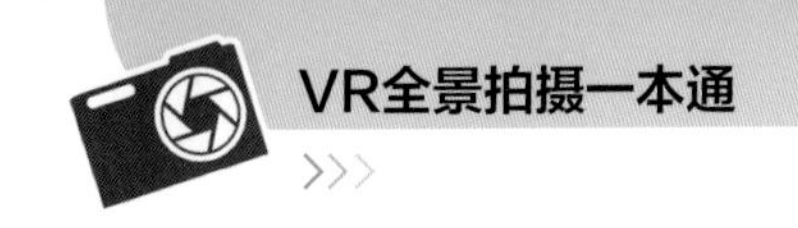

6.1.4 选择合适的镜头焦距

在 4.1.5 小节中，我们已经了解过，镜头焦距是指从镜头的中心点到胶片平面上所形成的清晰影像之间的距离，是镜头的重要性能指标。镜头焦距的长短决定着成像大小、视场角大小、景深和画面的透视强弱。图 6-7 总结了常见焦距的视场角范围，从中可以看出焦距数字越小，焦距越短，对应的视场角越宽广，取景范围就越大，反之亦然。

扫码看全景

轿子雪山风光

需要注意的是，图 6-7 中对应的视场角是镜头装载在全画幅相机上对应的角度。

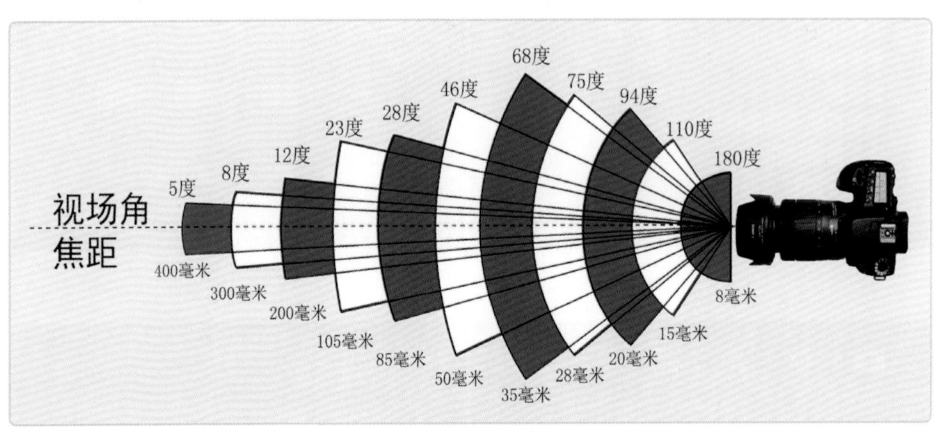

▲图 6-7

问题

在拍摄 VR 全景图时，应该如何选择镜头焦距呢？

可以从两个方面来考虑，分别是拍摄张数和图像分辨率。就拍摄张数而言，当拍摄距离一定时，拍摄张数取决于镜头的取景范围。镜头焦距越短，则取景范围越大，构成 1 个 VR 全景图所需要拍摄的源图像的数量就越少。反之，镜头焦距越长，则取景范围越小，构成 1 个 VR 全景图所需要拍摄的源图像的数量就越多。第 7 章会讲解使用直线镜头和鱼眼镜头拍摄的方法。

如果既想要清晰度高，又想尽可能减少拍摄张数，应该使用什么镜头呢？作者在拍摄的实践过程中找到了成像质量和拍摄张数的平衡点，即使用全画幅相机装配焦距为 15 毫米的鱼眼镜头拍摄，这是兼顾拍摄张数与清晰度的一种较好的方式。

6.2 拍出清晰的 VR 全景图

拍出清晰的 VR 全景图

将图片想要表达的画面清晰地呈现出来是至关重要的，VR 全景图也不例外，画面清晰是 VR 全景图的核心。我们在一开始学习摄影的时候，经常会出现照片拍得不清晰的情况。照片模糊通常有两方面原因，一方面是对焦不准确，例如脱焦等；另一方面是相机抖动，例如快门速度过慢、手抖等。下面先讲解如何准确对焦。

6.2.1 如何准确地对焦

对焦是指使用相机时通过调节相机镜头，使与相机有一定距离的景物清晰成像的过程。被摄物所在的点，称为对焦点。需要注意的是，这里的“清晰”并不是一种绝对的概念，对焦点前后一定距离内的景物的成像都可以是清晰的，这个前后范围的总和是景深范围，意思是只要在这个范围之内的景物，都能清晰地呈现出来，6.2.3 小节会具体讲解景深的含义。

1. 自动对焦

自动对焦（AF）模式是利用物体光反射的原理，使反射的光被相机上的 CMOS 传感器接收，通过计算机处理，带动电动对焦装置进行对焦的模式。在设置对焦区域的时候，通常可以手动选择【单点自动对焦】（见图 6-8）、【区域自动对焦】、【广域对焦】等方式。在进行人像摄影的时候，通常使用单点自动对焦这一方式，将焦点对准被摄人物的眼睛处，再进行构图，以保证眼部清晰。区域自动对焦往往用于风光摄影等题材，以保证画面主体清晰。目前市场上也有些镜头不具备自动对焦的功能，只可以进行手动对焦。

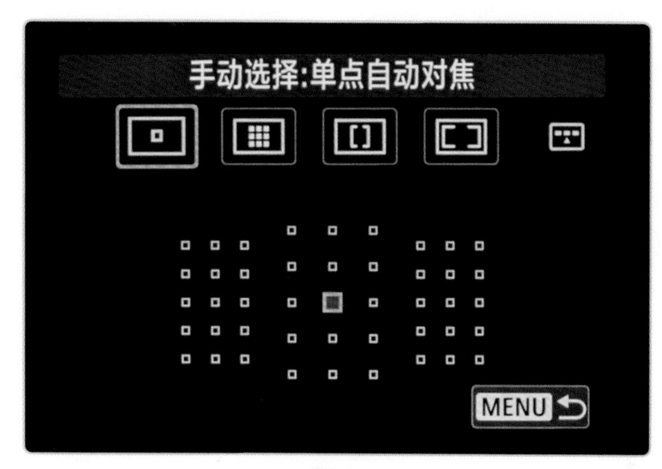

▲图 6-8

2. 手动对焦

手动对焦（MF）模式是通过手工转动对焦环来调节相机镜头，从而使画面变得清晰的一种对焦模式。有些相机的镜头上会附带对焦模式开关，如图 6-9 所示，拨动镜头上的对焦模式开关到【AF】，如图 6-10 所示，即开启自动对焦功能，当半按相机快门，相机自动对焦并显示对焦点时，一般会有对焦提示音。当拨动镜头的对焦模式开关到【MF】，则开启手动对焦功能，需要手动转动对焦环来进行对焦。

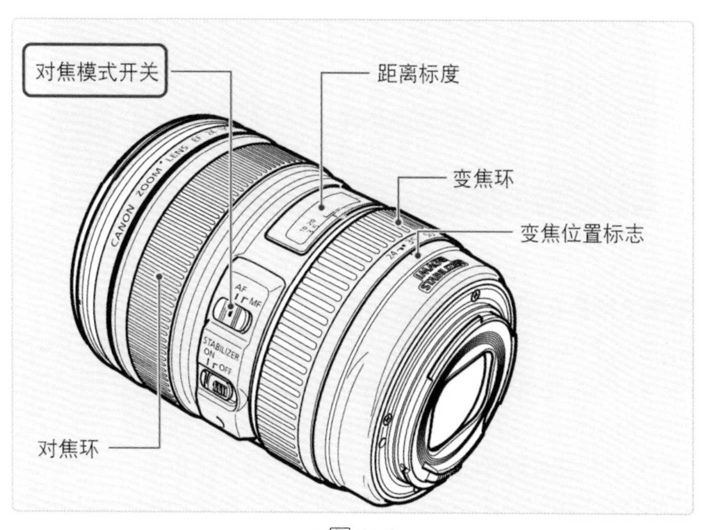

▲图 6-9

有些相机的镜头上没有对焦模式开关，就需要在相机中进行设置，例如索尼相机需要在对焦模式中设置【手动对焦】，如图 6-11 所示，这样就可以使用手动对焦的方式拍摄图片了。

▲图 6-10

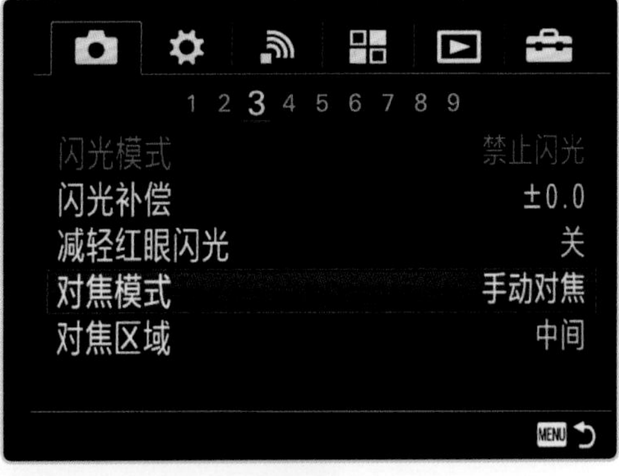

▲图 6-11

扫码看全景
外滩景观

 6.2.2 VR 全景图拍摄对焦方法

1. 使用区域自动对焦（AF）模式选择最大范围进行对焦

将相机设置为自动对焦 (AF) 模式，对焦区域要尽量选择更大范围的对焦模式 (见 图 6-12)，这样可以保证画面的大部分主体内容都是在景深内并且清晰的。这时半按快门，相机就会进行自动对焦，当对焦成功后，就可以进行图片拍摄了。如果是使用带有手动对焦和自动对焦切换按钮的镜头，我们半按快门对焦成功后，可以手动将对焦按钮调整到手动对焦（MF）模式，这样在拍摄同一个 VR 场景就不需要重复对焦，可以直接进行拍摄。另外需要注意的是在拍摄 VR 全景图的过程中不能再旋转对焦环。使用自动对焦（AF）模式拍摄完毕后，建议在显示屏中放大检查拍摄的画面是否清晰。

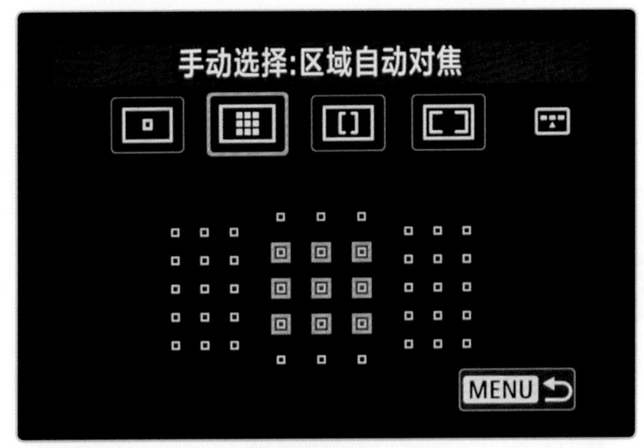

▲图 6-12

2. 使用手动对焦（MF）模式进行放大对焦

选择相机显示屏中的实时取景模式，选择放大对焦（×5 倍或 ×12.5 倍），在拍摄 VR 全景图时旋转对焦环进行对焦，将焦点对准距离相机大约 1 米的参照物，查看取景器直至呈现的主体变得清晰。如果是风光摄影，可以对焦远处的物体，以保证远处的物体能够清晰地呈现出来。

进行放大对焦，调整对焦环直到可以清晰地看到字符为止，相机显示屏中会呈现放大对焦的结果，佳能相机的放大对焦界面如图 6-13 所示，索尼相机的放大对焦界面如图 6-14 所示。

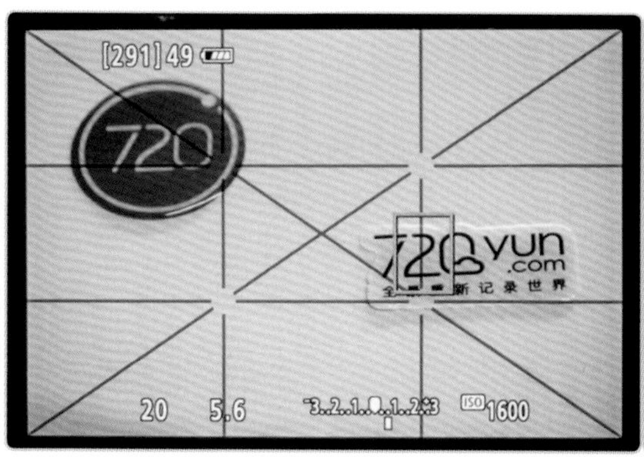

▲图 6-13

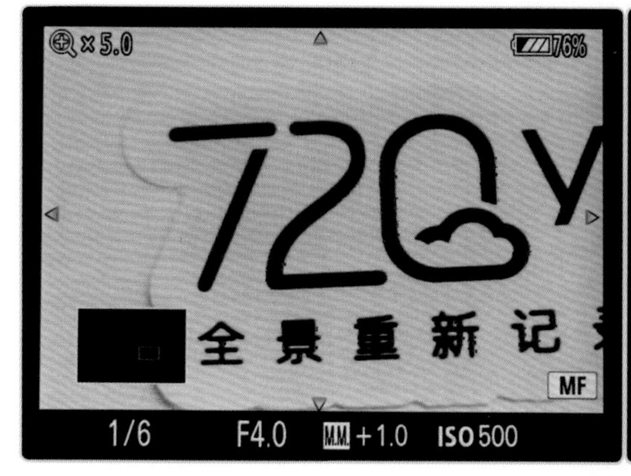

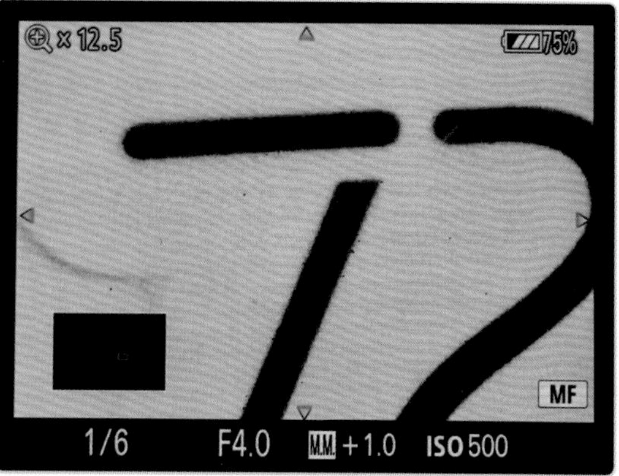

▲图 6-14

3. 使用手动对焦（MF）模式进行超焦距对焦

超焦距对焦是一种扩大景深的聚焦技术。在拍摄静态景物时，当希望远处的景物和近处的景物都尽可能在景深范围内时，运用超焦距对焦是最佳的选择。

鱼眼镜头在手动对焦（MF）模式下使用超焦距进行对焦，超焦距手动对焦光圈及对焦距离如表 6-1 所示。

由表 6-1 可以看出，鱼眼镜头在进行超焦距对焦时，对焦距离都在 1.5 米以内；如果使用 F8 的光圈值对焦，对焦距离在 1 米以内，其最近景深也都在 0.5 米以内，适用于绝大部分场景的 VR 全景图拍摄。使用超焦距对焦，需要根据镜头焦距的情况将焦距锁定到对应的距离，保证画面清晰后再进行拍摄。但是使用超焦距对焦方法拍摄时，对应的景深范围内的画面不是绝对清晰的，只是相对清晰。

▼表 6-1 鱼眼镜头超焦距手动对焦光圈及对焦距离

镜头类型	光圈（F）	对焦距离（米）	超焦距景深范围（最近景深～无限远）
15 毫米鱼眼镜头	5.6	1.35	0.67~ 无限远
	8	0.96	0.48~ 无限远
	11	0.68	0.34~ 无限远
	16	0.49	0.24~ 无限远

续表

镜头类型	光圈（F）	对焦距离（米）	超焦距景深范围（最近景深～无限远）
12 毫米鱼眼镜头	5.6	0.87	0.43~ 无限远
	8	0.62	0.32~ 无限远
	11	0.44	0.22~ 无限远
	16	0.32	0.16~ 无限远
8 毫米鱼眼镜头	5.6	0.39	0.19~ 无限远
	8	0.28	0.14~ 无限远
	11	0.20	0.10~ 无限远
	16	0.15	0.07~ 无限远

6.2.3 了解景深

了解景深

6.2.1 小节提到“清晰”并不是一种绝对的概念。拍摄的画面是否清晰除了与对焦有关，还与景深有关，所以我们还需要清楚有哪些因素会影响景深。6.2.2 小节提到超焦距对焦是一种扩大景深的聚焦技术，那么景深是什么呢？

景深，是指相机在拍摄取景时，取得清晰图像的焦点物体前后的距离范围，在这段范围内的被摄物都可以清晰地显现，这一段范围我们称为景深。景深越大，能清晰呈现的范围就越大；相反，景深越小，能清晰呈现的范围就越小。图 6-15 中，在景深范围内的雪花是清晰的，在光轴的前景中和背景中的雪花会变得模糊。模糊是因为聚焦松散形成了一种朦胧现象。

简单来说就是，在被摄物（对焦点）前后，其影像在一段范围内是清晰的，这个范围就是景深。

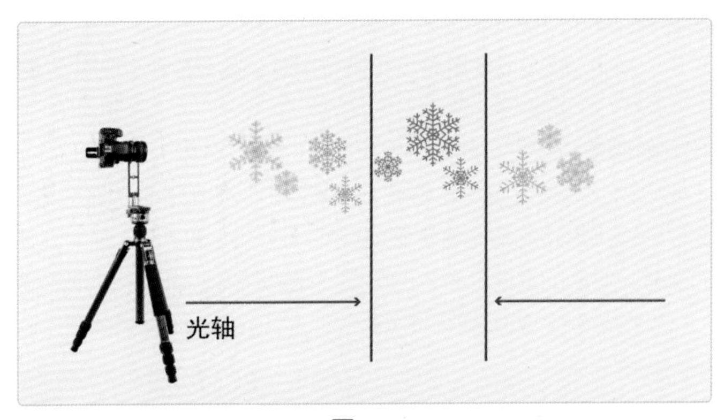

▲图 6-15

我们经常看到一些花、鸟、昆虫等的照片，其主体清晰而背景比较模糊和虚化，这称为小景深；在拍集体照或风景照等照片时，画面的背景和被摄物全部都是清晰的，这称为大景深。

6.2.4 景深 3 要素

景深是影响一张照片好坏的关键因素，光圈、焦距及拍摄距离是影响景深的 3 个重要因素。

在搞懂三者之间的关系之前，你需要先知道为什么照片会出现朦胧或不清晰的现象。

当与光轴平行的光线射入凸透镜时，理想的镜头应该是将所有的光线聚集在一点后，再以锥状扩散开。这个聚集所有光线的一点，就叫作焦点。在焦点前后，光线开始聚集和扩散，点的影像变成模糊的，形成一个扩大的圆；并且不能聚焦的光线在感光元件上呈现圆斑，该圆斑即为弥散圆。感光底片通过计算机屏幕、投影或冲洗成照片等方式放大后，若底片上的弥散圆足够小，则会呈现出清晰的影像，否则就是模糊的。

清晰与否的弥散圆界限称为容许弥散圆，在焦点前后各有一个容许弥散圆，这两个弥散圆之间的距离就是焦深，景深则是针对被摄物体，在对焦点的前后各有一个均有能被记录的较为清晰的范围而言的。一个是物方空间（景深），一个是像方空间（焦深）如图 6-16 所示。景深由两部分组成，拍摄主体对焦点前面能能清晰成像的空间距离，叫作前景深。同理，拍摄主体对焦点后面能清晰成像的空间距离，就叫作后景深，景深的范围就是前景深和后景深之和。焦深是在保持影像较为清晰的前提下，焦点沿着镜头光轴允许移动的距离，这个距离的范围就是前焦深和后焦深之和。

利用焦深的原理可以在对焦方面有所应用，例如，拍摄前应使用最大光圈对焦，聚焦准确之后，再将光圈调至拍摄所需要的档位上，这样就可以让对焦更加准确，呈现在底片的影像更加清晰。当被摄物的前后焦深都在容许弥散圆的限定范围内，呈现在底片上的影像就是清晰的。

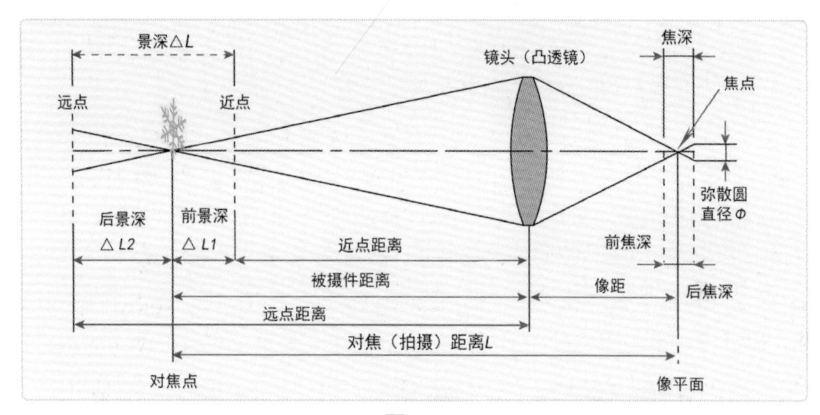

▲图 6-16

计算公式：

前景深 $\Delta L1=\dfrac{F\delta L^2}{f^2+F\delta L}$； （1）

后景深 $\Delta L2=\dfrac{F\delta L^2}{f^2-F\delta L}$； （2）

景深 $\Delta L=\Delta L1+\Delta L2=\dfrac{2f^2F\delta L^2}{f^4-F^2\delta^2L^2}$。 （3）

式中符号代表的含义：

δ ——容许弥散圆直径；

F ——镜头的拍摄光圈值（拍摄时设置的光圈值，如 F4.0）；

f ——镜头焦距（拍摄时使用的焦距参数，如 24 毫米）；

L ——对焦（拍摄）距离；

$\Delta L1$ ——前景深；

$\Delta L2$ ——后景深；

ΔL ——景深。

从式（1）和式（2）可以看出，后景深 > 前景深。

由景深计算公式可以看出，景深与镜头光圈、镜头焦距、拍摄距离以及对像质的要求（表现为容许弥散圆的大小）有关。光圈、焦距、拍摄距离对景深的影响如下（假定其他的条件都不改变）。

1. 光圈

光圈越大（光圈值越小），景深越小（焦点前后越模糊）；光圈越小（光圈值越大），景深越大（焦点前后越清晰）（见图 6-17）。在焦距固定、与被摄物距离固定的情况下，使用的光圈越小，也就是镜片的直径越小，景深越大。关于光圈的定义和说明，在 6.3.1 小节会进行讲解。

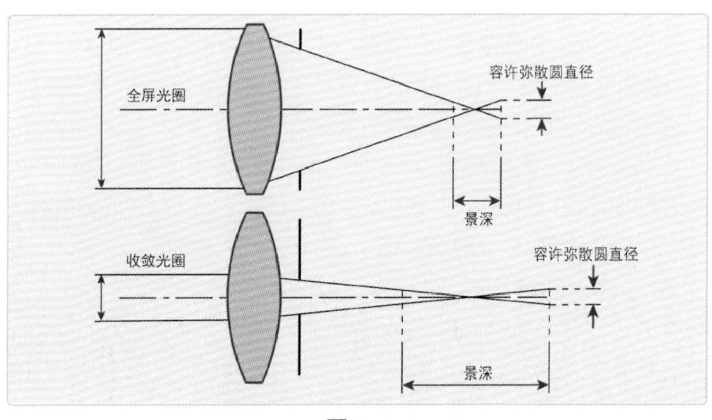

▲图 6-17

生活中手机广告的宣传语中常会提到其摄像头拥有大光圈，拍摄人像的时候可以使背景虚化，突出人物形象，这就是说可以利用小景深获得想要的画面。从图 6-18 可以看出，木雕延伸处在光圈缩小到光圈值为 F22 时，比光圈值为 F4 时更加清晰。

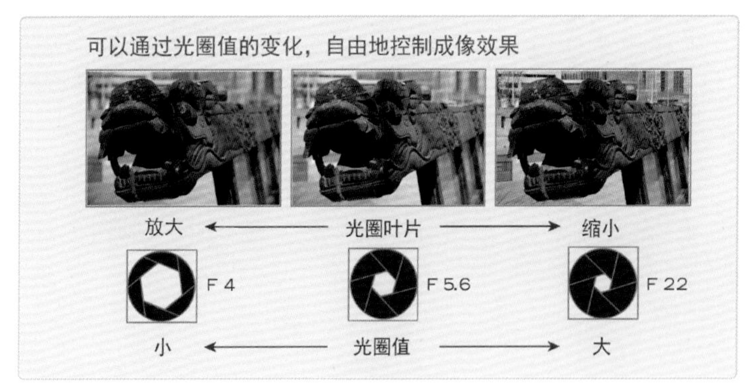

▲图 6-18

2. 焦距

在光圈和拍摄距离不变的情况下，镜头焦距越长，景深越小；反之景深越大。广角焦段的景深大，使用长焦焦段则更容易获得背景虚化的效果。

3. 拍摄距离

景深与拍摄距离 L 的平方近似成正比。被摄物越近，景深越小；被摄物越远，景深越大。

我们在 6.2.2 小节中提到的超焦距对焦方法也是通过这个原理得到的，它可以使在一个特定的物距之后的物体都可以清晰成像（具体物距由镜头的焦距和光圈大小决定，当然控制光圈的大小也可以改变物距）。

一张照片是否清晰是决定照片质量的基本要素。所以在每一次拍摄完成之后要通过取景器放大检查拍摄的画面是否清晰。画面的明暗和颜色等出现问题可以在后期进行适当的调整，但如果画面的清晰度出现问题，那么照片基本上就作废了，所以需要特别注意。

6.3 光圈、快门、感光度

光圈、快门、感光度

6.3.1 光圈

光圈是一个用来控制光线透过镜头进入机身内感光面的光量的装置（见图 6-19），也称为相对通光口径，它是一个由多个叶片组成的控件。由于我们不可能随意改变镜头的直径，需要控制通光量的时候，我们就可以通过改变光圈的孔径大小来实现对镜头的通光量的控制。经推理计算得出规律，影像（在感光元件上的成像）的照度除了与景物本身的亮度和图像的放大（或缩小）倍数有关系，还与镜头光圈的直径 D 的平方成正比，与镜头焦距 f 成反比。

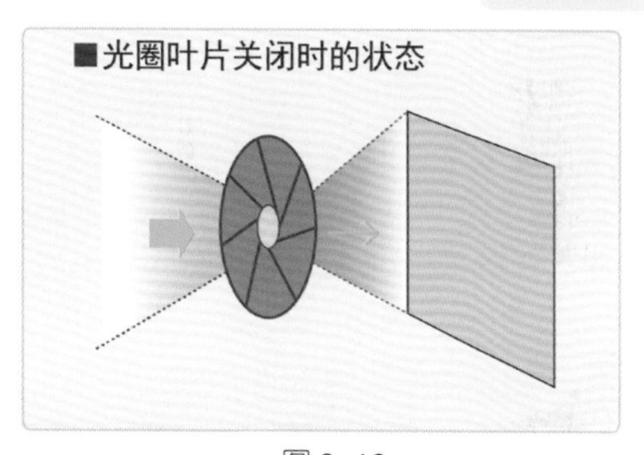

▲图 6-19

D/f 的值称为镜头相对通光孔径，为了方便，把镜头相对通光孔径的倒数 f/D 称为光圈值，也叫 F 值。因此，F 值越小，则光圈越大，在单位时间内的通光量越大。相机的主界面会显示光圈值，佳能相机界面的光圈值为 F5.6，如图 6-20 所示，索尼相机界面的光圈值为 F4.0，如图 6-21 所示。

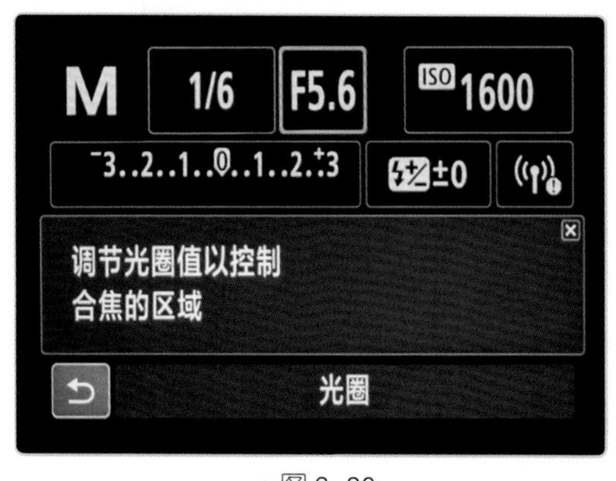

▲图 6-20

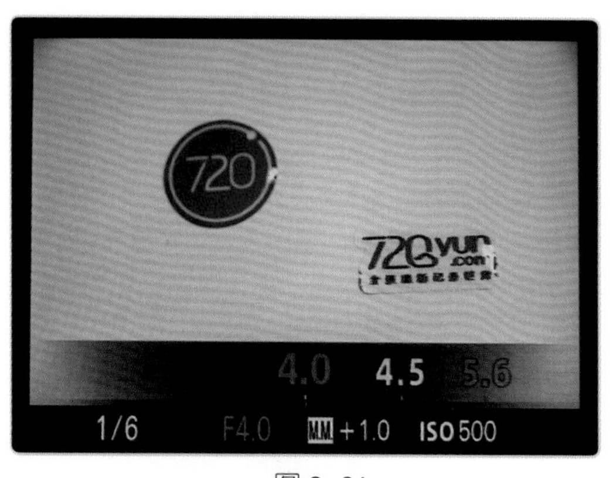

▲图 6-21

通常一款镜头所能表现出的画质水平，在不同的光圈之下会有所不同。对于光圈具体在多大的时候画质最好，每一款镜头都会有些区别，需要进行测试才能知道。如果我们把光圈调大，外界进入镜头的光量就会很多，镜头内的透镜边缘部分也会允许光线通过，这时不管是从光学系统方面还是从镜头边缘加工方面来讲，都会在光线汇聚的成像点周围出现一些乱光干扰，造成我们平时说的成像比较“软”，或者说比较“肉”的现象。这时缩小两档光圈，阻隔不好控制的光线进入，成像就变得锐利了。

问题

在拍摄 VR 全景图时，我们应该如何设置光圈呢？

如果是新手摄影师，一般在拍摄 VR 全景图的时候光圈可以选择光圈值为 F8 的光圈；在远景距离不远时，如室内拍摄，可以选择大一点的光圈，如光圈值为 F7、F5.6 的光圈等，尽量不用最大光圈，除非有特殊情况。在室外，如果光线好，用全画幅相机拍摄时可以用更小的光圈，如光圈值为 F9、F11 的光圈，光圈值最好不要小于 F13。

扫码看全景

贡嘎海螺沟

值得注意的是，使用大口径光圈拍摄容易产生紫边。紫边是一个统称，并不一定是紫光，也可能是绿光、红光等。它通常出现在大光比环境下深色物体的边缘，如以明亮天空为背景的屋檐边缘、树叶边缘、窗户边缘等。缩小光圈后能够明显改善紫边现象，如果在前期无法避免紫边，可以通过软件在后期进行调整。

6.3.2 快门

快门是相机中用来控制光线照射感光元件的时间的装置，是相机的一个重要组成部分，它有一个重要的意义就是控制曝光时间。图 6-22 中的“1/6”和“0.5”是指快门速度，它计算的是快门从开启到关闭的瞬间速度，快门速度的单位是秒。常见的快门速度有 1 秒、1/2 秒、1/4 秒、1/6 秒、1/8 秒、1/15 秒、1/30 秒、1/60 秒、1/125 秒、1/250 秒、1/500 秒、1/1 000 秒、1/2 000 秒等。

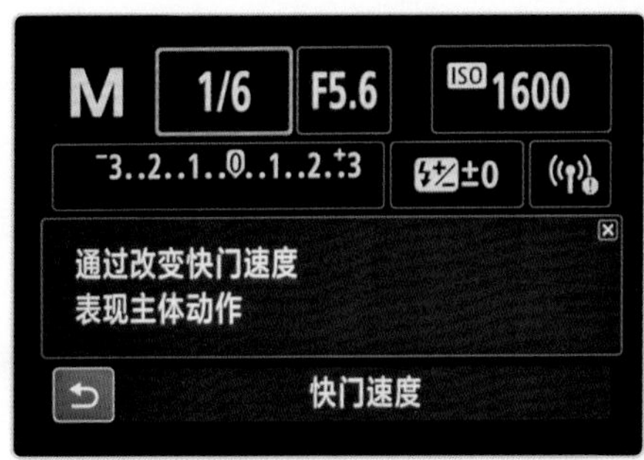

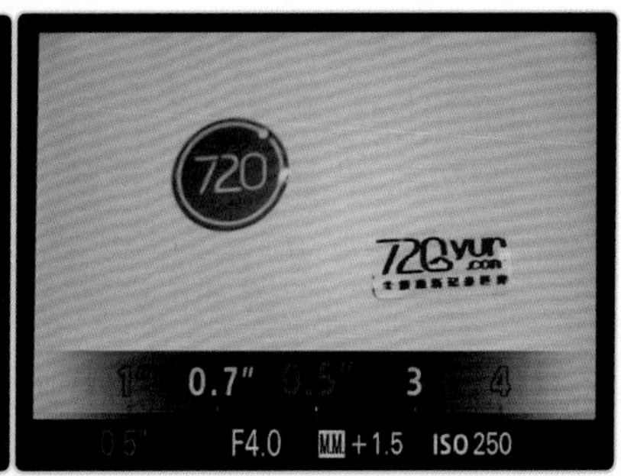

▲图 6-22

拍摄时控制快门速度，是为了得到不同的画面效果。当相机和画面中的物体处于相对运动的时候，是凝固运动瞬间还是记录运动轨迹，就取决于用的是高速快门，还是低速快门。不同的快门速度会带来不同的画面效果，如图 6-23 所示。

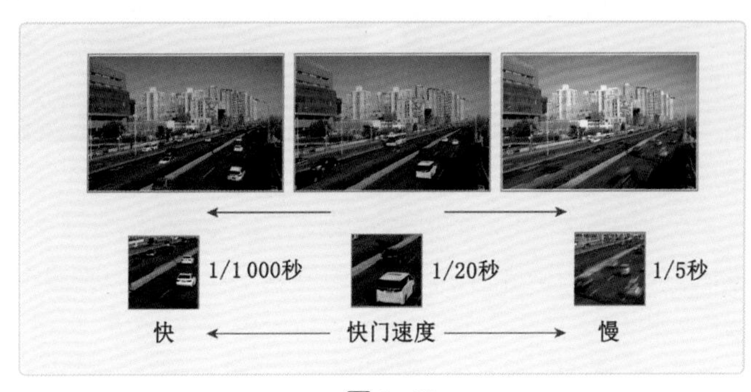

▲图 6-23

根据快门速度，快门可分为低速快门、高速快门。

快门速度低于 1/60 秒的快门一般称为低速快门。其进光时间较长，想要准确曝光通常需要较小的光圈和较低的 ISO 值配合，常用于记录运动轨迹。如图 6-23 右侧所示，在 1/5 秒的快门速度下，运动的车辆被拉成了影。

快门速度高于 1/500 秒的快门称为高速快门。快门从打开到关闭的时间非常短，只有极少的光线能通过镜头到达感光元件 CCD 或 CMOS 上，想要准确曝光通常需要搭配大光圈和高 ISO 值。高速快门常在捕捉高速、肉眼无法分辨的动态，定格运动对象一瞬间的姿态，以及表现强烈动感时使用。如图 6-23 左侧所示，在 1/1 000 秒的快门速度下，运动的车辆清晰可见。

在拍摄的时候，经常会出现图像模糊的情况，出现这种情况往往是因为拍摄时的快门速度没有达到安全快门速度，手的抖动就会直接反映到照片中，导致出现拍虚的情况。所以在手持相机拍摄的过程中，快门速度尽量不要低于 1/60 秒，在镜头焦距很长的情况下，安全快门的速度需要更快。

在拍摄 VR 全景图时，我们应该如何设置快门速度呢？

在拍摄 VR 全景图时如果被摄物是静止的，如房间、风光等，因为专业的 VR 全景摄影是需要三脚架和全景云台的，这时候我们就可以靠降低快门速度来保证画面清晰。将感光度固定为低感光度，光圈值固定为 F11，快门速度根据测光标尺确定的数值进行拍摄。值得注意的是，如果快门速度过慢，建议使用快门线或无线遥控器控制相机，或者设置为 10 秒定时拍摄，防止因为手的晃动，让画面变得模糊。

6.3.3 感光度

感光度即为 ISO 值，其中 ISO 是国际标准化组织 (International Standards Organization) 英文单词的首字母缩写。表示底片对光的灵敏程度。图 6-42 中的 ISO1600、ISO250 是感光度的参数。对光较不敏感的底片，需要曝光更长的时间才能获得与对光较敏感的底片相同的成像效果，因此它通常被称为慢速底片。对光高度敏感的底片被称为快速底片。

▲图 6-24

ISO 系统是用来测量和控制影像系统的敏感度的。为了减少曝光时间而使用对光高度敏感的底片通常会导致影像品质降低、噪点变多。不同的 ISO 值的建议拍摄条件如表 6-2 所示。

扫码看全景

德贡公路
孔雀山

▼表 6-2 不同的 ISO 值的建议拍摄条件

ISO 值	拍摄条件（不使用闪光灯的情况）
100~400	天气晴朗的室外
400~1 600	阴天或傍晚
1 600~25 600	黑暗的室内或夜间

提高 ISO 值会导致图像具有颗粒感（噪点），使画面的清晰度降低，如图 6-25 所示。

▲图 6-25

感光度根据参数的高低大致可以分为以下 3 类。

1. 低感光度

ISO 值在 800 以下为低感光度，设置低感光度可以获得平滑、细腻的图像。在条件许可的情况下，只要能够把照片拍清楚，就应尽量使用低感光度，这样可以获取画质更好的图像。在合适的场景中在能够保证被摄物清晰的情况下，宁可开大一级光圈，也最好不要把感光度提高太多。

2. 中感光度

ISO 值为 800~6 400 属于中感光度。当参数在这个范围中时，你需要认真考虑如何使用拍摄的照片，例如打算放大使用。如果你可以接受噪点，设置成中感光度不仅可以降低手持相机拍摄的难度，还可以提高在低照明条件下拍摄的安全系数，从而提高出片成功率。

3. 高感光度

ISO 值在 6 400 以上是高感光度。在选择高感光度的情况下，拍摄对象的重要性往往超过了图像的质量，毕竟有时拍摄条件太差，一张质量差的图像比拍摄不到图像要好。

现在很多相机都具备降噪功能，我们可以打开相机的【长时间曝光降噪功能】和【高 ISO 降噪】（见图 6-26），来解决高感光度带来的噪点问题。

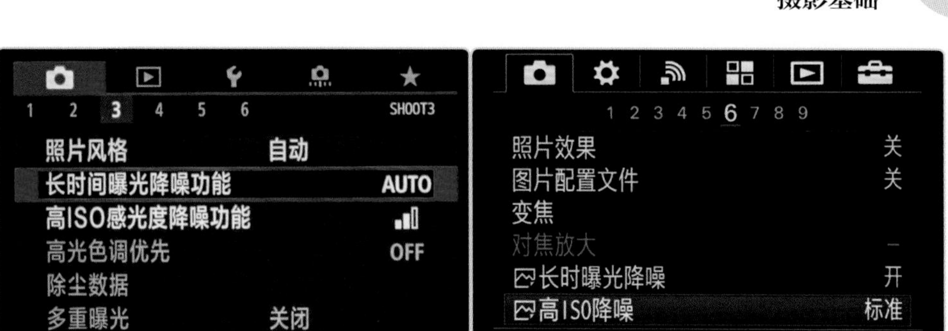

▲图 6-26

在拍摄 VR 全景图时，我们应该如何设置感光度呢？

一般情况下，我们建议在室外或光线充足的情况下尽量使用低感光度，可以把 ISO 值控制在 100~200，这样可以保证更好的画质并提高细节表现力。在室内，可以相应提高 ISO 值，例如将其控制在 200~400。

以上说的只是一般情况，如果遇到特殊情况，设置则不同。例如在比较暗的会场中，人头攒动，就应优先保证快门速度，设定好光圈后，如果曝光还是有些欠缺，这时就只能调整感光度了。毕竟噪点和拖影相比，噪点的后期处理更方便。所以要具体情况具体分析。

了解了光圈、快门、感光度背后的基本原理，以及其对画面产生的影响后，我们做出了一个总结，如图 6-27 所示。

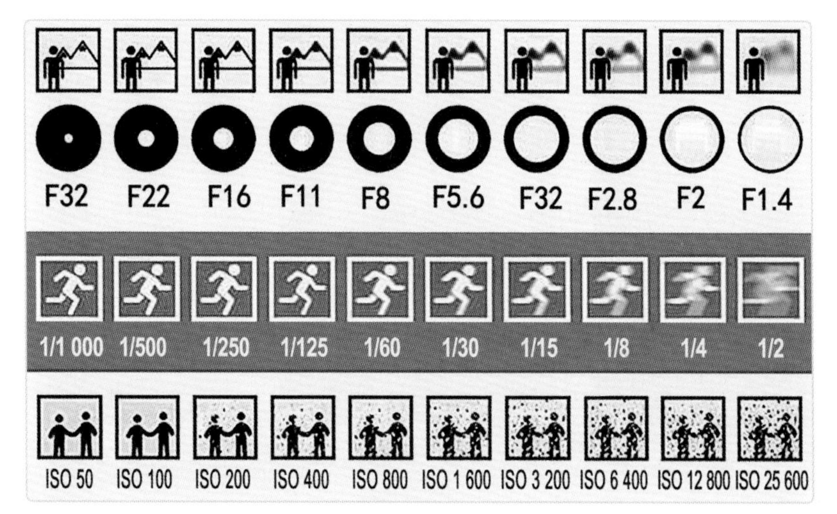

▲图 6-27

第 1 行表示光圈，从左往右光圈越大（F 值越小），景深越小，背景越来越模糊。

第 2 行表示快门，下面的数值表示快门速度，分母越小，快门速度越慢，拍摄出的运动的物体越模糊。

第 3 行表示感光度，ISO 值越大，照片的噪点也就越多。

6.4 图像曝光

图像曝光
确定最佳的曝光

扫码看全景

理塘毛
垭草原

准确的曝光是成功拍摄一幅摄影作品的重要元素之一，所以我们必须要对曝光的概念进行准确理解。曝光，简单来说就是让感光材料受到光线照射的过程。数码相机拍摄出的照片的好坏与曝光量有直接关系，曝光量与通光时间（快门速度）和通光面积（光圈大小）有关。为了得到准确的曝光量，就需要正确设置快门与光圈的参数组合。

6.4.1 什么参数影响曝光

通过 6.3 节的讲解，我们知道了光圈是一个用来控制光线透过镜头进入机身内感光面的光量的装置，快门是相机中用来控制光线照射感光元件的时间的装置。这两个装置到底和曝光有什么关系呢？举一个通俗易懂的例子，我们可以将曝光成像的过程比喻成在水龙头下装满一桶水的过程，光圈相当于水龙头，控制单位时间内的水流量；快门控制打开水龙头的时间。如果一桶水正好被装满就相当于曝光合适，少了就是曝光不足，画面会比较暗，水溢出来就是曝光过度。

（1）光圈好比是控制水流的水龙头，可以开大水龙头让水流增大，也可以关小水龙头让水流减小。光圈控制的是镜头的进光强度。在快门速度一定的前提下，光圈越大，进入相机中的光量就会越多。

（2）快门控制打开水龙头的时间。在水龙头相同的情况下，水龙头开放的时间长短决定了水桶中水量的多少。快门控制的是拍摄时进光的时间。在光圈大小一定的前提下，进光时间越长，进入相机中的光量就会越多。

（3）感光度起着滤水器的作用。ISO 值较高，相当于过滤网的间隙大，水中所带的杂质就没有完全过滤掉，所以拍出来的照片有很多的噪点。如果 ISO 值较低，相当于过滤器的间隙小，过滤掉的杂质就较多，桶中的水就会更加干净，这样拍摄出的照片比较细腻、平滑。

结论：增加曝光会使图像变得更亮，减少曝光会使图像变得更暗，如图 6-28 所示。

▲图 6-28

6.4.2 曝光值计算方法

德国人提出了一套用来表示相机曝光量的体系，后人称为曝光值（Exposure Value，EV）。曝光值的数学定义公式为 EV=log2 *N*2/*t*。

其中，N 指的是镜头的光圈值，t 是曝光时间（单位是秒）。

根据这个公式很容易就能推导出，当光圈值是 F1.0，曝光时间是 1 秒的时候，曝光值就是 0。光圈和快门对应的 EV 如表 6-3 所示，如果曝光值已经确定了，那么就可以选择对应的光圈与快门的参数组合。

在 ISO 值固定的情况下，EV= 快门对应 EV+ 光圈对应 EV

▼表 6-3 光圈和快门对应的 EV

对应 EV	0	1	2	3	4	5	6	7	8	9	10
光圈	F1	F1.4	F2	F2.8	F4	F5.6	F8	F11	F16	F22	F32
快门（秒）	1	1/2	1/4	1/8	1/15	1/30	1/60	1/125	1/250	1/500	1/1000

例如，在确定被摄物对应 EV 为 13 时，你可以选择使用光圈 F8（光圈对应 EV 为 6），快门 1/125（快门对应 EV 为 7）来组合；你还可以改成光圈 F5.6（光圈对应 EV 为 5），快门 1/250（快门对应 EV 为 8）的组合，其 EV 是相同的；或者选择光圈 F11（光圈对应 EV 为 7），快门 1/60（快门对应 EV 为 6）方式组合。通过控制画面的表现方式保证曝光量的正确，可以放大一档光圈；同时提快一档快门，或者缩小一档光圈，同时放慢一档快门。这是一种此消彼长的关系，放大或缩小几档光圈，就要相应的提快或放慢几档快门。这样才能维持曝光总量的准确，从而保证画面的质量。画面效果的改变就是通过不断调整光圈和快门的参数组合来实现的。

下面两张图中带旋转箭头标志的按键通常为光圈值调整和快门速度调整的按键。索尼相机调整光圈值和快门速度的按键如图 6-29 所示，佳能相机调整光圈值和快门速度的按键如图 6-30 所示。

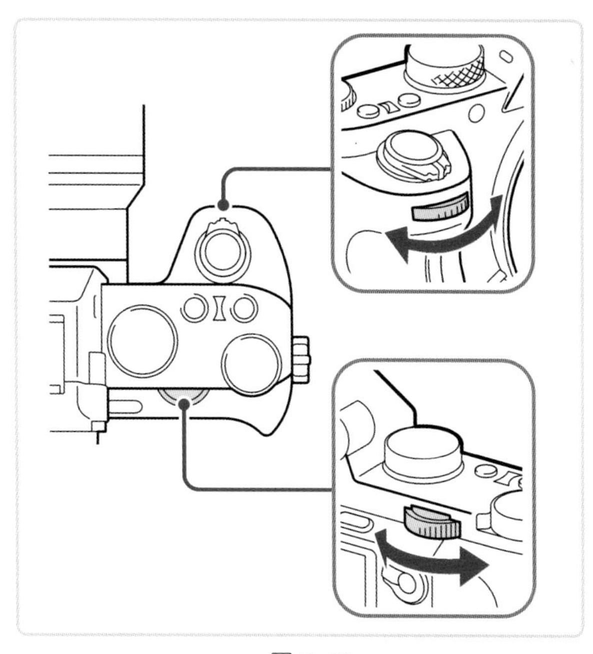

▲图 6-29

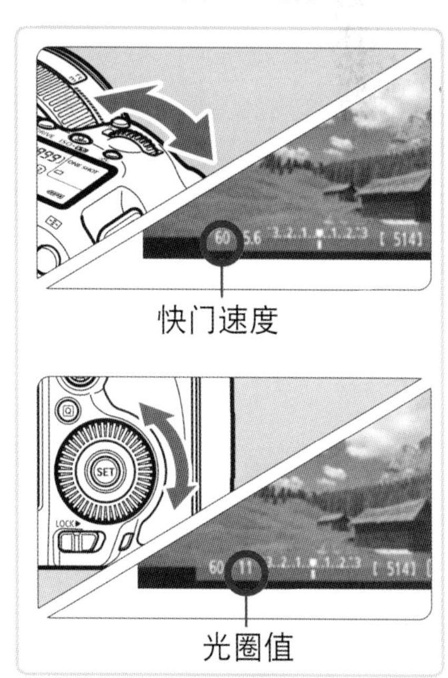

▲图 6-30

之前有讲过不同的光圈和快门的参数组合会呈现出不同的效果，不同的场景以及不同的参数拍摄出的图片是有差别的。如果我们在 EV 的计算过程中融入感光度，那这 3 个参数之间也是一种此消彼长的关系，光圈、快门、感光度对应的 EV 如表 6-4 所示。如果在特定的场景下固定了光圈大小和快门速度，那就需要调整感光度来实现准确的曝光。

▼表 6-4 光圈、快门、感光度对应的 EV

对应 EV	0	1	2	3	4	5	6	7	8	9	10
光圈	F1	F1.4	F2	F2.8	F4	F5.6	F8	F11	F16	F22	F32
快门（秒）	1	1/2	1/4	1/8	1/15	1/30	1/60	1/125	1/250	1/500	1/1 000
感光度	100	200	400	800	1 600	3 200	6 400	12 800	25 600	51 200	102 400

扫码看全景

南几洛

贴士

在自动曝光技术普及之前，摄影师必须熟记各种场景下需要的曝光量，然后根据曝光量来设置镜头的光圈大小和快门速度。现在的相机基本都具备自动测光元件，自动测光技术日渐成熟，摄影师已经不再需要记忆这些东西了，相机会根据相应设置（快门优先还是光圈优先等）自动调整曝光参数。当然手动模式下也有很多衡量曝光是否准确的方法，接下来就介绍一下如何确定最佳曝光值。

6.5 确定最佳的曝光

正确控制曝光是摄影的基本功，因为好的曝光是一幅作品的灵魂，所以我们需要掌握什么才是合适的曝光值。我们在拍摄 VR 全景图时不应该在拍摄过程中随意调整参数，而应该先确定好参数再进行拍摄。在户外拍摄时，往往会遇到太阳光直射镜头的情况，如果以之前对暗面进行测光并将调整出的曝光参数组合拍摄亮面，会因为高光溢出导致画面过曝，甚至出现后期调整都无法挽回的拍摄失误。

所以我们在拍摄 VR 全景图的时候，需要将曝光值调整到一个拍摄亮面和暗面都比较合理的数值，根据场景不同，调整光圈和快门的参数即可得到准确的曝光。这样记录下来的画面才不会出现严重的曝光问题。

贴士

有时候在缺失暗部细节或局部高光溢出的情况下也有可能拍摄出一幅优秀的摄影作品。例如在拍摄剪影时，就是暗部细节全部缺失。这主要是看摄影师想要传达给受众的情感。我们在这里不进行艺术方面的探讨。

如何判断什么是拍摄亮面和暗面都比较合理的曝光值呢？我们可以通过以下几种方法来判断曝光是否准确。

6.5.1 曝光量指标尺

选择【M】手动测光模式，根据环境调整一个固定的 ISO 值，再将测光模式设置为【评价测光模式】（会提示测光模式的影响），设置完毕后，相机会在显示屏和肩屏显示目前画面的曝光情况，这是观察曝光情况最常用的一种方式。索尼相机的显示屏曝光标尺界面如图 6-31 所示，佳能相机的肩屏曝光标尺界面如图 6-32 所示。

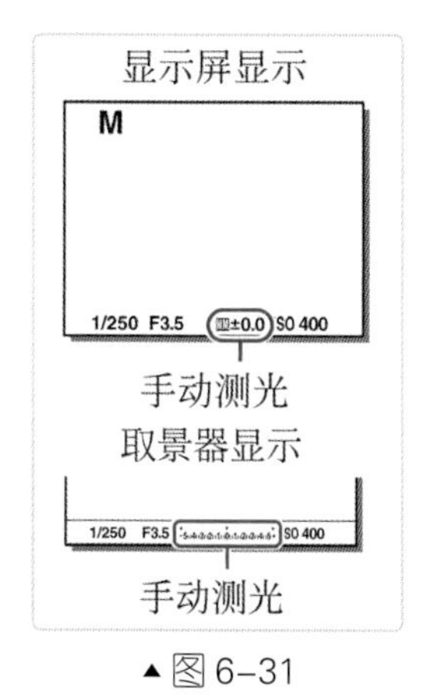

▲图 6-31

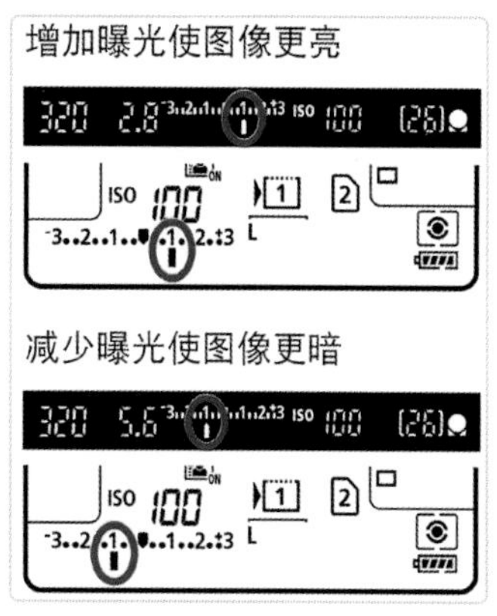

▲图 6-32

选择【M】模式后，下方的曝光标尺会显示曝光不足或曝光过度，如果光标在“+”侧，则表示画面明亮；如果光标在“-”侧，则表示画面偏暗。

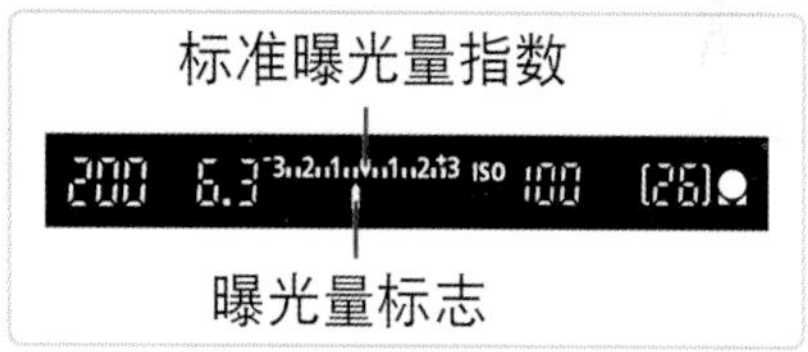

▲图 6-33

曝光量在显示屏上以数值显示，在取景器上以测光指示的“-3”至“+3”的范围显示（见图 6-33）。

通过相机肩屏或取景器内曝光标尺上闪烁的光标来确定曝光是否准确，若曝光准确，光标会在标尺的中间范围闪烁，反之会偏移。

当曝光参数调整得太过，即偏离正常曝光参数的时候，这个闪烁的光标会停留在标尺的边缘位置；当调整到合适的曝光参数后就可以看到光标停留在标尺的中间范围。

如果选择的是自动设定曝光模式（自动曝光），则以自动曝光设定的曝光值为基准，可以使用曝光补偿来调整曝光值。向“+”方向补偿时，影像整体变亮；向“-”方向补偿时，影像整体变暗。

6.5.2 直方图

直方图是表现照片在不同明暗等级中像素数量的一种图形化表现形式，现在大部分相机都内置了直方图功能，直方图一般显示在相机显示屏的右下角位置，如图 6-34 所示，非常直观。

直方图的横轴表示亮度，最左端最暗，灰阶为 0；最右端最亮，灰阶为 255。只要照片的亮度在此范围内，就能在显示屏上显示直方图，一般呈山峰状，如图 6-35 所示。当直方图中的黑色色块偏向左边时，说明这张照片的整体色调偏暗，也可以理解为照片欠曝；而当黑色色块集中在右边时，说明这张照片的整体色调偏亮。如果左右两端有断崖（山峰未显示完整），则会出现“过白”或“死黑”现象。

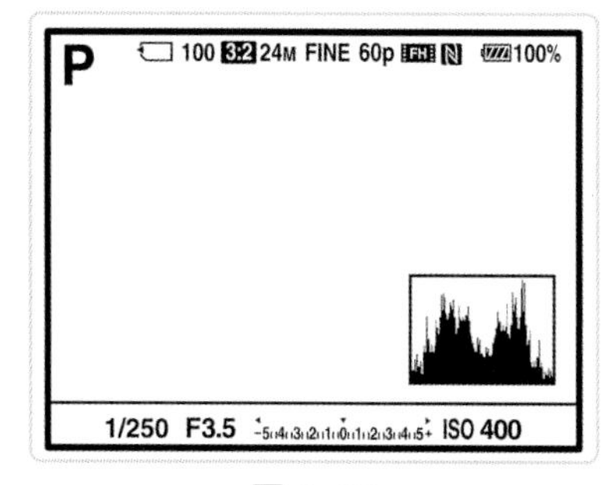

▲图 6-34

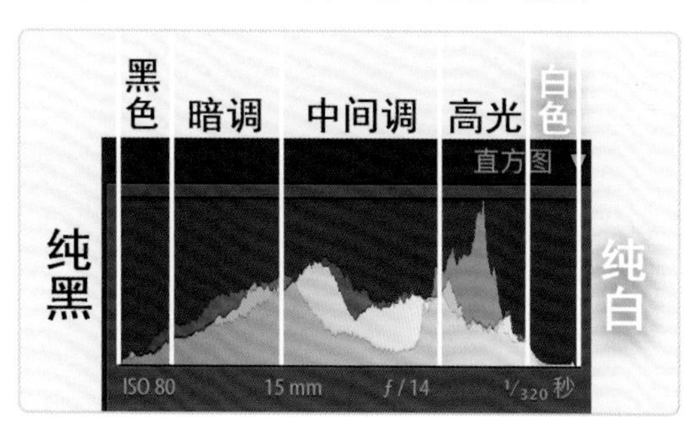

▲图 6-35

具体来说，拍摄时直方图的应用体现在两方面：一方面是可以在拍摄后检查照片的曝光情况；另一方面就是在摄影师按下快门前，给摄影师提供准确的画面明暗分布参考信息，以方便摄影师根据实际需要对曝光参数进行调整，从而保证照片准确曝光。

从图 6-36 中我们可以清楚地看到，曝光过度的左图对应的直方图中表现暗部的部分（左侧）几乎为一片空白；而在曝光不足的右图对应的直方图中就可以看到相反的结果。正常曝光的图片对应的直方图中的波峰处于中间位置，此时设置的参数即为合理的曝光值。即使不看图像，通过直方图也可以对图像的明暗程度有一个准确的认识。

▲图 6-36

需要注意的是，直方图不是拍摄结果，而是在屏幕上所看到的影像的明暗程度的表现形式。根据光圈值等的不同，其显示也会有所不同。例如在拍摄夜景等低亮度的物体时，使用闪光灯拍摄和直接拍摄的图片的直方图差异较大。

6.5.3 实时取景

我们还可以采用实时预览画面的曝光程度的方式进行取景，如图 6-37 所示。打开相机的实时取景显示功能，调整相机的设置参数，焦点、焦段、光圈值、快门速度甚至白平衡等参数的变化都可以直接在相机显示屏上看到。

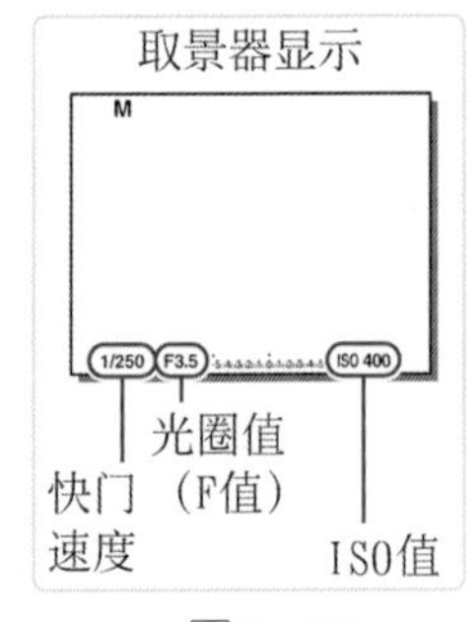

▲图 6-37

那么这就很直观了，你可以直接调整到恰当的参数再按下快门完成拍摄。通过实时取景以接近拍摄结果，这是通过目镜的光学取景所不能够实现的。实时取景在一边在实时取景画面上确认拍摄结果一边拍摄的场合很

有效，可以实现“所见即所得”的效果，大多数情况下我们都是凭经验观察曝光是否准确。打开实时取景功能，索尼相机的实时取景功能设置界面如图 6-38 所示，佳能相机的实时取景功能设置界面如图 6-39 所示。

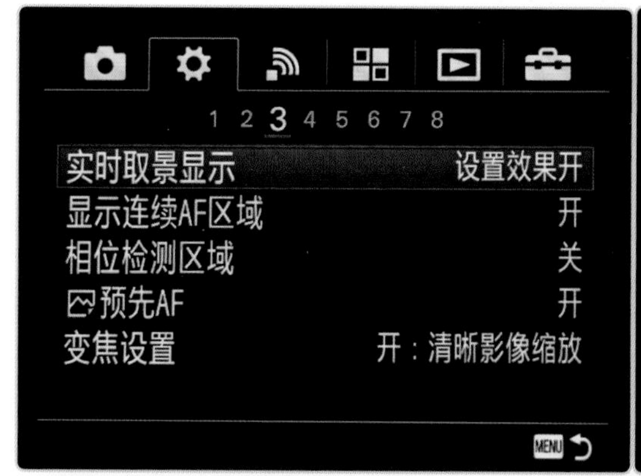

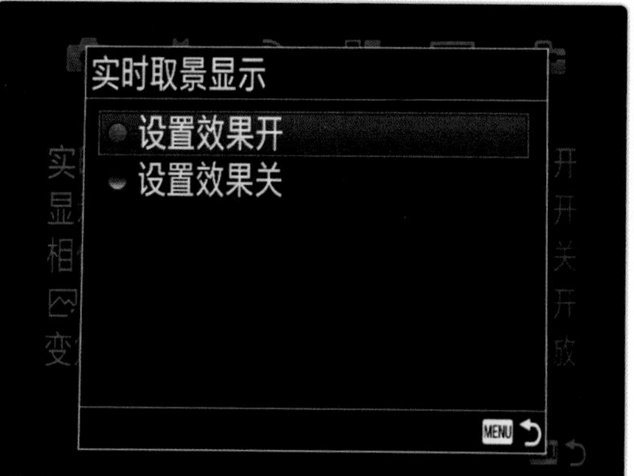

▲图 6-38

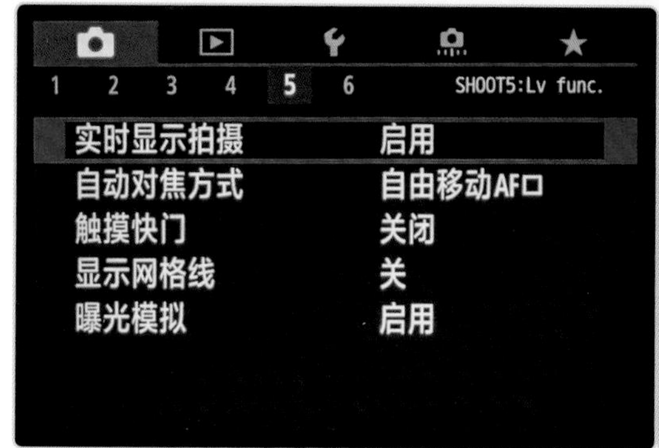

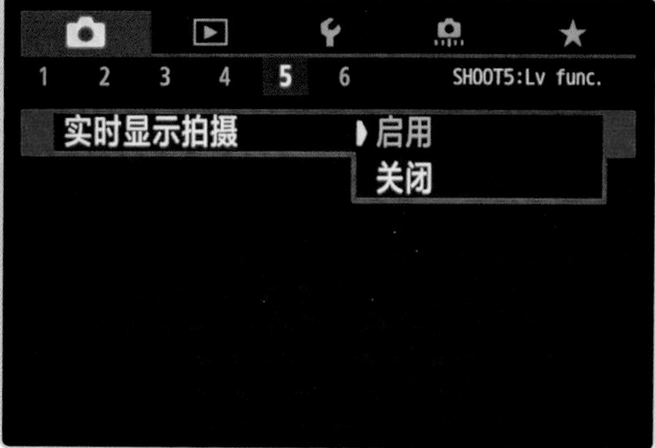

▲图 6-39

在拍摄的时候，我们可以看到拍摄画面。

图 6-40 所示为曝光正常的时候在显示屏中显示的图像。

图 6-41 所示为曝光过度的时候在显示屏中显示的图像。

这样我们就可以直观地判断显示屏中显示的图像是否为我们想要的图像了，就像使用手机拍摄一样，看到是什么样子的图像记录下来就是什么样子的图像。

▲图 6-40

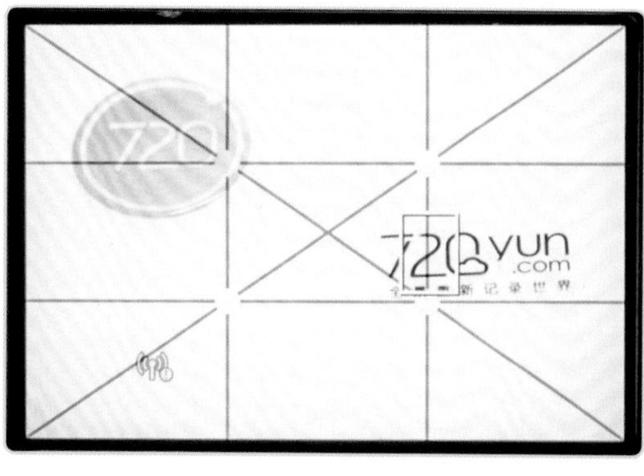

▲图 6-41

贴士

由于能够直接通过液晶监视器对图像感应器捕捉到的光线情况以及图像进行确认，因此便于进行各种设置调整和曝光模拟，所以相机会一直进行运行，对电量的消耗更快。关闭实时取景显示使用取景框取景，可以用于暗光拍摄防止光污染等情况。

扫码看全景

聂耳音乐广场

6.6 认识摄影中的“光”

认识摄影中的“光”

众所周知，摄影是一种光与影结合的艺术。在风光摄影中，善用光与影能创造出各种不同的画面效果。光与影是摄影的灵魂，摄影作品的质量在很大程度上取决于光和影的效果。我们在进行 VR 全景摄影时，一个场景内往往会有不同方向的光，光的方向是光的重要特性之一。光源的位置决定了光线的照射方向，各种不同方向的光会产生不同的影像效果。光可分为顺光、逆光、侧光、顶光等。当然，在拍摄 VR 全景图时可能会同时遇到顺光、逆光、侧光、顶光等，所以我们需要先了解光与影对画面的影响，接着我们将了解与光有关的知识。

6.6.1 测光

测光是指测量光线的强弱。数码相机的测光系统一般是测定被摄物反射回来的光的亮度，也称为反射式测光。相机对光线强度进行测量，然后根据测量数据拍摄出亮度适宜的照片。测光模式的选择决定了相机给出的曝光参数的建议，我们要选择一种合适的测光模式进行拍摄。如果是全自动模式拍摄，相机会根据现场的测光结果自动调整光圈和快门的参数组合，在光线差异比较大的环境下，使用点测光模式和评价测光模式拍摄出来的画面的曝光程度会有很大的区别，所以选择合适的测光模式就尤为重要了。在选择手动模式拍摄的情况下，不同的测光模式会影响到手动测光尺的光标的数值提示，从而影响你对曝光的判断。6.4 节讲到的获取准确曝光的方法都需要基于合适的测光模式。

大多数数码相机都具备评价测光模式、局部测光模式、中央重点平均测光模式和点测光模式，如图 6-42 所示，这 4 种测光模式基本可以满足大多数的测光需求。

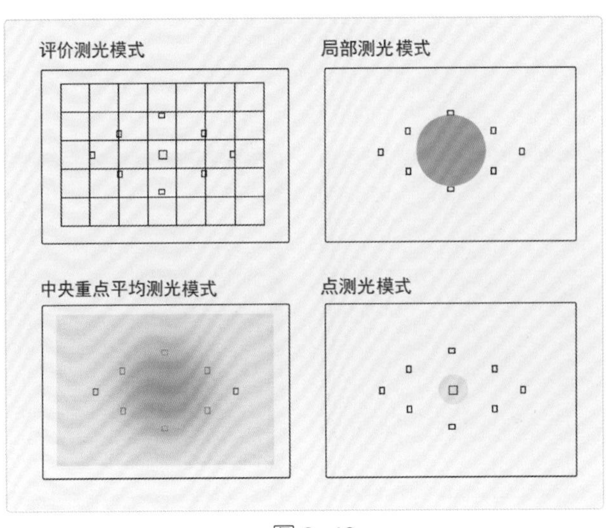

▲图 6-42

1. 评价测光模式

评价测光模式也被称为矩阵测光模式，这种测光模式与中央重点平均测光模式最大的不同就是，评价测光模式是将取景画面分割为若干个测光区域，每个区域独立测光后再整体加权计算出一个合适的曝光值。这是目前最智能和使用最广泛的测光模式之一了，它主要是模拟人脑对光照情况的判断。这种测光模式适用于拍摄大场景，例如风景照、合影照等。这一测光模式也是目前摄影师和摄影爱好者最常用的模式之一。

2. 局部测光模式

局部测光模式测量灰色圆形部分的光亮。它的测光范围相对较窄，可用于拍摄人像特写。局部测光模式以拍摄场景中部分区域的亮度为参考来决定数码相机的曝光值。与中央重点平均测光模式不同的是，局部测光模式只参考拍摄场景中部分区域的明暗度，而忽略拍摄场景中其他区域的明暗度。通常将在拍摄场景中对超过 5% 的局部区域测光称为局部测光。

3. 中央重点平均测光模式

中央重点平均测光模式指的是以取景器画面中两个半弧形括起来的区域为重点进行测光的模式。这种测光模式既照顾到取景范围内整体的亮度，又考虑到摄影时主体一般位于中央区域，适用于主体比较突出又需要兼顾背景的场合。

4. 点测光模式

点测光模式只测量取景器画面中小部分区域的光线强度，然后把它作为目前环境的光线强度进行拍摄。场景中不同区域的亮度差距很大的情况下适合使用点测光模式。点测光模式主要用于逆光拍照（景物或者人像），因为逆光拍照时被摄物总是会暗于周围环境，从而会影响照片质量，点测光模式可以很好地解决此类问题。

在拍摄 VR 全景图时，我们应该考虑用什么测光模式呢？

VR 全景摄影都是大场景的拍摄，使用评价测光模式可以很好地应对各种情况，也可以根据测光标尺的参考，准确地设置相机光圈和快门的参数组合。索尼相机设置评价测光模式的界面如图 6-43 所示。佳能相机设置评价测光模式的界面如图 6-44 所示。

▲图 6-43

▲图 6-44

6.6.2 光比

光比是摄影师需要了解的重要参数之一，它是指照明环境下被摄物暗面与亮面的受光比例。光比对照片的反差控制有着重要意义。如果画面亮度平均，则光比为1:1。如过亮面受光是暗面的2倍，则光比为1:4，以此类推。

扫码看全景
昆明城市景观

拍摄时遇到逆光等大光比情况，画面中最亮和最暗的地方的亮度相差太大，会导致相机无法记录，画面要么过曝，要么欠曝。例如正午被阳光直射的窗户和屋内没有阳光的环境的光比非常大，如果按照屋内的明暗程度设置曝光值，固定参数后拍摄，屋内画面曝光准确，但是屋外会过曝，从而导致环境细节全部丢失。图6-45所示为屋内画面曝光准确，红框内为屋外画面过曝的情况。

▲图6-45

问题

在拍摄VR全景图时，如何保证在大光比环境下拍摄的照片曝光准确呢?

解决方法1

在遇到光比较大的情况时，一般可以先将相机镜头朝向所记录的VR全景空间中最亮的部分（光源处），确定合适的曝光参数组合；再将相机镜头朝向空间中最暗的部分，记录合适的曝光参数组合，这样会获得两组不同的快门速度。我们之前讲过调整快门速度不会影响画面的清晰度及画质，在锁定光圈、ISO值不变的情况下，使用评价测光模式，通过6.4节中讲过的任意一种判断曝光是否准确的方法获得在暗面和亮面所对应的快门速度，例如暗面所对应的快门速度为1秒，亮面所对应的快门速度为1/30秒。这样建议本次VR全景图拍摄的快门速度选取1秒和1/30秒的中间值，如使用1/4秒的快门速度来拍摄，这样可以保证画面暗面和亮面都在相机的宽容度内，如还存在问题也可以通过后期轻松调整回来。

需要注意的是，一定要选择无损格式拍摄。人们常说“宁暗勿曝”，意思是指当你对曝光值拿不准的时候，可以选择将曝光值减少1档或2档，虽然这样画面会偏暗，但是可以通过后期调整回来，并且画面也不会过曝，如果画面过曝了，一般很难通过后期调整回来。

解决方法2

相机通常具备高动态范围成像（High Dynamic Range，HDR）功能，开启自动包围曝光（Auto Exposure Bracketing，AEB）拍摄多张等差曝光量的照片。相机通过自动更改快门速度或光圈值，用包围曝光（±3级范围内以1/3级为单位调节）连续拍摄3张照片，欠曝、正常、过曝情况下照片各 1 张，再通过后期软件从 3 张曝光情况不同的照片中取其各自准确曝光的地方合成 1 张照片，这样就可以解决大光比环境下拍摄出的照片曝光不准的问题。佳能相机在开启 HDR 功能后肩屏上会有 3 张照片重叠的提示（见图 6-46）。

佳能相机设置曝光补偿 / 自动包围曝光的界面如图 6-47 所示。

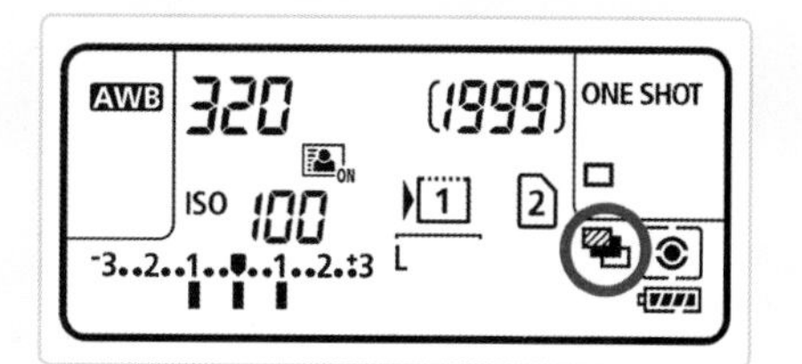

▲图 6-46

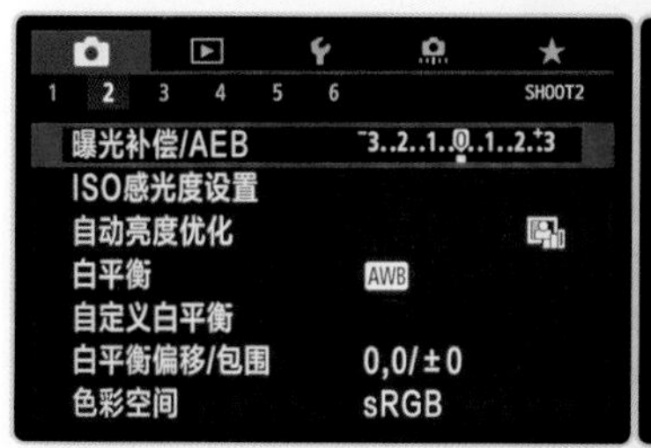

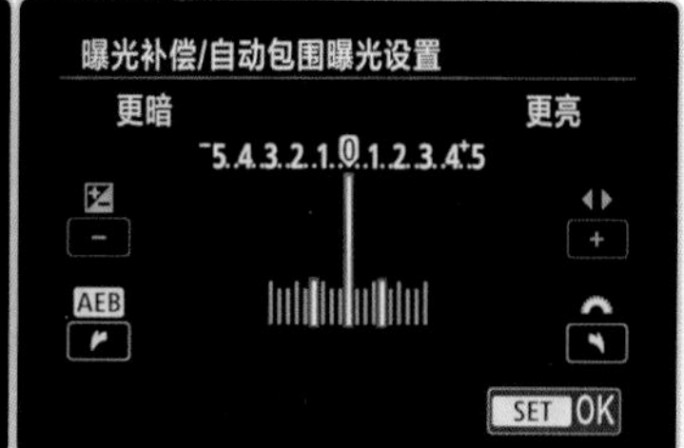

▲图 6-47

解决方法 3

现在市面上很多相机都具备自动 HDR 合成功能。

索尼 ILCE-7RM2 相机可以打开【DRO/ 自动 HDR】功能，并且可以设置不同的曝光范围（±5 级范围内），在拍摄时系统会自动进行 HDR 处理，如图 6-48 所示。

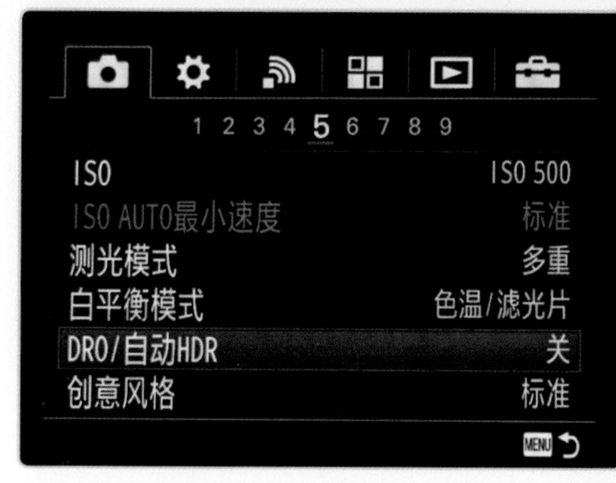

▲图 6-48

佳能 80D 相机的【HDR 模式】同样可以选择合适的动态范围（±3 级范围内），在拍摄时系统会自动进行 HDR 处理，如图 6-49 所示。

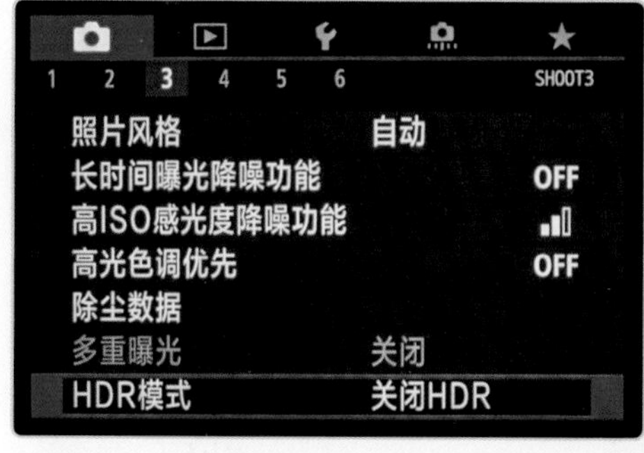

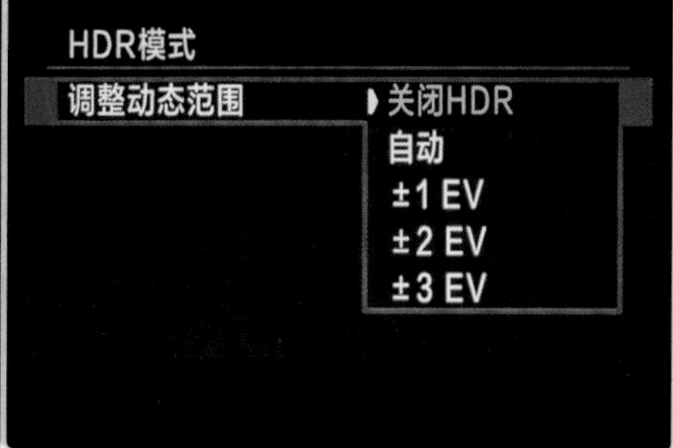

▲图 6-49

贴士

需要注意的是，在使用 RAW 格式记录照片的时候，通常无法使用相机的自动 HDR 合成功能，如图 6-50 所示。

▲图 6-50

6.6.3 白平衡与色温

白平衡是电视摄像领域中的一个非常重要的概念，通过它可以解决色彩还原和色调处理等一系列问题。简单来说，白平衡就是保持“白色”的平衡，以 18% 中级灰的“白色”为标准。

色温是光线在不同的能量下，人眼所感受到的颜色变化，简单来说就是光线的颜色。简而言之，色温就是定量地以开尔文温度（开尔文温度常用符号 K 表示，其单位为开）来表示色彩。大家常会在色温数值中看到 3 000K、4 000K、5 500K 等不同的数值。

从上述内容可知，白平衡和色温是两个不同的概念，白平衡的调整就是通过调整色温来实现的，色温问题对于数码相机而言就是白平衡的问题。

冷、暖色调以及正常日光环境下的标准的色温值如下所述。

色温 > 5 000K，属于冷色调（颜色偏蓝），具有冷的氛围效果。

色温在 3 300K~5 000K，属于中间色调（白），具有明朗的氛围效果。

色温 < 3 300K，属于暖色调（颜色偏红），具有温暖的氛围效果。

贴士

在相机中调整相机内的白平衡参数，得到的画面会是到相反的结果。在正常日光环境下拍摄，将白平衡参数调整为 6 000K 则会得到暖色调的影像。

对人眼来说，除特殊情况外，在任何光源下我们看到白色物体都是呈白色，这是因为人的大脑可以检测并且更正环境因素导致的色彩变化。

而数码相机是使用内部装置对色温进行调整，从而使白色区域呈现白色。这个调整是色彩矫正的基础。调整的结果是在照片中呈现与自然效果一致的色彩。数码相机内部的感光元件也可以检测光线的色温并在相机内部进行调节，其目的是正确重现被摄物的色彩，这也就是相机的自动白平衡模式。

在拍摄 VR 全景图时，应该怎样设置白平衡呢?

对于普通拍摄，选择自动白平衡模式基本上就可以很好地应对多数场景，但是在拍摄 VR 全景图时，如果选择自动白平衡模式，在旋转拍摄中会导致每张图片的冷、暖色调都不同，这是为什么呢?

当相机在一种环境光下拍摄时，自动白平衡就预设了一个固定值，当将相机快速移动到其他环境时，相机就会根据移动后的画面显示的颜色来进行白平衡调整。移动相机之后，你会发现原本显黄的物体渐渐变白，其实这就是自动跟踪白平衡调整的结果。

在拍摄 VR 全景图时，我们必须自定义白平衡或选择一种预设的固定白平衡。一定要选择固定的值，这样就算前期选择的值不合适，后期也比较好调整。如果选择了自动白平衡，则后期工作量会增多且效果不理想。

找到相机中的【白平衡】功能，调整到【色温】选项，就可以自定义一个色温值，这样我们在拍摄同一组照片的时候就不会出现冷暖不一的状况了。索尼相机设置白平衡的界面如图 6-51 所示，佳能相机设置白平衡的界面如图 6-52 所示。

▲图 6-51

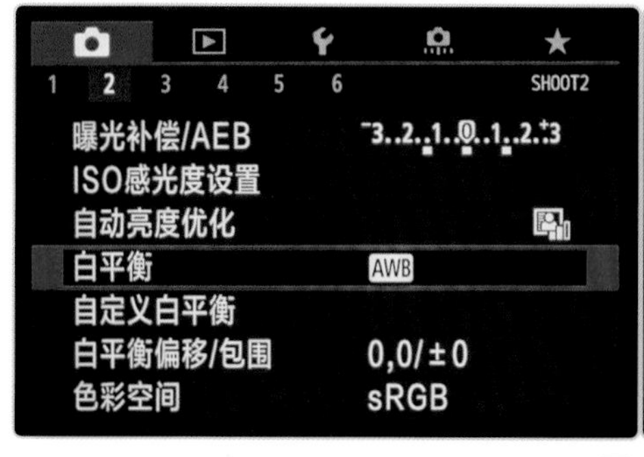

▲图 6-52

大多数拍摄的照片，调整白平衡参数的开尔文值为 2 500K~9 900K，不同的白平衡下的照片如图 6-53 所示。根据实物色温是偏暖还是偏冷来调整白平衡参数的开尔文值，偏暖就调低白平衡参数的开尔文值，偏冷就调高白平衡参数的开尔文值，保持“白色”的平衡就可以了。

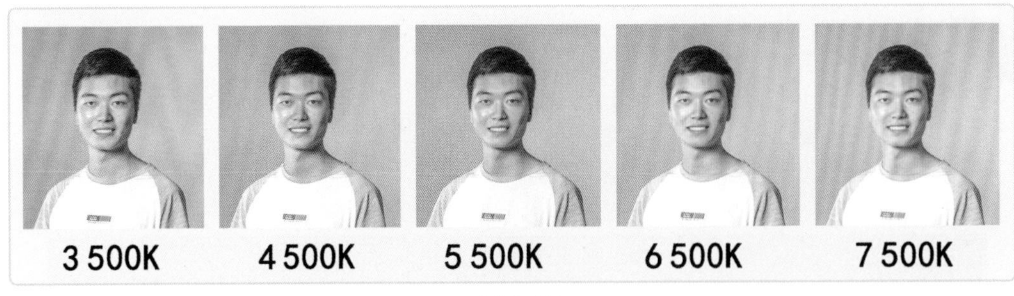

▲图 6-53

6.6.4 寻找更好的光影

自然界中的光影是有季节性、气候性和时间性的。季节和时间不同，太阳的角度也会不同。例如，夏季与冬季的光影有所不同；一天中每个时段的太阳的位置不同，导致光影也不同；烈日或多云时，影子的深浅程度也会不同。如果想要拍摄出的风光摄影作品比较出彩，我们通常可以选择在清晨或傍晚的时候进行拍摄，这时候的光线角度比较小。傍晚朝着太阳的方向拍摄，在逆光的情况下，逆射的光线会勾画出如同镶嵌了金边的红霞、沸腾的云海，山峦、村落、林木也似剪影一般。如遇清晨，可以记录下缭绕的薄雾，或阳光穿透云层或薄雾的画面，这些画面看起来都非常优美。

在户外拍摄时，尤其是在色温为蓝调时段进行拍摄，这时太阳发出的光在天空中反射，呈现出一种美妙的蓝色光彩。蓝调时段是太阳即将升起或者刚刚落到地平线以下的时段，这个时间段会产生一种蓝色光线，清晨和傍晚各有一次。整个蓝调时段的蓝色光线也不是完全一样的。如果是在傍晚，一开始天空会比较亮，在太阳持续降落的过程中，天空会越来越暗，这时候蓝色光线会由浅变深，直至消失。有些摄影师也把这个蓝色光线的深度称为“密度”，蓝调时段往往很短，只有大约 20 分钟，所以极容易错过。在蓝调时段拍摄城市景色，这时天色渐黑，城市和建筑的氛围灯逐渐亮起，照射在建筑上的光线还未完全消失，整个画面非常漂亮，颜色也极其丰富，是非常值得记录的画面，如图 6-54 所示。

▲图 6-54

图 6-55、图 6-56 和图 6-57 这 3 张照片是在同一个场景下拍摄的繁华都市 VR 全景图，图 6-55 是在下午 4 点拍摄的，图 6-56 是在傍晚拍摄的，图 6-57 是在深夜拍摄的，你更喜欢哪一张呢？当你学会拍摄 VR 全景图后，你也可以尝试在不同的光线下拍摄同样的场景，去感受光影变化的魅力。

▲图 6-55

▲图 6-56

▲图 6-57

贴士

在室内拍摄时，我们往往会打开室内所有的灯，等到室外阳光不是很强烈时（或拉上窗帘）拍摄出光影的氛围。当然也有补光的情况，但在拍摄 VR 全景图时进行人工补光的情况并不多。如果被拍摄场景非常暗，我们一般还是会选择增加灯光来补光，偶尔也会用到闪光灯进行补光。在拍摄时要对每个角度都进行补光，值得注意的是，使用机顶的闪光灯进行补光会使 VR 全景图内的光均来自 VR 全景图的画面中心点，会导致画面不真实。还需要注意光的色温和画面的融合度，一般我们会调整闪光灯的光线角度，使其朝着天花板打光（往往可以安装雷达罩），这样投射下来的光会更加自然，当然补光后的画面也会更加清晰。

扫码看全景

刘纲春
色景观

由于拍摄 VR 全景图追求的是整体画面的清晰度，因此要尽可能地让画面的景深变大（被摄物的清晰范围更广）。调整光圈不会影响画质，建议设置光圈值为 F8~F10，ISO 值应在 500 以内，快门速度可以根据现场环境变换，这里你可能会问，快门速度为多少才是合适的?

这时候测光就尤为重要了，选择评价测光模式，相机会给出相应反馈，当相机反馈为 MM±0 的时候，曝光一般比较准确。有了正确的曝光参考参数，才能得出光圈和快门参数的正确组合，从而保证曝光的准确。

如果你对上面的参数设置还不能很快地理解，这里给你提供一个相机设置参数的参考，在以后的摄影道路上你会慢慢找到调节参数的方法。你如果想成为一个优秀的摄影师，就必须把基础知识掌握牢固，优秀摄影师的标准之一就是其对复杂环境的快速反应和处理问题的能力很强。

拍摄 VR 全景图时，相机参数设置（初学者参数参考）如下。

（1）拍摄档位：M 档。

（2）图像格式：RAW+JPEG（L）。

（3）曝光模式：手动曝光（在大光比环境下可采用三重包围曝光加减 2 档）。

（4）白平衡：调节适当的色温值，一般以晴朗无云的正午时段的非直射日光的色温值为准，这个值为 5 200K~5 600K。

（5）感光度：ISO 值一般为 100~200，如遇较暗场景可设定为 400。

（6）光圈：为追求大景深，可适当减小光圈，常规光圈值设定在 F11 左右。

（7）快门速度：如拍摄静态场景，可根据以上参数推算出相应的快门速度，准确曝光即可（有运动的物体出现时注意安全快门速度，鱼眼镜头的安全快门速度通常约为 1/30 秒）。

（8）对焦模式：手动对焦时对焦点一般设在景深范围的前 1/3 处，也可以使用超焦距对焦，对焦后锁定对焦点。

（9）相机画面比例：设置为 3:2。

注意，设置好以上参数后，初学者拍摄同一个场景时必须使用同一参数组合。

如果在拍摄同一个场景的过程中变动参数，会导致画面拼接部分明暗不一、清晰程度不一、冷暖不一等。如果你已经熟练掌握了摄影技术，则可以根据自己的需求在中途调节参数。

第7章 拍摄实践

第 7 章总述

从本章开始正式进入拍摄实践阶段，在实践的过程中你会发现之前章节讲解的基本概念的重要性。本章主要对 VR 全景拍摄的硬件安装和实际拍摄所涉及的内容进行讲解，包括镜头节点的寻找和调节、用不同的镜头拍摄 VR 全景图所需要拍摄的照片的张数、拍摄补地操作、航拍 VR 全景图等。

扫码看全景

松赞摘星之旅

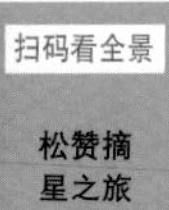

7.1 硬件安装

我们先将鱼眼镜头安装到相机上。图 7-1 所示是索尼相机通过转接环（可以通过转接设置，将相机与镜头的卡扣统一）连接佳能 8~15 毫米的镜头，并配合无线快门遥控器。安装好相机后我们就可以按照第 6 章的内容进行相机参数设置。

硬件安装

▲图 7-1

7.1.1 安装全景云台

（1）图 7-2 所示为 Guide 全景云台的各部件，我们先将全景云台按照装配清单进行组装，如图 7-3 所示。

▲图 7-2

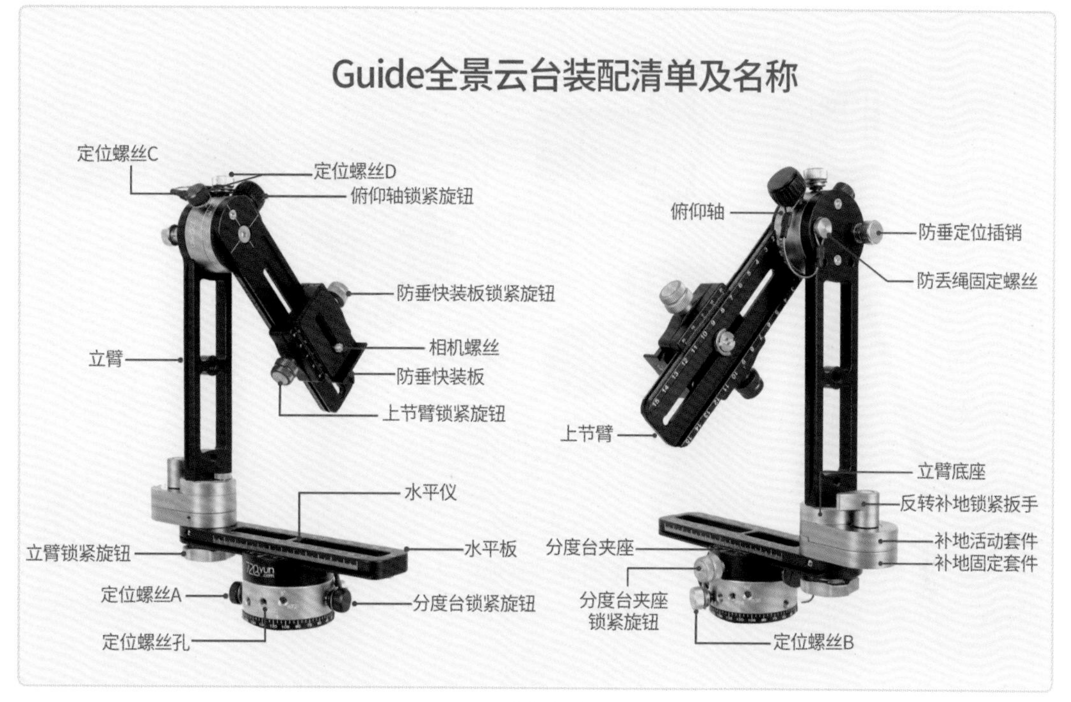

▲图 7-3

（2）将安装好的全景云台组装到三脚架上，如图 7-4 所示。把三脚架原来配备的球形云台拆下来，只剩三脚架部分，一般的三脚架螺丝是英制 3/8 的，全景云台的接口也是英制 3/8 的，所以拆下球形云台后可直接将全景云台安装到三脚架上。

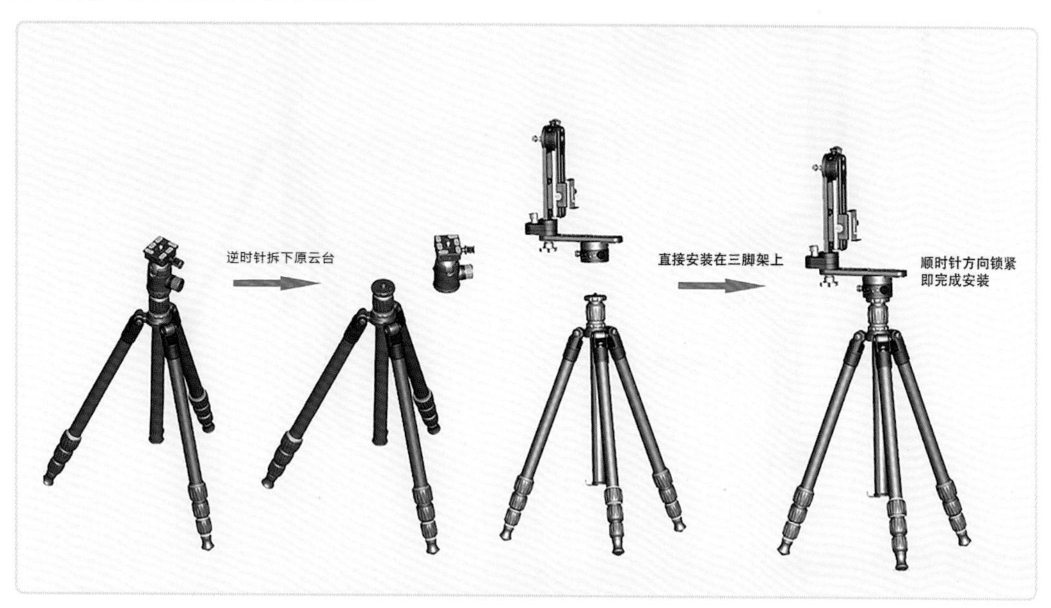

▲图 7-4

（3）全景云台和三脚架安装完毕后，取出防垂快装板，把防垂快装板安装在相机上并锁紧（见图 7-5）。防垂快装板一定要和相机屏幕边缘贴合，这样才能达到防垂和防止滑动的效果，同时也能起到固定节点的作用。

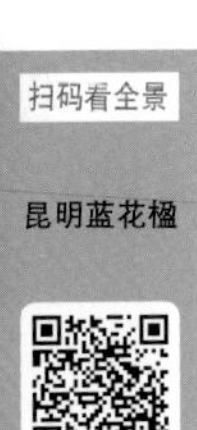

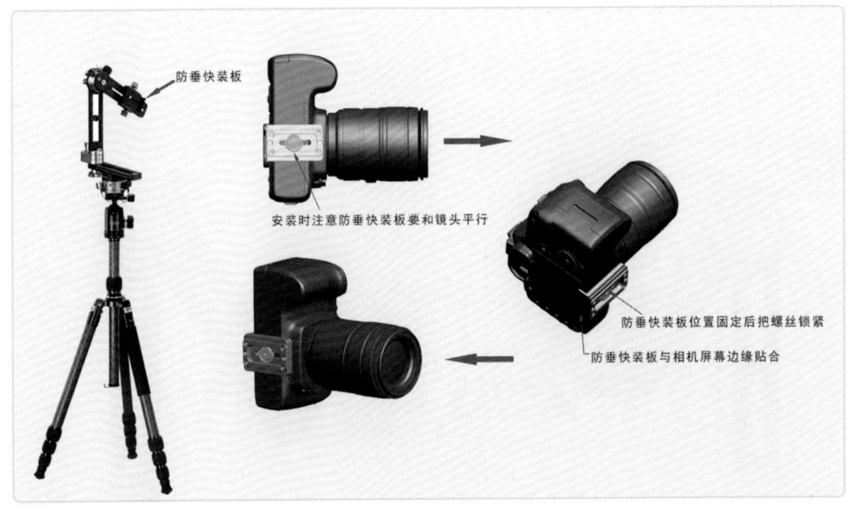

▲图 7-5

（4）将相机安装在全景云台上的最终效果如图 7-6 所示。

注意，请不要把相机安装反了（见图 7-7），相机垂直向下时在取景器中可以看到全景云台的水平气泡即为正确的安装方向。

▲图 7-6

▲图 7-7

7.1.2 竖置相机拍摄

现在很多摄影师在拍摄短视频时都开始竖置相机进行构图，这样做是为了方便用户在移动端观看视频。通过 7.1.1 小节讲解的内容，我们可以看到相机也是竖置的，这和拍摄短视频的原因却不一样。

4.3.3 小节讲到 VR 全景拍摄的相邻两张图片至少要有 25% 的重叠才可以成功拼接，所以我们在拍摄中要根据拍摄内容的视角范围确定相机转动的角度。镜头的成像效果都是中间的成像效果优于边缘的成像效果，一般离镜头中心越远，成像效果越差。不管横置还是竖置相机，VR 全景摄影都利用了镜头中间成像效果最好的原理。图 7-8 所示为 3 张重叠率为 30% 的接片的示意图，可见重叠部分都在最佳成像范围内。如果竖置相机，即使重叠 20% 也可以在最佳成像范围内。另一方面，如果我们横置相机并使用 15 毫米的鱼眼镜头，需要旋转拍摄 2 圈才可以将画面记录完整，这样会导致拍摄效率变低，并且会提高出错率，所以为保证拍摄效果应竖置相机进行拍摄（全景云台也是为竖置相机设计的）。

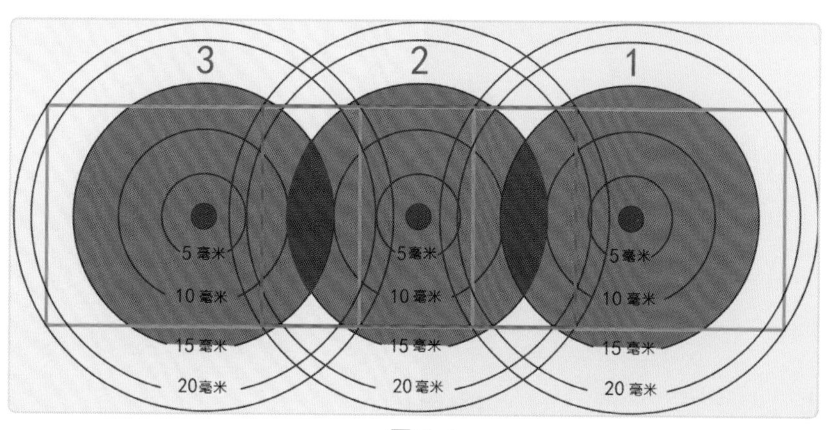

▲图 7-8

7.1.3 镜头节点设置

设备安装完毕后，我们就需要根据 4.2.5 小节讲到的节点原理来实际寻找镜头节点了，这是拍摄 VR 全景图的难点和重点。如果可以完美地找到镜头节点，并调整好相机在全景云台上的位置，后期拼接图片的时候将大大降低出错率。

4.2.5 小节讲到过镜头节点是指相机镜头的光学中心点，穿过此点的光线不会发生折射，图 7-9 中镜头节点在蓝色线上。

▲图 7-9

相机在拍摄 VR 全景图时的每一次转动，都必须以镜头节点为中心，这样才能保证相邻拼接的两张照片重叠部位的远近景没有位移，从而保证后期拼接的完美无痕。

镜头节点通常位于镜头内部光轴上的某个位置，图 7-10 中蓝色小圈即为镜头节点示意，但并非镜头节点的准确位置，因为不同的镜头在不同的焦段均有各自的节点位置（图 7-10 是使用野猫 S2 Pro 电动云台安装相机的示意图）。

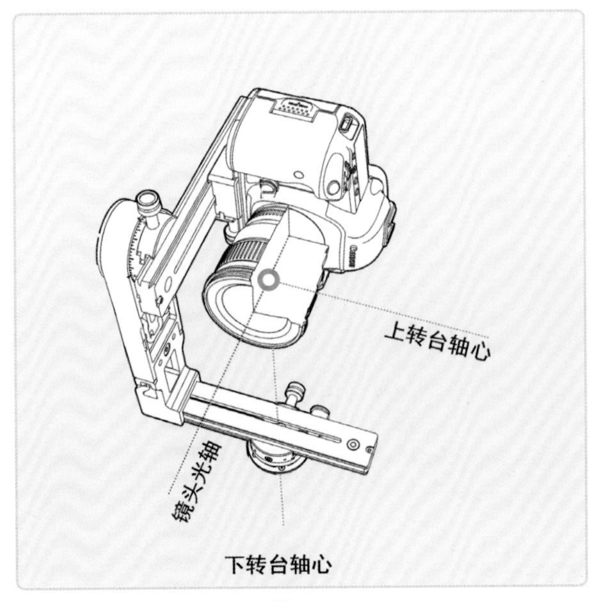

▲图 7-10

根据拍摄需要调整相机机位，找准镜头节点位置，使镜头节点与上、下转轴的轴心重合；也可以根据设备的大小，通过调节上部立臂和底部水平板的位置来寻找正确的节点位置，图 7-11 中的蓝色板块可沿红色箭头指示方向移动。

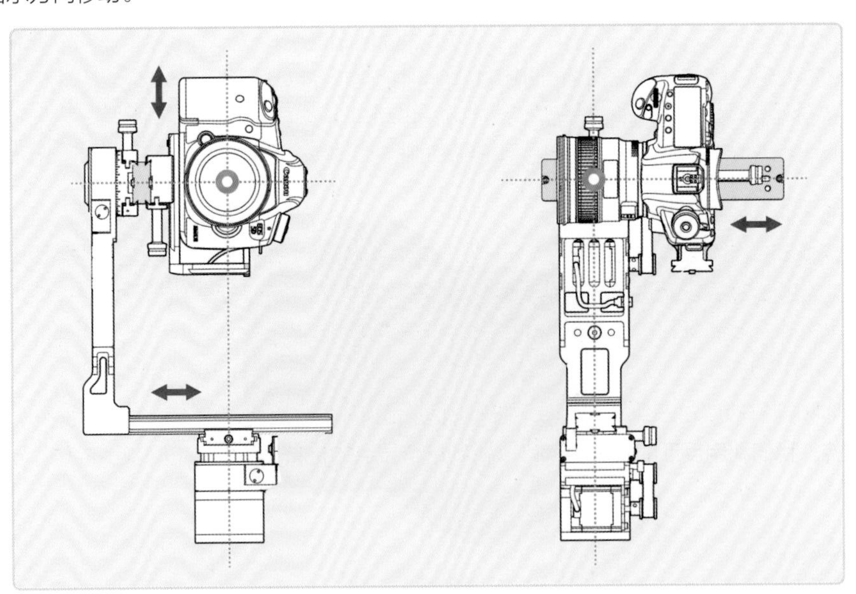

▲图 7-11

移动全景云台水平板和立臂的位置，可以很容易地将镜头的节点与上、下转轴的轴心重合。此方法分为两个步骤。

1. 找到全景云台的两个旋转轴

由图 7-12 可见，全景云台连接三脚架的位置有一个竖轴，相机平行旋转就是围绕着这个轴，即图 7-12 所示的下转台轴心 C；全景云台的上节臂与立臂连接的位置有一个横轴，相机垂直翻转就是围绕着这个轴，即图 7-12 所示的上转台轴心 B。

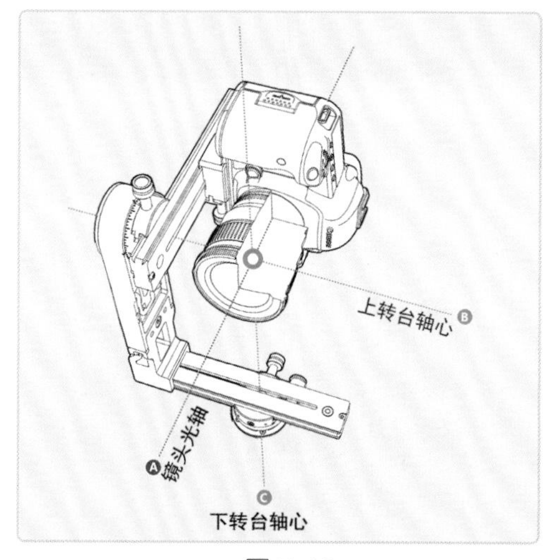

▲图 7-12

2. 将节点对准轴的支点

我们只需要将找到的镜头节点对准这两个轴的交点，即可让相机围绕着一个中心旋转了。

值得注意的是，镜头节点在镜头的光心上，只与相机的前后位置有关，相机横置、竖置、斜置，镜头节点都不变。因此无论是横向拍摄，还是竖向拍摄，镜头节点都是不变的。

贴士

定焦镜头对应节点为固定节点，变焦镜头的焦距不同所对应的节点位置也不同。

7.1.4 找到镜头节点

知道了全景云台如何安装和它对应的两个轴的交点在哪里，我们就需要通过移动相机让镜头节点处于两个轴的交点处。镜头节点的寻找尤为重要，我们在 4.2.5 小节中说过，找节点就是在找相机旋转拍摄照片时的镜头节点，我们可以通过远近物对比法进行节点校准工作，节点找准后才可以进行 VR 全景拍摄工作。

远近物体和相机应该是三点一线，如果在转动相机的时候发现远近物体有偏移，就说明相机没有围绕着节点旋转。我们利用反证的方法，就可以找到这个节点的位置。调整相机的前后位置就需要用上全景云台了，如图 7-13 所示。

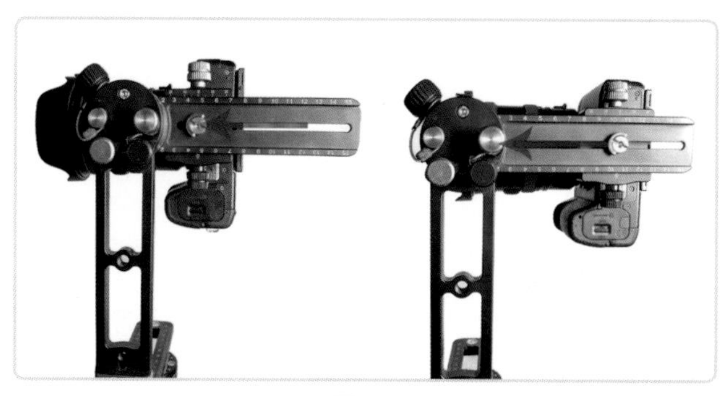

▲图 7-13

相机在全景云台上平行移动的时候，是可以前后移动相机底部的防垂快装板锁紧双面夹的位置的，相机往后移动，那围绕着镜头旋转的竖轴就会更靠近镜头的前方。如果相机底座与球形云台连接，那就无法改变相机的竖轴位置。

扫码看全景

香格里拉

贴士

如果我们使用其他类型的云台，例如矩阵云台或 L 版云台等，或者搭配一个镜头箍，则有可能在竖轴上找到镜头节点的位置，但是这样做无法使相机垂直翻转移动，所以拍摄 VR 全景图还是需要配合使用专业的全景云台。

寻找镜头节点的步骤如下。

（1）配合 15 毫米的鱼眼镜头，先将相机垂直向下对准全景云台，打开 LED 取景器，将相机翻转使镜头朝下并对准全景云台水平板（见图 7-14）。

▲图 7-14

（2）通过前后移动水平板让相机 LED 取景器的中心位置与全景云台的十字准星位置对齐，如图 7-15 所示，这样就可以确保相机的光轴与全景云台的下转台轴心重合，这样相机在立臂上移动就始终都保持在光轴上。接下来我们就需要寻找镜头的节点与全景云台的上转台轴心的位置了。

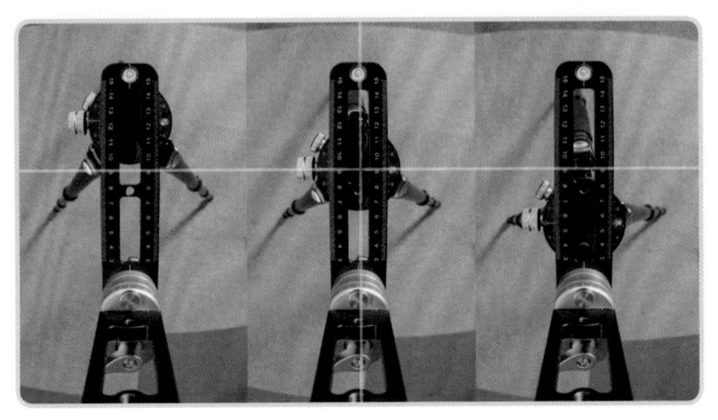

▲图 7-15

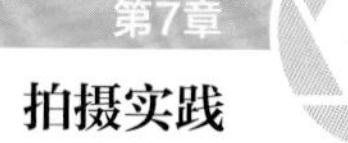

（3）将相机翻转至与全景云台平行，在镜头前大概 30 厘米的位置竖着放一根铅笔或者其他细一些的竖直物体（见图 7-16 中的红色柱子），调整好脚架的高度和位置，如图 7-16 所示，使之与远处的建筑边缘（见图 7-16 中的蓝色柱子）重合并处于画面中央，转动全景云台使红色柱子位于画面的左侧和右侧，同时观察红色柱子是否依然和蓝色柱子重合。如果不重合则需要移动相机在上节臂上的前后位置，再次向左或向右旋转相机，直至红色柱子在照片画面左边、右边及中间都与蓝色柱子重合，这样我们就可以认为已经找到了镜头在全景云台上旋转的镜头节点，这时候就可以确定镜头节点的位置了，全景云台的上转台轴心对应镜头的位置就是镜头节点，我们可以将此位置记录下来。

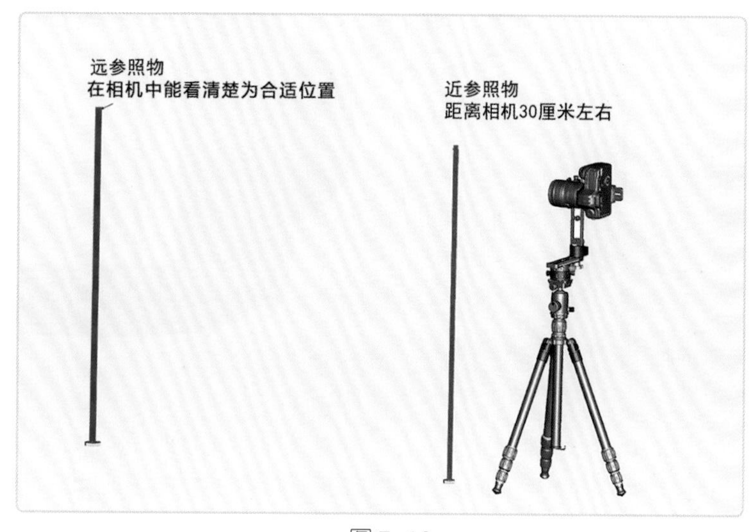

▲图 7-16

（4）旋转相机得到图 7-17 所示的照片结果，可调整全景云台节点让画面处于正确的位置，如图 7-18 所示。

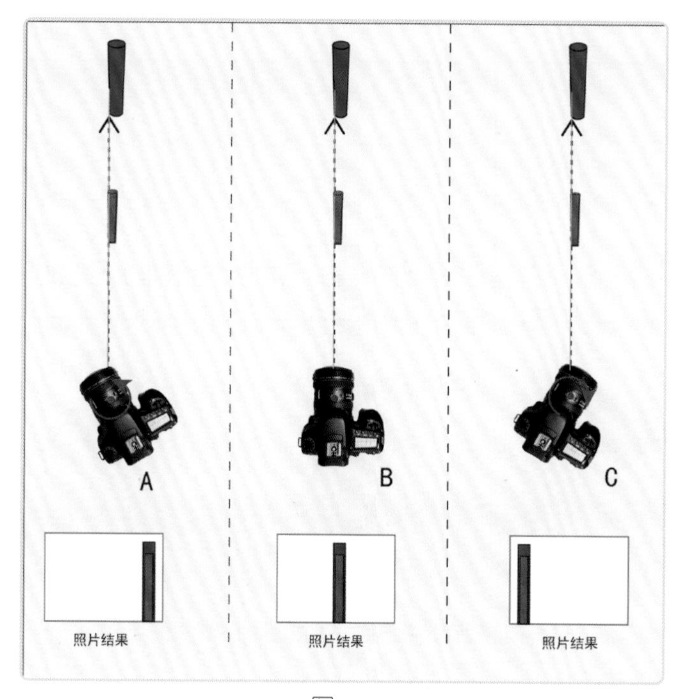

▲图 7-17

扫码看全景

昆明东川景观

▲图 7-18

把相机旋转至停在右边，稍微把相机夹座松开，慢慢把相机往前移动，然后观察显示屏中远近参照物位置的变化，如果两个参照物随着相机的移动越来越靠近，则移动的方向是正确的，继续移动，直到两个参照物完全重叠在一起；反之，如果两个参照物离得越来越远，当显示屏出现图 7-19 所示的左右两个画面时，说明方向错误了，要往反方向移动。

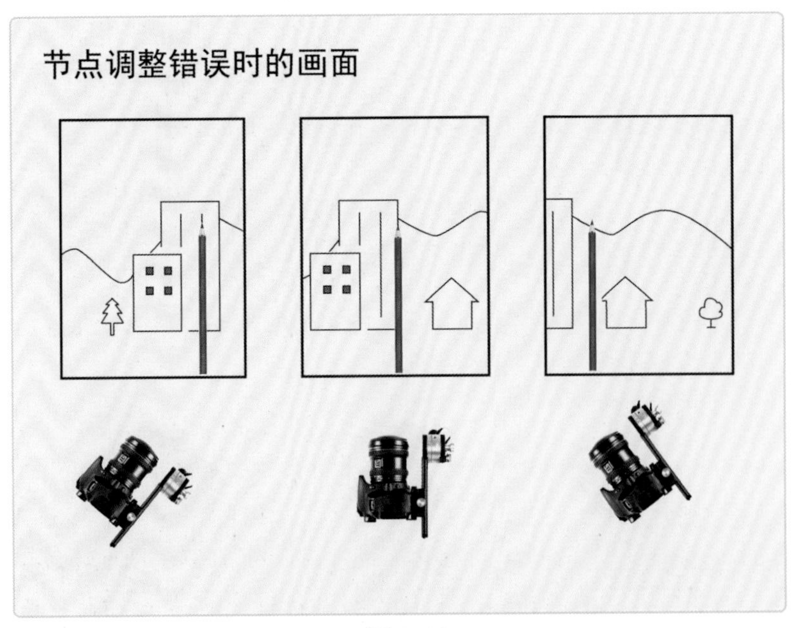

▲图 7-19

直到参照物完全重叠在一起，左右旋转相机后两个参照物依然完全重叠在一起，当显示屏出现图 7-20 所示的画面和情况时，即为节点调整正确。

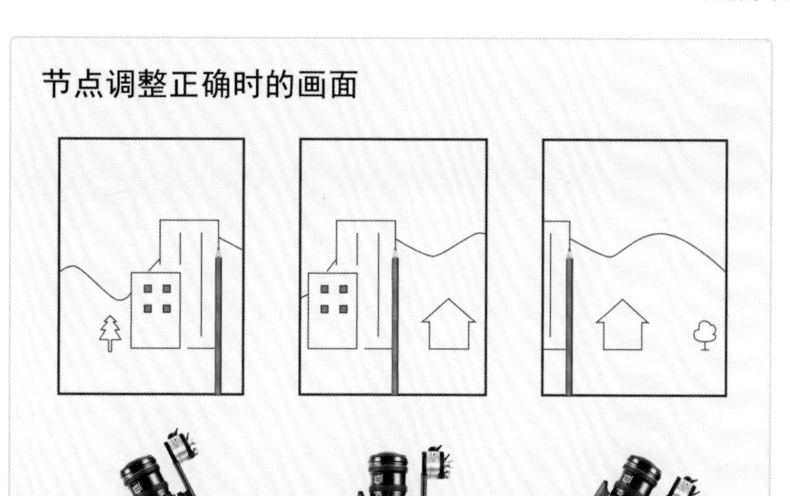

▲图 7-20

贴士

变焦镜头的节点位置是会随着焦距的变化而变化的。按照视角范围计算，用装有鱼眼镜头的相机拍摄 3 张照片就可以合成 1 张完整的 VR 全景图，但是这样会出现图像边缘畸变严重的情况，甚至会找不到合适的镜头节点。为了解决这个问题，我们可以多拍 1 张照片。你也可以测试一下不同焦距的不同节点位置，图 7-21 所示是实际测量出来的佳能 8~15 毫米的鱼眼镜头在不同焦距下的节点位置，供你参考。

▲图 7-21

贴士

确定相机与全景云台前后的距离时，全景云台上会有对应的刻度，请记录下这组数据和对应的镜头参数。在下一次做拍摄 VR 全景图的前期准备工作时就可以不用再次校对，只需要按照之前对应的刻度关系进行调整即可。还要注意与相机连接的防垂快装板的安装方向，每一次拍摄都要使用相同的组装方式，这样才可以保证每一次拍摄 VR 全景图都准确无误。

7.2 拍摄照片数量

拍摄照片数量

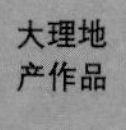
扫码看全景

大理地产作品

7.1 节在讲 8~15 毫米鱼眼镜头的节点位置的时候提到，用装有鱼眼镜头的相机拍 3 张照片就可以合成 1 张 VR 全景图，你可能会有疑惑，怎么判断合成 1 张 VR 全景图需要拍摄多少张照片呢？

想要了解合成 1 张 VR 全景图需要拍摄几张照片，就需要先了解不同类型的镜头对应的拍摄张数。下面我们统一讲解在使用全画幅相机，将画面比例设置为 3:2（在 4.1.4 小节中讲到全画幅相机的感光面积为 36 毫米 ×24 毫米，对应的画面尺寸比例就是 3:2）的情况下的拍摄张数。

在视角大的情况下拍摄 180 度的场景需要拍摄 4 张照片，在视角小的情况下拍摄 180 度的场景需要拍摄 6 张照片，如图 7-22 所示。

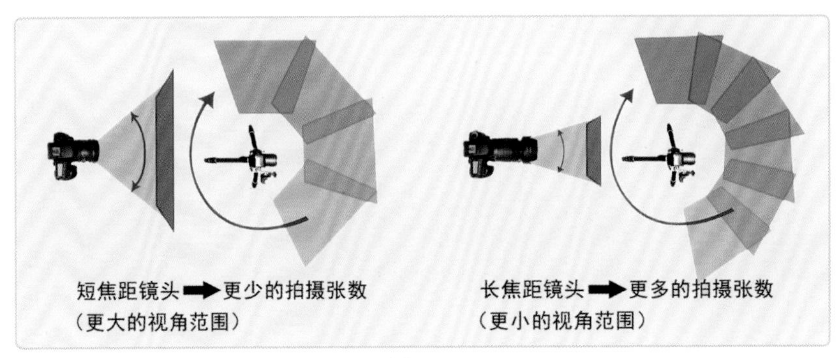

▲图 7-22

但是我们如何辨别使用不同镜头具体需要拍摄多少张照片呢？我们需要先计算出不同镜头对应记录的画面的角度分别是多少，再计算在保证重叠率的情况下拍摄 360 度的场景需要多少张照片。接下来我们就以常用的两种镜头为例来计算，一种是广角镜头，一种是鱼眼镜头。

7.2.1 广角镜头和鱼眼镜头的区别

在了解如何计算拍摄张数之前，你需要知道广角镜头和鱼眼镜头的区别。图 7-23 左上方是 8~15 毫米鱼眼镜头所记录的画面，右上方是 15 毫米广角镜头所记录的画面。在 4.1.5 小节讲到过，镜头的焦距数值越小，其记录的视角范围越大，但是由图 7-23 我们可以看到，同样是 15 毫米焦距，不同类型的镜头所记录的画面的范围也不一样。

▲图 7-23

我们在学习镜头畸变的内容时了解到，镜头通常都会产生畸变。广角镜头是为了尽量还原我们所看到的真实景物，从而竭力校正画面，但是画面边缘还是会出现畸变拉伸的情况。而鱼眼镜头则有意地保留了影像的桶形畸变。鱼眼镜头是一种焦距为 16 毫米或更短，并且视角接近或等于 180 度的镜头。它是一种极端的广角镜头，“鱼眼镜头”这一称呼是它的俗称。为使镜头达到最大的视角，这种摄影镜头的前镜片直径很短且呈抛物线状向镜头前部凸出，与鱼的眼睛颇为相似，鱼眼镜头因此而得名。鱼眼镜头按像场分为圆周鱼眼镜头和对角线鱼眼镜头。

7.2.2 28 毫米镜头照片张数

我们通常将镜头的可视范围定义为视角。在拍摄距离不变的情况下，拍摄 VR 全景所使用的镜头的视角越大，拍摄的张数越少。

我们以手机摄像头这种直线镜头为例，一般使用的手机的镜头的等效焦距为 28 毫米，其对应的视场角是 75 度（记录的照片的对角线视场角为 75 度），如图 7-24 左所示。

我们通过勾股定理可知，画面比例为 3:2 的画面斜边约等于 3.6。28 毫米焦距镜头的斜边视场角是 75 度，由此得到竖边视场角约为 60 度，横边视场角约为 40 度，如图 7-24 右所示。

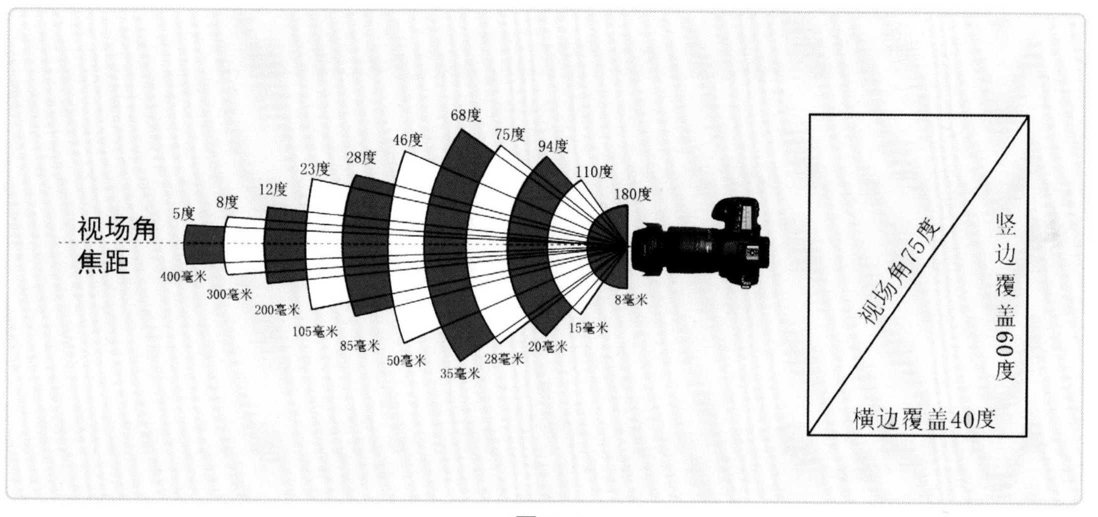

▲图 7-24

想要将 360 度 ×180 度的画面记录完整，并且还要保证每相邻 2 张图片有 25% 的重合，记录横轴方向 1 圈就至少需要镜头每旋转 36 度就记录 1 张照片，合计记录 10 张照片。竖边的视场角为 60 度，需要上仰 45 度、水平 0 度、下仰 45 度拍摄 3 圈，每 1 圈旋转 36 度就拍摄 1 张照片，每 1 圈共拍摄 10 张照片，这还不够 180 度，还需要进行垂直补天和补地拍摄，合计需要拍摄 34 张照片（3 圈共 30 张照片 + 垂直向上横竖补天 2 张照片 + 垂直向下横竖补地 2 张照片）才能拼合成一个完整的 VR 全景图。我们常用的 24~70 毫米镜头的 24 毫米端与半画幅相机搭配 18~55 毫米的镜头拍摄的张数差不多。

掌握了这个原理及公式，你就可以计算出用不同的镜头拍摄出 1 张完整的 VR 全景图需要间隔多少角度拍摄 1 张照片，这样在拍摄大像素矩阵照片的时候就可以准确地计算出拍摄张数。

7.2.3 8 毫米圆周鱼眼镜头照片张数

圆周鱼眼镜头在水平和垂直两个方向的视角都是 180 度左右。我们使用 8 毫米的圆周鱼眼镜头每拍摄 1 张照片所覆盖的视角为 180 度，从理论上讲，我们拍摄左右或上下对立的 2 张照片就可以记录空间中的所有画面。但是为了保证相邻 2 张照片的画面有一部分重叠，加上圆周鱼眼镜头的边缘成像质量比较差以及变形严重，所以我们通常是前后左右每相隔 90 度拍摄 1 张照片，这样每 2 张照片中约有 50% 的重叠，可以最大限度地使用镜头中心画质较高的内容。通过 4 张照片即可拼接出 1 张完整的 VR 全景图。

之前提到过不建议使用鱼眼镜头的 8 毫米端拍摄，如果使用 2 400 万像素的相机，配合 8 毫米鱼眼镜头拍摄到的画面四周都是黑色的（见图 7-25），没有图案的内容就占了一半的画面，1 张照片实际只剩下了 1 000 多万像素的内容，再加上鱼眼镜头的成像质量并不是很好，画面清晰度也会低很多。

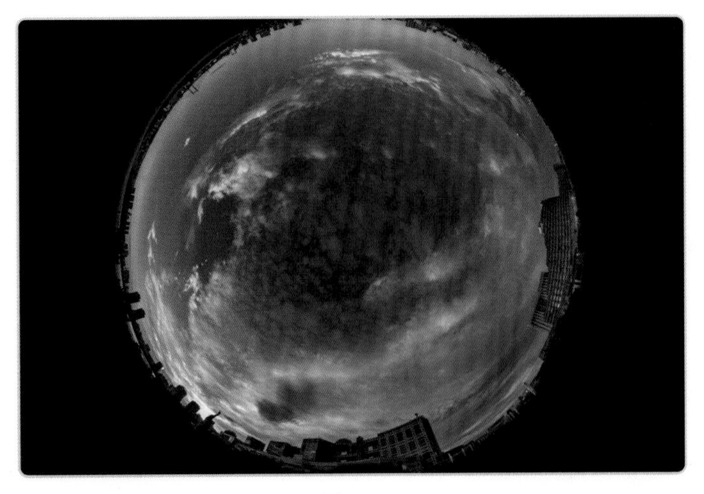

▲图 7-25

7.2.4 15 毫米鱼眼镜头照片张数

图 7-26 中所指的 15 毫米的镜头为直线标准镜头，其视场角为 110 度，15 毫米的对角线鱼眼镜头的对角线视场角为 180 度，画面比例设置为 3:2 时，竖边视场角大约为 150 度。

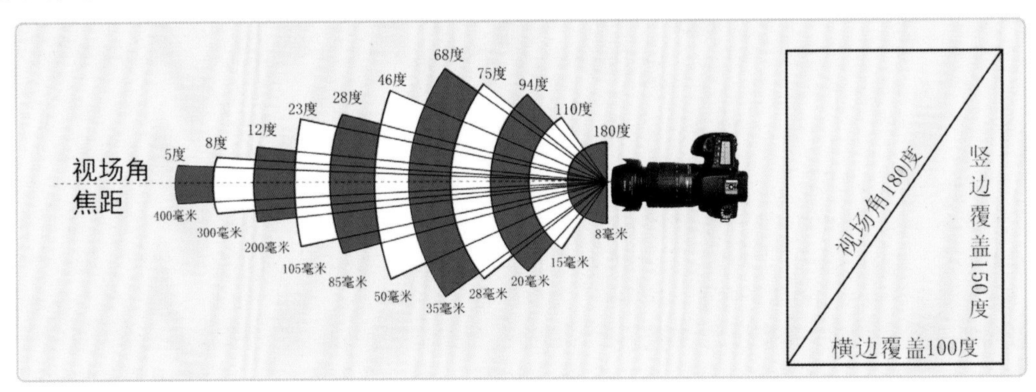

▲图 7-26

为了保证相邻画面具有重叠部分，我们记录水平方向的 360 度 VR 全景内容时需要每转动 60 度就拍摄 1 张照片，合计拍摄 6 张，竖边视场角为 150 度，要记录竖轴方向 180 度范围画面，我们还需要补天和补地拍摄，7.3.3 小节会重点介绍使用对角线鱼眼镜头拍摄 VR 全景图的方法。明白不同的镜头拍摄出 1 张 VR 全景图需要拍摄多少张照片以及对应的算法，我们就可以轻松了解使用不同的镜头拍摄的张数关系了。

以佳能全画幅相机对应的镜头拍摄 VR 全景所需要的拍摄张数及云台转动角度为例，不同焦距的镜头拍摄 VR 全景图对应的拍摄张数如表 7-1 所示。

▼表 7-1 不同焦距的镜头拍摄 VR 全景图对应的拍摄张数

镜头类型	360 度需要拍摄张数（张）	每张拍摄转动角度（度）
8 毫米鱼眼镜头	4	90
12 毫米鱼眼镜头	5	72
14 毫米鱼眼镜头	6	60

续表

镜头类型	360 度需要拍摄张数（张）	每张拍摄转动角度（度）
15 毫米鱼眼镜头	6	60
16 毫米鱼眼镜头	6（1 圈）	60
18 毫米直线镜头	8+8+8（3 圈）	45
24 毫米直线镜头	10+10+10（3 圈）	36

通过对拍摄照片张数和不同焦距的镜头拍摄 VR 全景图的关系的学习，我们知道如果单张照片可以拍摄到比较大的视角范围，就能以数量较少的照片拼接成 1 张 VR 全景图。所以 VR 全景摄影通常使用 8~15 毫米的鱼眼镜头。使用 15 毫米鱼眼镜头一圈拍摄 6 张照片（不含补天和补地）就可以成功拼接出 1 张横轴 360 度的全景，包含天空和地面以及补地的记录也最多不超过 10 张，这样我们可以减少拍摄工作量及后期拼接时间，从而提高效率与质量。

7.3 拍摄 VR 全景图

拍摄 VR 全景
斜拍补地

7.3.1 拍摄前的检查

拍摄前应该从 3 个方面对设备进行检查。

1. 全景云台调节

要注意云台水平板的刻度是否为对应镜头的刻度，立臂和相机连接的夹座是否为对应镜头的刻度，连接相机的防垂快装板的安装是否与之前调整节点时的方向一样。因为每次更换镜头需要调节的参数都不一样，所以建议记住自己常用的焦段和镜头所对应的数值。

我们通过对 7.2 节的学习知道了用不同的镜头拍摄 VR 全景图时，旋转拍摄照片的张数会有区别。我们可以通过全景云台的分度台进行定位，这个分度台具有 10 档。我们列举了 10 档分度台的 90 度、60 度、36 度的设置方式，如图 7-27 所示。值得注意的是，有的刻度需要 2 个螺丝同时锁紧定位才可以生效，例如 45 度、30 度、18 度、11.5 度和 5 度等。

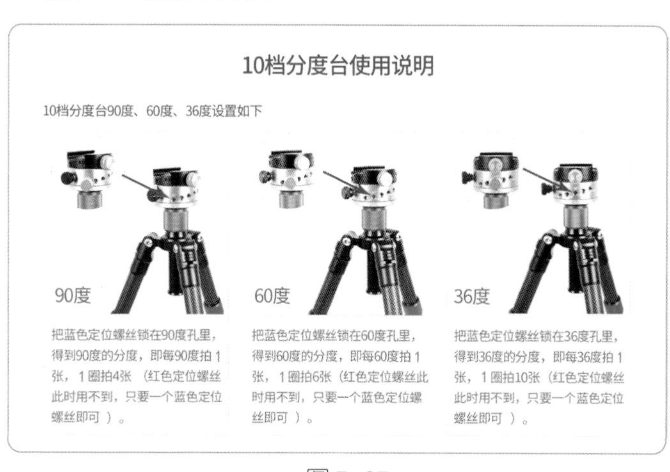

▲图 7-27

扫码看全景

旧金山海湾

2. 三脚架调节

室内的拍摄高度一般为人站立后的眼睛高度（相机镜头与摄影师的眼睛齐平即可），但根据不同的场景，机位也要相应地进行调整。一般来说，开阔的地方建议机位高一些（户外可以配合高杆进行拍摄），狭小的地方建议机位低一些。

特别需要注意三脚架是否处于水平状态，虽然在三脚架未保持水平的情况下拍摄的照片可以通过后期矫正，但是建议初学者还是尽量将三脚架调至水平后再进行拍摄。

3. 其他检查

要检查内存卡是否留有足够空间，建议每次拍摄后都备份；检查相机电池电量是否充足；最好使用定时快门或遥控器触发快门，防止拍摄抖动；摄影包和脚架包不要放置在地上，可能会被记录到画面内，建议随身携带。7.6.4 小节会专门讲解一些拍摄时的注意事项。

建议每次拍摄 VR 全景图前都检查相机的参数设置，以免产生差错，还需要对要拍摄的照片数量做到心中有数。

所有的设备参数和拍摄 VR 全景图所涉及的原理都已经梳理清楚，接下来我们就要进入最重要的拍摄环节了。

7.3.2 使用标准镜头拍摄

广角镜头的 VR 全景拍摄布置分为水平拍摄、斜上拍、斜下拍、补天拍摄、补地拍摄，如图 7-28 所示。

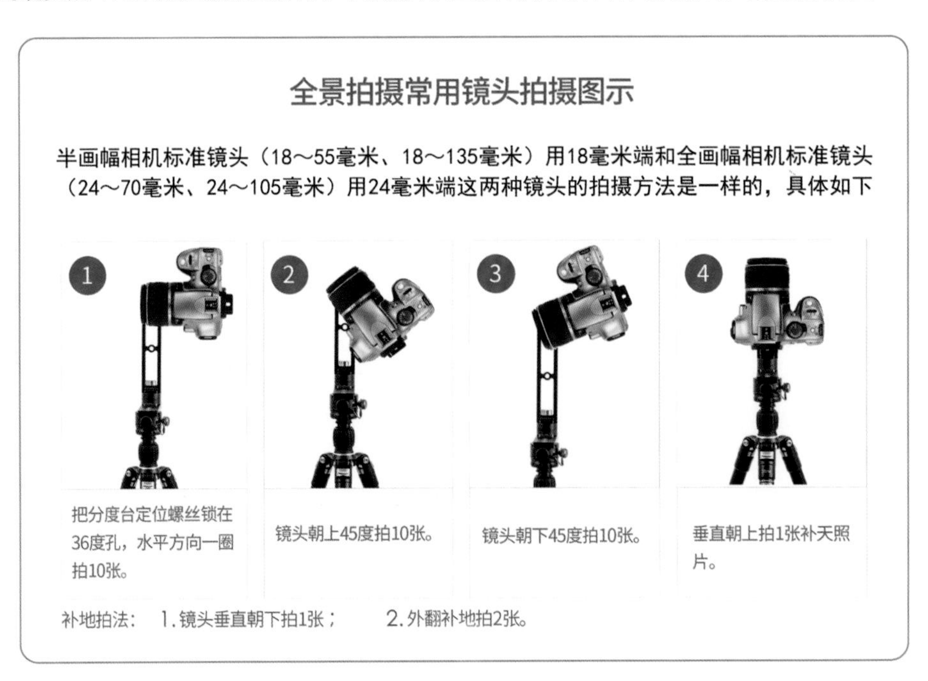

▲图 7-28

建议使用 24 毫米半画幅相机安装 18 毫米镜头拍摄，这个焦段应该是摄影师常用的焦段之一。我们先按照 7.3.1 小节讲到的拍摄前需要检查的注意事项调节好相机，然后将三脚架固定在平稳的地面上，再将相机镜头平行于地面（上节臂刻度为 0 度）朝向自己前方，接着调节 720yun 全景云台分度台上的定位螺丝，将螺丝旋转锁定到 36 度孔（全景云台每转动 36 度会有 1 个卡顿感应，以便快速确定拍摄时的转动角度）。使用遥控器控制快门或手动触发快门进行拍摄，在 1 个场景拍摄完毕前切记不要移动三脚架（除补地拍摄外）。

（1）镜头每水平转动 36 度拍摄 1 张照片，顺时针旋转 1 圈合计拍摄 10 张，获取水平方向 360 度的影像。

（2）调整上节臂刻度为 +45 度，将镜头向上仰 45 度，同样每间隔 36 度拍摄 1 张照片，顺时针旋转 1 圈合计拍摄 10 张照片，获取斜上方向 360 度的影像。

（3）调整上节臂刻度为 -45 度，将镜头向下调 45 度，同样每间隔 36 度拍摄 1 张照片，顺时针旋转 1 圈合计拍摄 10 张照片，获取斜下方向 360 度的影像。

（4）调整上节臂刻度为 90 度，将镜头垂直向上拍摄 1 张照片，平行转动全景云台，旋转 90 度再拍摄 1 张照片，获取最高视角的影像。

（5）调整上节臂刻度为 -90 度，将镜头垂直向下拍摄 1 张照片，平行转动全景云台，旋转 90 度再拍摄 1 张照片，获取最低视角的影像。

（6）进行补地拍摄，补地有很多种方法，7.4 节会进行详细讲解，如使用外翻补地的方法进行拍摄。

合计拍摄 10 张（水平拍摄）+10 张（斜上拍摄）+10 张（斜下拍摄）+2 张（天空拍摄）+2 张（外翻补地）=34 张照片。

最终得到 1 组照片，如图 7-29 所示。这样我们使用全画幅相机配合 24 毫米镜头、半画幅相机配合 18 毫米镜头或使用手机拍摄的部分就已经完成，下面就可以准备进行后期操作了。

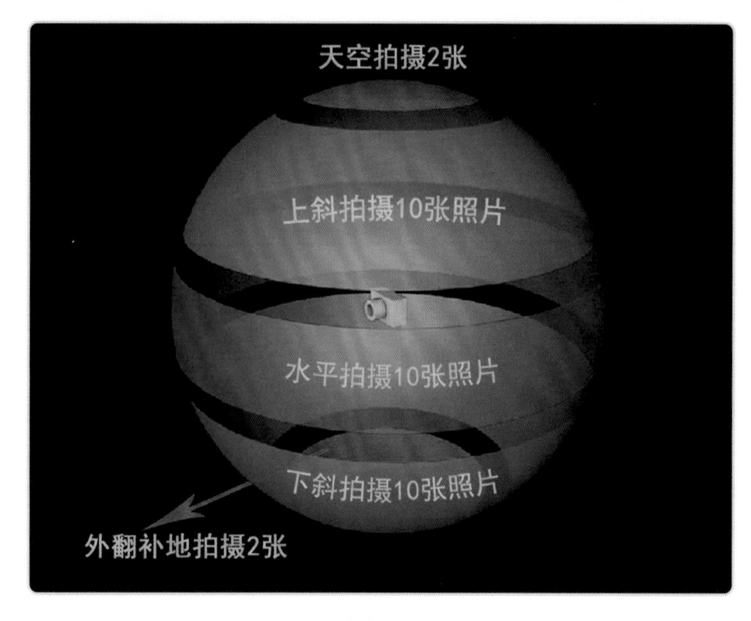

▲图 7-29

7.3.3 使用 15 毫米鱼眼镜头拍摄

如果你有这个焦段的镜头，那就太好了，这个焦段是非常适合 VR 全景摄影的 1 个焦段。我们先按照 7.3.1 小节讲到的注意事项调节好相机，然后将三脚架固定在平稳的地面上，再将相机镜头朝向自己前方，调节 720yun 全景云台的分度台上的定位螺丝，将螺丝旋转锁定到 60 度孔（注意这里的定位螺丝只需要用到一个），即全景云台每转动 60 度会有 1 个卡顿感应，以便快速确定拍摄时需要转动的角度。使用遥控器控制快门或手动触发快门进行拍摄，在 1 个场景拍摄完毕前切记不要移动三脚架（除补地拍摄外）。

（1）调整上节臂刻度为 0 度（也可以朝下 15 度），每间隔 60 度拍摄 1 张照片，顺时针旋转 1 圈合计拍摄 6 张照片，获取水平方向 360 度的影像，如图 7-30 所示。

▲图 7-30

为什么镜头要朝下 15 度拍摄呢？其实水平拍摄 1 圈得到的照片也可以拼接起来，但是由于地面场景记录得比较少，因此在后期补地时重叠的参考物会较少，为了更多地记录地面的场景，朝下 15 度拍摄可以提高后期补地的效率与准确率。

（2）调整上节臂刻度为上仰 90 度，垂直拍摄 1 张照片，如图 7-31 所示。镜头水平旋转 90 度后，调整上节臂刻度为上仰 75 度，再拍摄 1 张照片，如图 7-32 所示，获取最高视角的影像。

为什么镜头水平方向旋转 90 度后要上仰 75 度而不是上仰 90 度拍摄呢？因为在户外，镜头上仰 75 度可以记录一部分地面上较高物体的影像，不然有可能拍摄出的最高视角的影像都是纯色的天空，这就会导致后期因系统无法识别控制点而无法很好地拼接。上仰 75 度可以为后期的天空识别增加控制点，从而保证拼接准确。

（3）调整上节臂刻度为垂直朝下 90 度，拍摄 1 张最低视角的照片，如图 7-33 所示（垂直朝下拍摄的这张照片是为了保障后期拼接更顺利，最终成片中不需要用到），再进行补地操作，如使用外翻补地的方法进行拍摄。

▲图 7-31

▲图 7-32

▲图 7-33

最终拍摄 10 张照片，周围 6 张照片为水平拍摄的 6 张照片，中间包含三脚架的影像为补地拍摄的 2 张照片，中间的天空画面为补天拍摄的 2 张照片（垂直拍摄 +75 度上仰拍摄），如图 7-34 所示。

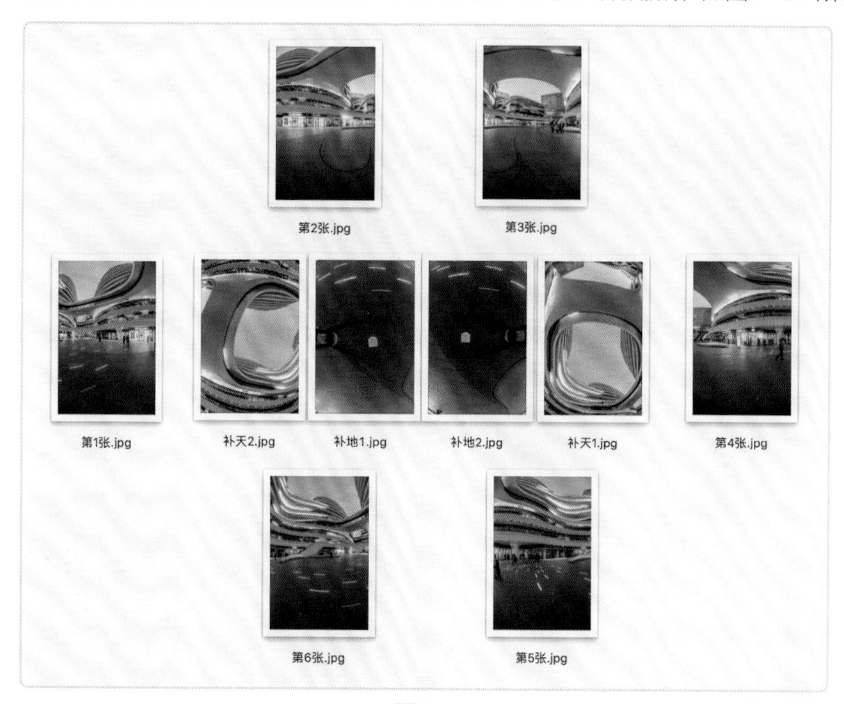

▲图 7-34

7.4 VR 全景图补地方法

最低视角画面拍摄是 VR 全景拍摄中的难点和重点。在垂直朝下 90 度拍摄的时候，相机会记录一组带有三脚架和全景云台的画面，VR 全景的地面就被三脚架和全景云台遮住了，这时我们就需要通过一些补地方法将被三脚架和全景云台遮挡的画面记录下来。VR 全景图补地方法有很多种，只有根据现场情况合理地选择最优的补地方法，才可以快速高效地制作出一张 VR 全景图。在 VR 全景行业，补地的好坏往往体现了摄影师 VR 全景摄影水平的高低。

贴士

有一些特殊情况，例如拍摄时间短或者需要进行大量 VR 全景采集而没有办法进行补地拍摄时，可以通过 VR 全景漫游制作工具中的补地遮罩进行遮挡。例如百度街景会将地面进行视角锁定，或者用 LOGO 覆盖。当然还可以利用 PS 软件制作地面（使用智能填充或仿制印章等功能）。

接下来我们就详细讲解几种常用的补地方法。为了直观方便地了解每一种补地方法的优缺点，我们使用 ※ 来代表指数等级，5 个 ※ 为优秀，4 个 ※ 良好，3 个 ※ 一般，2 个 ※ 为差。

7.4.1 外翻补地

拼接精准指数 ※※※※※

拍摄效率指数 ※※※

后期效率指数 ※※※※

（1）使用场景。720yun 全景云台外翻补地可用于大多数场景。外翻补地在无明显影子的室内场景或阴天的室外场景下优势较为明显，在质量要求极高的情况下一般也会使用外翻补地。

（2）操作方法。首先垂直朝下记录带三脚架但是节点准确的照片，再利用全景云台进行外翻补地操作。720yun 全景云台具备外翻补地的功能，在全景云台水平板的一侧有旋钮，旋转后就可以将相机旋转外翻。但是外翻后拍摄 VR 全景图时围绕的中心点发生了变化，我们需要通过平移三脚架，让相机回到拍摄 VR 全景图时围绕的中心点，回到的中心点位置越精准，后期补地的便捷程度及精准度就会越高。

相机向右翻转，高度不变，相机向右平行移动了一段距离，所以将三脚架向左平行移动相同的距离。这时候左侧的部分地面依然会被三脚架遮挡，我们可以将三脚架向右移动，移动的距离为之前的两倍，再将全景云台旋转 180 度，可以看出节点没有发生改变（见图 7-35）。

通过外翻补地的方式记录下的两张补地画面如图 7-36 所示。

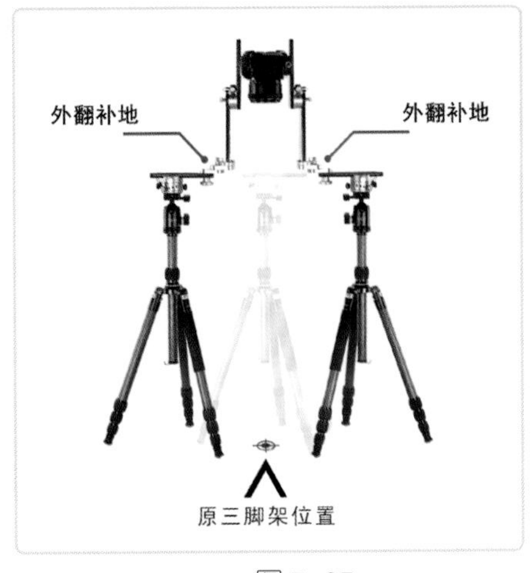

▲图 7-35

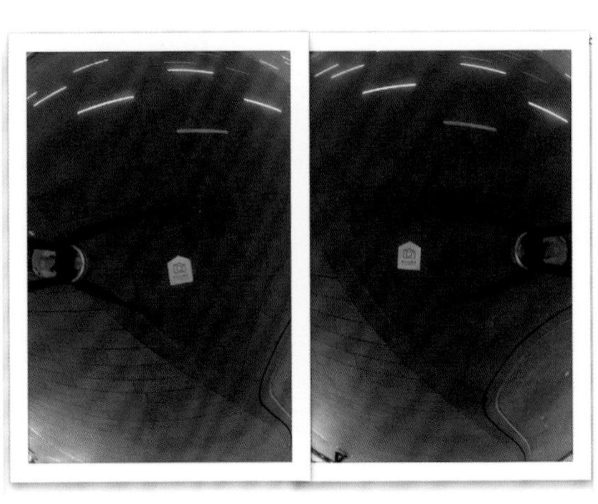

▲图 7-36

建议初学者在三脚架正对着的地面中心位置放置一枚硬币或镜头盖等标志物，在三脚架移动后，依然可以看到标志物处于画面中心，如图 7-37 所示，这样可以提高相机从垂直位置拍摄围绕的中心回到原点的准确率。

▲图 7-37

7.4.2 斜拍补地

拼接精准指数 ※※※

拍摄效率指数 ※※※※

后期效率指数 ※※

（1）使用场景。720yun 全景云台斜拍补地可用于大多数场景。在室外有阳光直射导致影子明显的情况下，或者在处理影子的情况下均可使用斜拍补地，为保证效果精细，斜拍补地和外翻补地还可以配合使用。斜拍补地的相机位置如图 7-38 所示。

▲图 7-38

使用这种补地方法拍摄，在后期拼接时会比较费时，需要手动添加多个控制点以确定斜拍画面与正常画面的关系，因此在户外拍摄时需要尽量选择非阳光直射的点位进行取景。

（2）操作方法。首先垂直向下记录带三脚架但是节点准确的照片，保证画面的完整性，再记录三脚架影子的位置与摄影师背向光源时影子的位置。初次使用斜拍补地可以使用一些标记标注影子的位置，如用镜头盖标记影子的位置（见图 7-39 红色标记）。将三脚架平行移动，影子也会随之平移，直至影子移出之前被遮挡的区域，如图 7-40 所示。接着在全景云台外翻后将立臂朝下 45 度，正常拍摄被影子遮挡的位置。

扫码看全景

加拿大
落基山

▲ 图 7-39

▲ 图 7-40

在斜拍补地之前最好先垂直向下拍摄一张有影子的照片，用于后期拼接，以免斜拍补地无法拼接成功。带影子的效果如图 7-41 所示，通过斜拍补地处理影子后的效果如图 7-42 所示。

▲ 图 7-41

▲ 图 7-42

贴士

斜拍补地仅能用于地面有影子的拍摄情况，如果影子出现在墙上，这时候移动视点导致相机产生视差，后期有可能无法拼接，或者拼接后的画面效果会不正常。

7.4.3 手持补地

拼接精准指数 ※※

拍摄效率指数 ※※※※※

后期效率指数 ※※※※

VR 全景图补地方法 手持补地

（1）使用场景。手持补地必须使用鱼眼镜头，通常适用于户外地面无反光的情况和快速拍摄的场景，例如会议、展览活动等。手持补地也可以用于去除影子，为防止意外发生，建议配合外翻补地使用。先使用手持补地素材进行拼接，如无法有效拼接，可使用外翻补地素材进行拼接。

（2）操作方法。首先垂直向下记录带有三脚架但是节点准确的照片，再进行外翻补地操作，保证画面的完整性。接着将相机取下并挪开三脚架，或将相机调至水平，举起三脚架进行拍摄，尽可能少地记录被自己遮挡的画面，如图 7-43 所示。注意手持位置尽量与正常拍摄节点位置重合，回到节点的位置越精准，后期补地的便捷程度及精准度就会越高。

▲图 7-43

7.5 航拍 VR 全景图

航拍 VR 全景图

无人机的快速发展，使得人人都可以航拍 VR 全景图。

地面 VR 全景拍摄有很多技术难点，需要配合全景云台、调整镜头节点才能实现完美拼接。而无人机可以让不会拍摄地面 VR 全景的初学者快速拍摄出一幅航拍 VR 全景作品，尤其是无人机的一键全景功能使得航拍 VR 全景变得更加便捷，这标志着 VR 全景广泛运用的时代已经来临。

与地面拍摄 VR 全景图相同，航拍 VR 全景图也是相机环绕一个圆心进行 360 度取景拍摄；不同的是，航拍 VR 全景图需要使用无人机进行拍摄，风险较地面拍摄更大，同时也无法完整记录天空的画面。根据这些特点，本节会依次讲解航拍 VR 全景图的前期准备、飞控及参数设置、拍摄方法、返航降落、注意事项、不使用全景云台拍摄以及拍摄视点选择等内容。

无人机的操控相对比较复杂，初学者可以先下载无人机飞行模拟类的应用进行练习，充分了解无人机的操作原理后再进行实践操作。

7.5.1 前期准备

1. 飞行前的环境检查

（1）在操控无人机飞行前要做好航拍规划，如从什么位置起飞，到什么位置悬停拍摄，并对周边环境做到了如指掌，确保飞行安全和设备安全。

（2）天气良好，无风（无人机具备一定的抗风能力，但是在大风情况下不要起飞）、无雨、能见度高。

（3）所在的区域开阔，远离人群、高大建筑、主干道等。

（4）周边安全，注意不要在禁飞区或机场附近使用无人机。

（5）信号正常，避免靠近大型金属建筑物等会干扰无人机罗盘的物体。

2. 飞行前的机身检查

（1）在操控无人机飞行前要对无人机的各个部件做相应的检查，任何一个小问题都有可能导致无人机在飞行途中出现事故或损坏，因此在飞行前应该做好检查，防止意外发生。

（2）检查无人机的磨损程度，确保无人机及其他装置没有肉眼可见的损坏，包括检查螺旋桨上有无缺口、无人机外壳上有无裂痕等。无人机的螺旋桨如果出现了缺口或变形，飞行时就会影响机身平衡，还会造成相机震动，拍摄出来的照片就会非常模糊。

扫码看全景

俯瞰阿布扎比

（3）检查零件的牢固性，确保无人机所有的零件，尤其是螺旋桨紧紧固定并且状态良好，确保无人机在飞行时不会有部件松动、脱落的情况出现。检查云台扣锁是否取下，确认云台上没有其他杂物。

（4）检查电池状态，确保所有设备的电池电量都已充满，包括遥控器、监视器、移动设备以及无人机的电池等。

（5）如果连接手机，则可以将手机调至飞行模式，防止有电话呼入导致图传中断。

3. 飞行前的准备操作

（1）安装电池。在为无人机安装电池之前，应确保无人机遥控器的操作杆放置在中间位置，这样无人机的电机就不会在装上电池后突然启动。

（2）遥控器。左边的拨杆控制上升降落以及飞机转向，右边的拨杆控制前后左右的平行移动，遥控器底部的 C1 键控制镜头垂直向下或返回之前的位置，遥控杆呈内“八”字状则是解锁状态，即内八解锁，也就是两个摇杆同时向内下侧拨到最底，此时电机进入怠速。

（3）云台的滚轮。上下滚动时是控制云台的俯仰，轻按则是调整光圈值、快门速度和感光度。

7.5.2 飞控及参数设置

本小节以大疆无人机为例进行参数调节，一方面是解决动态范围较大的问题（天空相对于光线较暗的地面显得非常明亮，这就很难在高光部分和阴影部分之间做好平衡）；另一方面是确保飞行安全，在开始拍摄之前应对相机进行设置。

1. 飞行前的相机参数设置

航拍相机的参数设置与单反相机的参数设置的原理是一样的，曝光参数设置参考如下。

（1）拍照模式：【M】（手动模式）。

（2）光圈：航拍相机的镜头通常使用固定光圈（F2.8），我们使用此光圈值即可。

贴士

由于无人机距被摄物较远，景深较大，地面被摄物通常处在清晰的范围内。

（3）快门速度：根据曝光标尺的提示或者直接通过查看遥控器面板确定快门速度。

贴士

平衡性良好、飞行时不配置云台的航拍无人机具备适当的减震功能，通常需要低于 1/250 秒的快门速度才能拍摄出清晰的照片。配置不同云台的航拍无人机在最低快门速度方面完全不同，例如配置功能良好的三轴云台的航拍无人机通常在快门速度为几秒的情况下也能拍摄出清晰的照片。

（4）感光度：白天日光条件下建议设置 ISO 值为 100，傍晚可根据曝光组合设置，建议不要超过 1 600。

（5）白平衡：白天日光条件下建议将白平衡参数设置为 5 300K。

（6）照片尺寸比例：3:2。

（7）照片格式：JPEG+RAW。

2. 飞行前的无人机设置

（1）校准罗盘。正确地校准罗盘是非常重要的，每次飞行前都要进行这一步操作，特别是当你要在一个新的地点进行航拍时，这一操作有助于确保无人机的安全。

要远离金属物件，这是因为罗盘对电磁干扰非常敏感，大型建筑物和手机信号发射塔可能会对罗盘产生干扰，受干扰后罗盘会产生不正确的方向指示数据。

（2）设置返航 GPS 坐标。在校准罗盘的同时，飞行控制器也锁定了能够接收信号的卫星，通常它会自动设定好返航的 GPS 坐标。有些无人机也可能拥有单独的 GPS 锁定功能。

（3）设置云台俯仰。在【高级设置】中打开【扩展云台俯仰轴限位至上 30 度】，如图 7-44 所示，云台可以上仰 30 度，以便拍摄更多的天空。

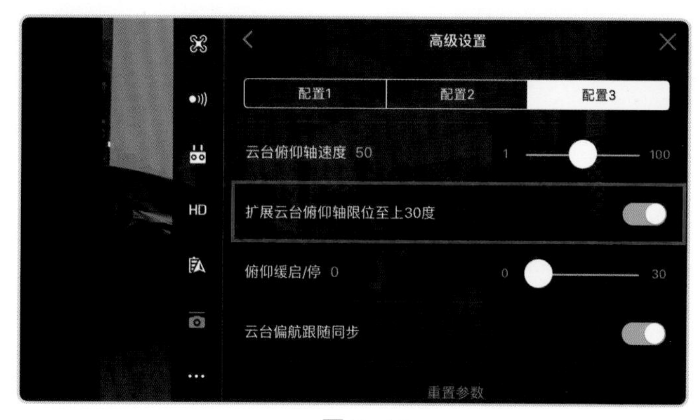

▲图 7-44

3. 飞行安全设置

（1）在【感知设置】中打开【启用视觉避障功能】（见图 7-45），防止误操作导致无人机与障碍物碰撞，保证无人机的安全。

（2）在【智能电池设置】中打开【低电量智能返航】（见图 7-46），保证无人机可以安全返回起飞地点，防止低电量迫降导致无人机丢失。

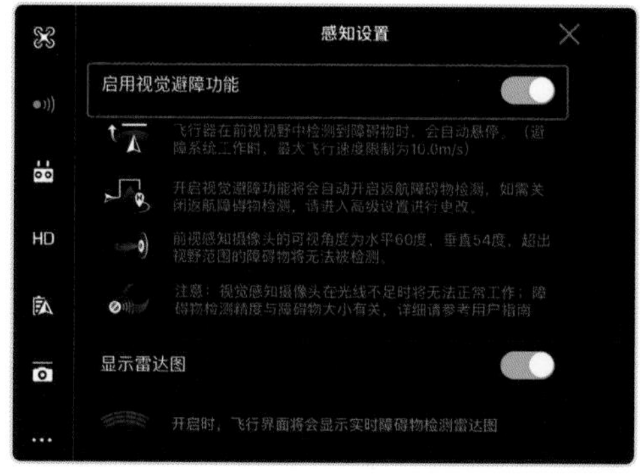

▲图 7-45

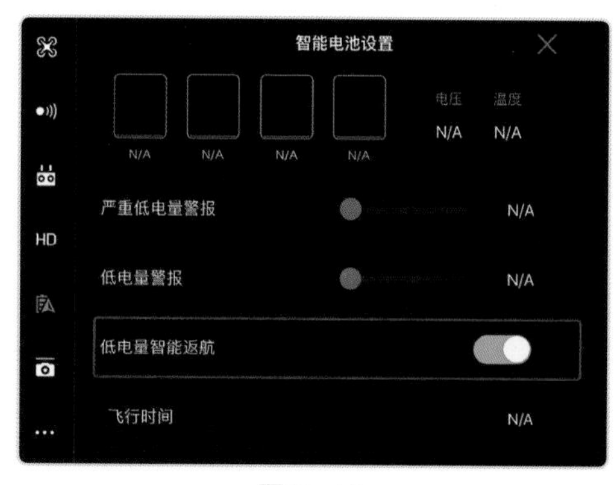

▲图 7-46

7.5.3 起飞悬停

在执行完飞行前所有检查项目和准备操作后，把无人机放置在一个远离人群、水平且安全的平台上，在 GPS 模式下等待飞控系统搜索到 6 颗或 6 颗以上卫星，LED 灯会亮起 1 个红灯或者不闪灯，这时摄影师应远离无人机 10 米，内八解锁，拨杆起动电机，无人机就已经做好起飞准备了。

扫码看全景

马来西亚
热浪岛

1. 自动起飞

目前大多数无人机都带有自动起飞功能，如图 7-47 所示，确认自动起飞后无人机将先飞到高 1.2 米的位置并悬停，等待下一步指令。

▲图 7-47

2. 手动起飞

我们也可以手动操作，起飞时开启电机，缓慢前推左边的拨杆，让无人机飞到一个安全高度后再飞往目的地。

起飞以后，让无人机在较低高度保持 1 分钟悬停状态，检查其是否会发生漂移、飞行是否正常。如果发生漂移，将无人机收回重新进行校准。

3. 悬停无人机

无人机飞至一定的安全高度后，就可以通过操控右边的拨杆让无人机飞行以寻找满意的拍摄位置。可以通过目测查看飞机所在的位置，也可以通过无人机的图传画面查看无人机是否位于拍摄位置。确定好位置后精准悬停（不拨操作杆即为悬停）。拍摄前可根据实际情况构图，同时从各个角度测试一下，防止悬停不稳、高空风速过快等使画面抖动。

关于拍摄高度的选择，可以从两个方面考虑。一方面，因为后期需要进行补天操作，无人机一定要高于物体，并且因为没办法真正做到在一个位置完全不漂移，所以我们需要在拍摄的时候尽可能与被摄物拉开一段距离，不要离得太近。另一方面，拍摄高度也不是越高越好，当无人机飞出我们的视线范围，飞行风险也会增大，并且要注意不要飞入民航飞行领域。所以给初学者的建议拍摄高度为 50 米 ~100 米。

接下来将详细讲解以“手动操控”方式和“一键全景”方式拍摄 VR 全景图的方法。

7.5.4 手动拍摄 VR 全景图

大疆搭载 4/3 英寸 COMS 传感器的无人机，即目前常用的“悟”1、“悟”2 机型无人机没有“一键全景”功能。但这两款无人机因为有比上述具有“一键全景”功能的无人机更大的感光元件，从理论上来讲航拍 VR 全景图可以获得更细腻的画质，所以手动拍摄 VR 全景图是无人机用户需要掌握的另一基本功。

以大疆“悟”系列无人机标配的 X5 相机和镜头为例，其拍摄的水平及上下相邻图层重叠 1/4~1/3，分 3 层拍摄即可覆盖螺旋桨下方的空间，拍摄流程如下。

（1）水平拍摄层，无人机每旋转 40 度拍摄 1 张照片，拍摄 8~10 张照片即可首尾相接，如图 7-48 所示。

（2）向下俯拍第 2 层，无人机每旋转 50 度拍摄 1 张照片，拍摄 7~9 张照片即可首尾相接，如图 7-49 所示。

▲图 7-48

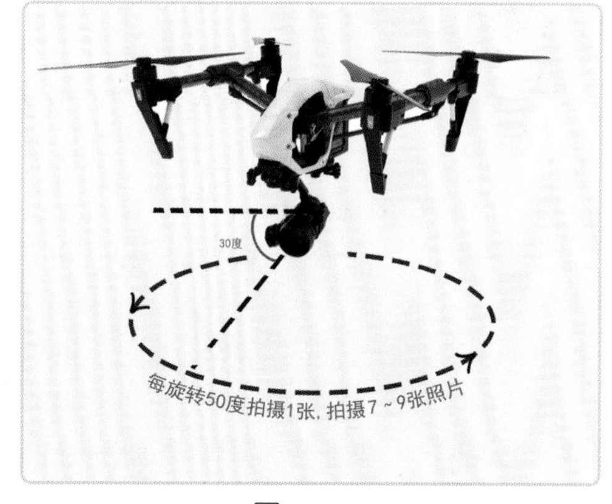

▲图 7-49

（3）向下俯拍第 3 层，无人机每旋转 90 度拍摄 1 张照片，拍摄 4 张照片即可首尾相接，如图 7-50 所示。

（4）最后垂直 90 度向下俯拍 1 张照片，如图 7-51 所示。

最少拍摄 20 张照片就可完成 VR 全景拍摄。实际拍摄中，考虑无人机在空中拍摄过程中可能会有位移等情况，可以在拍摄时将相邻图片之间重叠率增大，这样后期容错空间也大，便于拼接，以及为了能手动控制转动角度可多留出一些空间，一般可增大每层的重叠面积，增加拍摄张数。

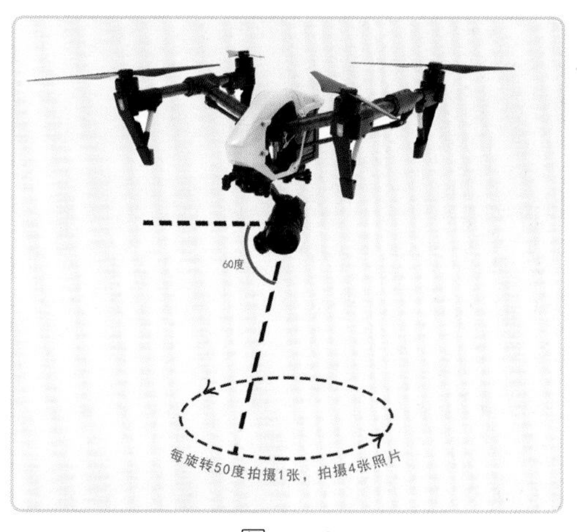

▲图 7-50

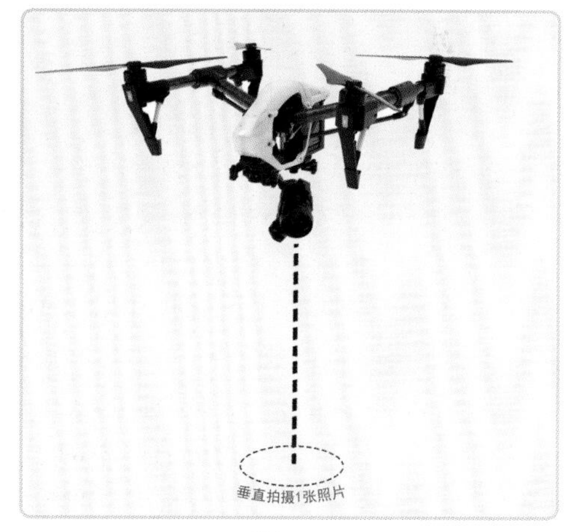

▲图 7-51

7.5.5 自动拍摄 VR 全景图

本小节以大疆“御”2 Pro 无人机为例讲解“一键全景”功能，“御”2 Pro 的“一键全景”功能可自动合成并自动补天，生成的 VR 全景成片总像素为 8 192 像素 ×4 096 像素。

找到【拍照模式】，选择【全景】，如图 7-52 所示，进入自动拍摄状态，点击【快门】按钮（球状图标）即可自动拍摄。

大疆无人机的【全景】拍摄很高效，配合自动旋转和镜头仰俯可拍完全部照片，拍摄流程如下。

（1）先水平拍摄第1张照片。

（2）镜头向下转动约30度拍摄第2张照片。

（3）镜头向下转动约70度拍摄第3张照片。

（4）镜头垂直向下拍摄第4张照片。

（5）在拍摄完前4张照片后，无人机逆时针平行转动45度。

（6）镜头向上转动约40度拍摄第5张照片。

（7）镜头向上转动约80度拍摄第6张照片。

（8）镜头水平上仰拍摄第7张照片。

（9）在拍摄完前7张照片后，无人机逆时针平行转动45度。

▲图7-52

（10）以此类推直至记录下全部影像，整个过程花费1分钟~2分钟，共拍摄26张照片。

最终我们得到了拼接1张VR全景图所需的所有图片素材，将它们导入拼接软件，通过拼接前的图片编号可以看出航拍的时候相机转动拍摄的基本流程，如图7-53所示。

▲图7-53

拍摄完毕后无人机会悬停在原地，可以开始准备返航。

7.5.6 返航降落

1. 返航

拍摄完毕后，应进行返航操作。返航的时候一定要注意无人机的机头（镜头）方向，建议初学者使机头（镜头）方向与自己所站的方向一致，这样在操控无人机前后飞行时的方向是正向的，不然会出现反向的情况，容易发生意外。我们可以通过遥控器监视屏的GPS定位图观察，如图7-54所示，箭头所指方向是机头（镜头）方向，通过箭头所指方向可以判断无人机机头（镜头）方向是否与自己所站的方向一致。

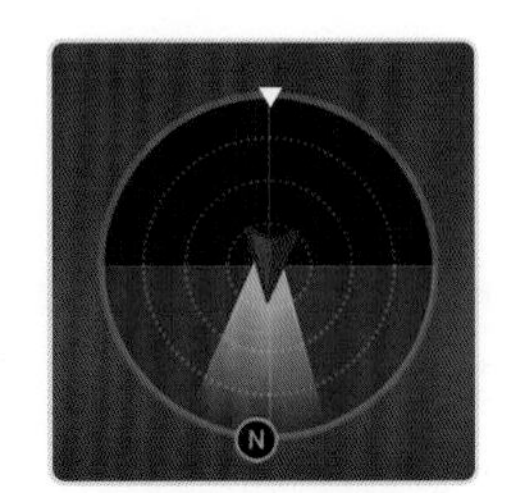

▲图7-54

2. 降落

当无人机飞回适合降落的位置上方后，就要准备降落了。当在进行降落操作时，一定要注意控制下降速度，最好是缓慢下降，防止无人机落地时损坏。与起飞对应，降落也有两种方式。

（1）自动降落。自动降落需要先设置自动返航的高度，如图 7-55 所示。可以先估计一下附近最高的建筑大概有多高，我们设定的高度要尽量高于这个高度（例如 50 米），这样无人机就会先上升到设定的最低安全高度后再返航。

▲图 7-55

自动返航的高度设定完毕后点击屏幕左侧的【自动返航】图标，向右滑动解锁，如图 7-56 所示，无人机就启动了自动返航程序，当无人机飞回起飞点正上方时，会缓慢自动降落。大疆“御”2 无人机有自动感应功能，如果机身下方有障碍物，无人机就会向上升（如果用手去接无人机，无人机也会感应到障碍物，会自己往上升，所以千万不要用手去抓无人机使其降落）；如果地面平整，到达地面后它会感应并自动关闭引擎。自动降落可以有效减少倾翻等事故的发生，适合初学者使用。

▲图 7-56

（2）手动降落。先使无人机返航，飞回到自己计划降落的位置，然后缓慢下调左侧拨杆，使无人机缓慢接近地面。在离地面 5~10 厘米处稍微推动拨杆，降低下降速度，直至无人机触地，将拨杆降到最低，锁定，等待无人机关闭引擎。

7.6 前期拍摄总结

任何一次拍摄都离不开前期的准备、中期的拍摄以及后期的处理。作者根据大量的拍摄经验，对前期拍摄的过程中经常遇到的重要问题进行了总结，前期准备工作和设置工作以及拍摄过程中的检查都是不容忽视的。对这些问题的注意可以给拍摄者带来更为稳妥、安心的拍摄体验。千万不要图省事而不去检查这些细节，因为摄影大师们往往就是在这些细节上面做得更好。

7.6.1 VR 全景拍摄的 5 项基本原则

1. 机位固定

在拍摄整组照片时，不论拍多少张素材，都是围绕一个中心进行的。镜头上下左右旋转都要以镜头节点为中心，这样可以保证在任何场景下拍摄出的 VR 全景图都能够拼接成功，并且基本不需要通过 PS 软件进行修补。

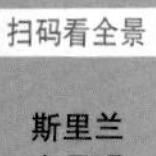
扫码看全景

斯里兰卡景观

2. 锁定相机设置

（1）白平衡：除自动白平衡以外的任意档位。

（2）感光度：除自动感光度以外的任意档位。

（3）焦点：选择好焦点后将镜头对焦模式设为手动对焦【MF】模式。

（4）光圈：使用手动模式【M】设置光圈值，根据现场情况选择光圈值。

（5）快门速度：使用手动模式【M】设置快门速度，根据现场情况选择快门速度。

（6）镜头焦距：拍摄整组照片时，镜头焦距保持不变。

（7）启动相机周边光亮校正功能，防止画面四周出现渐晕（暗角）。

设置好以上参数后，整组照片建议使用同一组参数进行拍摄。

3. 相邻照片重叠率达标

拍摄 VR 全景图时，相邻（包括上下左右）照片之间的重叠率不能小于 25%，这是一个原则，但也不要盲目地加大重叠率。拍摄照片还有一个原则，就是应该在尽可能短的时间内完成整组照片拍摄，在保证相邻照片之间的重叠率不小于 25% 的前提下，根据拍摄场景的实际情况，尽可能减少拍摄张数，以提高整组照片的拍摄速度。

4. 拍摄区域宁大勿小

在选好机位、设置完相机参数以后，拍摄之前要对所要拍摄的区域做到心中有数。实际拍摄的区域一定要大于所需获得的画面区域，拍摄区域宁大勿小。区域拍大了，剪裁很容易；如果拍小了，就只能重新拍摄了。

拍摄时，相机没有摆正，三脚架放置不水平，这些问题后期通过技术手段都可以处理，只要保证想要拍摄的区域全部采集进来了就好。

5. 拍摄张数宁多勿少

在拍摄之前，要对将要拍摄的区域需要拍摄的照片张数做到心中有数，拍摄时要按顺序依次拍摄，中间不要漏拍。在转动全景云台之前记录第 1 张画面拍摄的角度，在转动相应的角度时如果有所遗忘，建议可以多拍 1 张，拍摄张数宁多勿少。张数多了可以在后期整理时删除，但是张数少了，可能会导致画面有所缺失，这样就会无法弥补，只能重新拍摄了。

7.6.2 不利于拍摄的情况

在进行 VR 全景拍摄的时候，如果遇到快速移动的大型物体，或者遇到场景变换很快的情况，你就需要特别注意了，例如以下几种情况。

（1）发布会、聚会等活动现场，走动的人员比较多。

（2）公路上川流不息的车辆。

（3）灯光变换迅速的晚会。

（4）日出、日落时或天气变换快速的时段。

（5）在一个移动物体上拍摄外景，例如在船上或车上拍摄。

1. 光线快速变化的场景

例如，拍摄日出、日落（见图 7-57）、舞台或建筑灯光秀等。

▲图 7-57

2. 画面内有较大的活动物体

例如，拍摄有较多人员的活动场景，如图 7-58 所示，或者公路上川流不息的车辆等。

▲图 7-58

3. 光比非常大的场景

例如，安装了 LED 灯的演唱会现场、正在放映电影的电影院、舞会现场（见图 7-59）等。

▲ 图 7-59

7.6.3 特殊情况下的拍摄方法

我们知道 VR 全景拍摄是把多张照片组合在一起形成一张 VR 全景图，所以在相邻两张照片拼接的位置要保证不能有不完整（例如一半）的移动物体或人物。如果上一张照片记录了一半的移动物体，下一张相邻的照片却没有记录该移动物体的另一半，就会导致拼接完成后画面中的这个移动物体只有一半，而如果把这一半移动物体去掉，画面就会缺失，因为没有可以补充的画面。

如果现场环境复杂多变，为保障拍摄的效率，应尽量快速地记录水平视角的一组照片，再进行补天、补地的操作，这样能尽可能减少画面中人物的走动。

在光线变化复杂的情况下，优先记录光线变化快的角度（例如先拍摄有太阳的位置），抓取最好的画面，其他角度可以慢慢拍摄。

拍摄活动现场的时候，可以将机位升高，避免画面被人群遮挡，这样可以有效地避免人在画幅中的比例过大。

室内有 LED 屏幕时，使用包围曝光的方式进行记录。如果因屏幕下人员移动频繁等情况无法使用包围曝光，可以适当降低曝光参数，记录整组数据。在拍摄高光的画面时，调整相对于屏幕的正确曝光的参数，单独记录高光画面的一组图片，通过后期处理替换相应的内容。不过也可以利用这一特性进行趣味摄影，例如使用画面中都是残破的物体，或者实现画面中一个人出现多次的分身效果，如图 7-60 所示。

▲ 图 7-60

7.6.4 特别注意事项

1. 航拍注意事项

（1）起飞前确定电池电量，起飞后时刻观察电量，低电量后停止拍摄，避免为了一张图片导致无人机坠毁或丢失的情况发生。

（2）启动无人机之前要确保遥控器已经打开，关闭遥控器之前要确保无人机已经关闭。一定不要在遥控器处于关闭状态时启动无人机，因为如果无人机识别到一些干扰信号，而控制系统又没有处于打开状态，无人机就会偏离航线并失去控制。

（3）高度保持在 50~125 米，当无人机起飞后，必须将无人机保持在距离人群、车辆、建筑物、大型结构及受保护的纪念碑等 50 米以外的位置。

（4）一般无人机在非限飞禁飞区内，在遥控器模式（RC）下最高能飞 500 米，但是人眼基本无法看清 125 米以外的无人机，所以不建议飞得太高太远，尽可能保证无人机在自己的视线范围内。

（5）对于专业的无人机操作手来说，最大操作的距离是 500 米，再远就无法操作无人机了，建议不要使无人机处于自己的操作范围外。如果超出操作范围一定要密切关注雷达显示，实时了解无人机所在的位置和方向。

（6）拍摄时，通过观察监视器，保证相机拍摄到水平的照片。因为进行旋转时，无人机、云台会有一定波动，此时等待一会，以确保在这个角度拍到画面水平的照片。

（7）在日光条件下面对地面拍摄，尽可能遵行“宁欠勿曝”的原则，保证后期制作时的画面细节完整。

（8）一般后期拼接航拍照片的重合范围要尽量大一些才能顺利拼接，所以拍摄的照片张数越多越好。

2. 避免相机抖动导致画面模糊

避免相机抖动是摄影中应该非常注意的一个问题。作为合格的摄影师，首先需要做到的就是把画面拍清晰。想把画面拍清晰除了要准确地对焦，还需要注意避免相机抖动，以免画面模糊。为了保证画面清晰、景深足够大，我们通常会使用一个比较大的光圈，这样想要正常曝光，快门速度就会比较慢。虽然拍摄 VR 全景图通常都需要配合三脚架和全景云台来完成，但是三脚架的存在会让我们在拍摄的时候很容易忽略抖动的问题。例如在旋转相机后，相机还没有完全稳定的时候就直接手动触发快门，导致在拍摄的时候相机产生位移和抖动，这样就有可能导致拍摄的照片模糊。

我们在拍摄 VR 全景图的时候应如何避免相机抖动导致的画面模糊呢?

拍摄的时候触发快门建议使用 2 秒自拍模式，如图 7-61 所示，相机旋转完毕在准备拍摄下一张的时候，先让相机静止一下，在按下快门后让相机静静等待 2 秒后自动触发快门进行画面记录。5.3 节在硬件中特意提到了快门线，无线快门线就是可以避免画面抖动和提高拍摄的效率的一个辅助工具。

▲图 7-61

3. 无人机“一键全景”注意事项

（1）例如中午，太阳的高度较高，无人机拍摄不到太阳，这时机内自动合成的 VR 全景图将没有太阳的画面。

（2）“一键全景”目前只支持全程固定使用一个曝光值，在太阳所处位置不高的情况下将出现顺光和逆光，两种大光比的曝光值无法做到同时准确。如果以太阳高光部分为准进行曝光，那地面将严重欠曝；

如果以地面顺光部分为准进行曝光，那太阳将严重过曝。

（3）“一键全景”具备自动拍摄、自动合成的功能，是在手机上完成的。先下载拍摄的素材，再在手机上完成拼接，整个过程大约需要 2 分钟。最终拼接完成的照片很可能出现接缝，拼接完成会合成总像素为 8 000 像素 ×4 000 像素的 VR 全景图（并且没有 EXIF 信息）。

美人鱼岛

（4）解决办法就是保留“一键全景”自动拍摄时的 RAW 格式的素材，以顺光部分的主体曝光值为准进行“一键全景”。自动拍摄结束后，使无人机在同一机位用手动曝光模式采集高光部分适量曝光的素材，后期手动调整 RAW 格式素材转化并手动拼接。这样不只可以得到高光部和阴影部正常的 VR 全景图，还可实现大疆“御”2 Pro 无人机 VR 全景图成片的最高精度，即 27 000 像素 ×13 500 像素，总像素为 3.6 亿，这比自动合成长边 8 000 像素的“一键全景”成片（3 200 万像素 VR 全景图）的像素增加了 10 多倍。这一解决办法可以使“一键全景”的应用范围更为广阔。

4. 机位选择注意事项

（1）避免强光直射。鱼眼镜头的遮光罩比较小，注意避免射灯、强太阳光等的直射，一方面太阳光直射会导致拍摄出的画面炫光严重，另一方面会给后期带来处理影子等多余的工作。

（2）避免对着镜子。拍摄 VR 全景图时，如果镜头对着镜子会把镜子中的自己和三脚架记录到画面内，给后期带来多余的工作。如果实在无法避免，可以在对面拍摄一张照片，然后进行反向贴图。

（3）避免透视关系导致画面变形无法拼接。例如在一个围栏旁边或小茶几侧边拍摄，在补地操作的时候因为透视关系的变化，会导致画面无法拼接，斜拍补地的时候画面中高于地面的物体都无法矫正。

（4）避免相机肩带和身体入镜。相机的肩带应取下或者捆绑固定在相机上，拍摄时身体应注意避开镜头，以免记录到其他无关的物体，导致画面有所缺失而无法修复。

（5）避免影子入镜。在有影子的情况下，使用遥控器拍摄或设定 5 秒自动拍摄，防止影子被记录下来。

（6）避免在地毯等柔软地面上拍摄。在地毯或其他柔软地面上拍摄会导致全景云台转动，从而使中心视点错位，导致拼接错位，所以应尽量避免在柔软地面上拍摄。如果无法避免，可以在三脚架上挂置重物，保证其稳定性。

5. 拍摄后的检查

（1）检查一组 VR 全景图的画面是否记录完整，保证没有缺失画面，才可以在后期顺利地拼合。

（2）检查相机参数是否在中途发生变动，若发生变动有可能导致画面落差过大而无法拼合或拼合画面不协调。

（3）检查画面中是否有快速移动的物体被记录下来，或者记录的物体有缺失，如一半的人像、一半的汽车等，如果相邻画面无法替代，就会导致拼接后的画面中有残缺物体。

7.6.5 不使用全景云台拍摄

在熟练掌握拍摄方法的情况下，并非任何环境都必须使用专业全景云台进行拍摄。我们可以根据拍摄的画面、环境、远近景物、拍摄张数、使用镜头焦距长短等情况来决定是否使用专业全景云台进行拍摄，例如在拍摄远处山峦的风光接片的时候，使用球形云台或者手持转动相机拍摄均可达到拼接无错位的效果。但是还是要有节点概念，移动镜头的时候尽量围绕着节点旋转。

需要注意的是，用手持相机拍摄接片或者非节点转动相机拍摄接片，对不同的被摄场景和物体的要求是有区别的。在一个 15 平方米的房间内拍摄 VR 全景图，室内物品与相机的距离为 1~3 米，相机节点位移 1 厘米对后期接片的影响都是致命的。而站在一个很高的地方，比如在电视台发射塔上拍摄地面的 VR 全景图时，最近景物的物距都在一百米以上，相机移动几十厘米对于后期拼接的影响都是微乎其微的，这就是相对视差。视差大小由被摄物的距离决定，被摄物距离镜头越近，对节点的要求越高，反之亦然。这就是航拍 VR 全景图时无人机在空中悬停，被风吹动造成 3~5 米的位移其实对后期接片的影响都不大

的原因。在这种情况下同样可以完美地拼接出一个航拍 VR 全景图作品。

一般在拍摄大风光场景的时候，使用普通球形云台也可以拼接出大画幅场景。如果我们使用手持相机拍摄接片，我们可将托镜头的手作为竖轴，用脚做标记，转动身体进行拍摄，这样可以尽量保证拍摄出的内容是可以用的。如果没有办法判断身体转动的角度，那就需要通过观看取景器内的画面来判断，转动相机后拍摄的下一张照片应尽量保证较高的重叠率。一般我们使用鱼眼镜头是可以通过手持相机拍摄出 VR 全景图的，大画幅接片还勉强可以应对，而使用标准直线镜头是很难完成 VR 全景图的拍摄的。

无论拍摄任何接片都使用专业全景云台，严格控制镜头节点绝对没错。前期严格操作，后期就会省事得多；若前期偷懒就会给后期带来麻烦。

7.6.6 拍摄视点选择建议

关于地面 VR 全景拍摄视点的选择，有一种最方便的方法，即通过人眼观看四周，自己所能看到的空间都会被记录下来。这与平面摄影的构图方法有所不同，平面摄影有很多的构图方式，其表现手法会有所偏差。当然不管是 VR 全景图还是平面图，一张照片都需要有一个明确的主题。关于主题我们依然可以利用近大远小的透视关系来表达。例如要拍摄一个雕塑，可以离雕塑尽量近一些，以表现它是这个 VR 全景作品的主题；如果要拍摄一个房间，可以选择在房屋的中间范围进行取景，尽量展示更多元素，避免被柜子等物体遮挡，这样可以完整地表现这个房间的空间感。

贴士

因为 VR 全景摄影师是通过后期拼接合成一张 VR 全景图的，所以在拍摄时为了保证拼接的准确度，建议与被摄物保持一定的距离（建议 1 米以上，小空间特殊拍摄情况除外），这样可以保证画面拼接准确，同时不会产生太过夸张的变形，不会使画面失去美感。由于 VR 全景图可以组合成一套系列作品，10.3 节会讲解 VR 全景图在一些特定行业的拍摄视点选择，你可根据不同的拍摄环境选择合适的机位进行拍摄。

第8章 后期拼接

第 8 章总述

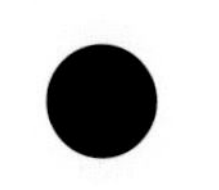

本章主要讲解如何对采集的内容进行后期拼接处理。如果你没有关注本书在前期有关拍摄的讲解中提到的注意事项，在后期拼接合成作品时你就会发现其重要性，前期忽略的一个小小的细节就有可能造成后期无法拼接或者画面模糊等后果。后期的拼接和软件操作是 VR 全景摄影的一个难点。本章会对 PTGui 进行全面讲解，对 VR 全景摄影中最常用的功能进行重点讲解，希望你可以认真学习。

8.1 PTGui

PTGui 是一款很好用的图像拼接软件，是荷兰 New House Internet Services B.V. 公司研发的产品。PTGui 是目前 VR 全景摄影师最常使用的图像拼接软件之一，该软件支持 Windows 操作系统和 Mac 操作系统，并且提供免费试用版，试用版输出的作品会有 PTGui 的水印，目前正式版 PTGui 有两个版本：PTGui（普通版）和 PTGui Pro（增强版）。这两个版本的软件对应的功能会有一些差异，其中 PTGui Pro 拥有 HDR 拼接、蒙版、视点校正、渐晕、曝光、白平衡校正等功能。

本书主要对功能更丰富的 PTGui Pro 的相应功能进行讲解，并以 Mac 操作系统为例，这款软件在 Windows 操作系统中的操作流程在与 Mac 操作系统中的操作流程是相同的，各个功能仅样式、名称、快捷键不同而已。另外为减少版本混淆的影响，本书统一将 PTGui Pro 称为 PTGui。

PTGui 软件中最重要的功能就是对相应的图片进行拼接处理，在图片拼接的过程中，它会智能化地对图片进行对齐、校准，并且会对相邻两张图片的接缝进行融合，使其更加自然。通过 PTGui 拼接出的图片还可以生成并输出多种类型的全景图观看效果，例如直线、柱面、全帧鱼眼、立体投影、墨卡托投影、等效透视、球面（360 度 ×180 度等效圆柱）、小行星 300 度立体投影等。现在我们就开始详细讲解这款软件。

8.1.1 PTGui 的特点

其实除了 PTGui，还有一些软件也可以进行图片拼接，例如 Adobe Photoshop（PS）、Autopano Giga (APG)。PS 软件可以处理矩阵接片，但是处理 VR 全景接片就有些困难。APG 也是一款不错的 VR 全景拼接软件，这个软件更适用于全景视频的拼接融合。对于 PTGui 这款软件，官方总结了以下几个优点。

（1）合成快速。PTGui 的拼接速度很快，它使用了 OpenCL GPU 加速。在适当的硬件的基础上，PTGui 在 30 秒内就可以缝合出 10 亿像素的 VR 全景图。

（2）自动化强。只需将图片导入 PTGui 中，它就会自动计算出图片是通过怎样的关系进行重叠的。PTGui 可以缝合多行图片并支持各种不同镜头拍摄出的图片相互拼接。

（3）容错率高。PTGui 的拼接能力比较强大和稳定，即使在视差较大的情况下也可以合成 VR 全景图的基本样貌。

8.1.2 基本功能

从 2001 年 7 月 PTGui 第 1 个版本上线开始，到 2021 年 3 月 PTGui 12 的版本的发布，这个软件已经经历了 20 年的迭代。我们会对 PTGui 10.15 版本的基础功能进行讲解，8.5.3 小节会对 PTGui 11.7 版本更新的功能进行介绍。虽然软件在不断地升级，但是其基础原理和功能逻辑都是相同的，只要我们了解了其原理和操作方式，不管什么版本都可以应对自如。

PTGui 10.15 版本高级模式的工具窗口分为方案助手、创建全景图等 13 个选项卡，如图 8-1 所示，我们常用到的 10 个功能如下。

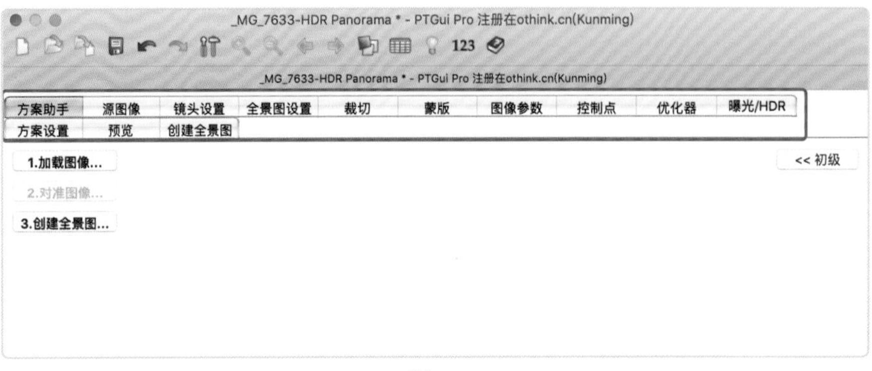

▲图 8-1

（1）拼接器功能：自动和手动以及批量拼接图片。

（2）细节查看器功能：在图片拼接的过程中可进行实时预览和调整。

（3）智能识别相片参数功能：支持不同参数镜头拍摄的图片的识别与导入以及手动输入。

（4）位置优化功能：相邻图片通过控制点控制和优化图片的位置关系。

（5）蒙版功能：保留和消除图片的元素。

（6）数值变换功能：对图片的水平或垂直状态进行调整。

（7）视差优化功能：对视差的优化和对图片的畸变矫正。

（8）曝光调整功能：对整体的曝光和单独图片的曝光调整、曝光融合及白平衡调整。

（9）投影功能：支持输出多种投影效果。

（10）创建输出功能：多种格式和类型的 VR 全景图片输出。

以上功能都是通过调出不同的对话框和窗口来进行操作的，接下来会按照 VR 全景图的制作流程展开对常用功能、重点功能的讲解。

8.1.3 软件拼接流程

VR 全景图的制作流程很简单。只要前期严格按照要求进行拍摄，后期仅仅需要不到 5 分钟的时间就可以制作出 1 张没有错位的 VR 全景图。但是如果前期不注意拍摄的规范，后期想要拼接出 1 张完美的 VR 全景图可能需要数个小时的处理，甚至有时候还会产生无法拼接等难以弥补的问题。那时我们只能重新拍摄，但是有些场景只有 1 次拍摄机会，例如婚礼现场、比赛活动等。

在前期练习中一边拍摄一边进行拼接处理，你就会发现问题所在，再回过头去注意前期拍摄的规范，这样或许能更好地帮助你学习。

言归正传，拍摄好 VR 全景图素材后，后期拼接只需要简单的 3 步。

（1）加载图像——将拍摄好的素材导入（加载）PTGui 中，如图 8-2 所示。

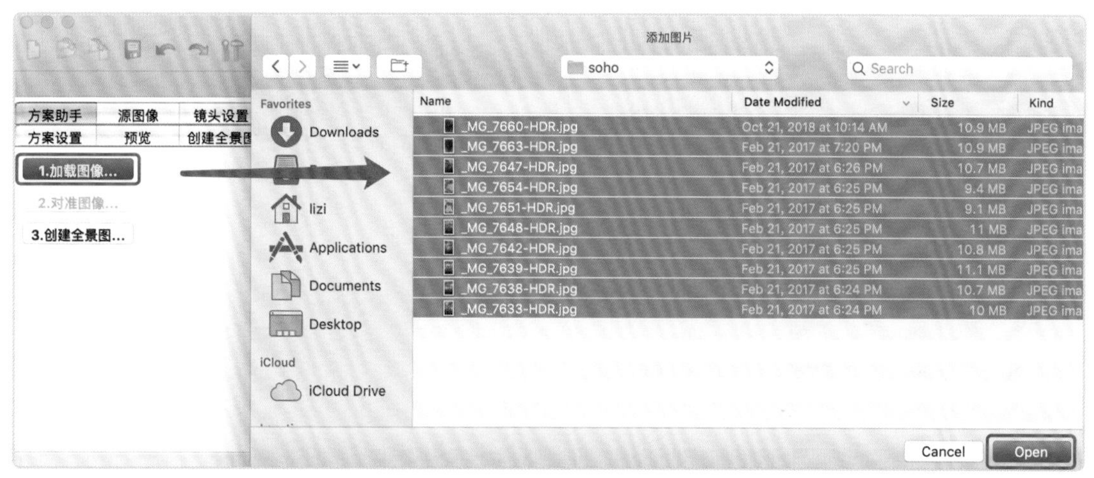

▲图 8-2

（2）对准图像——弹出进度条，等待拼接和对齐，如图 8-3 所示。

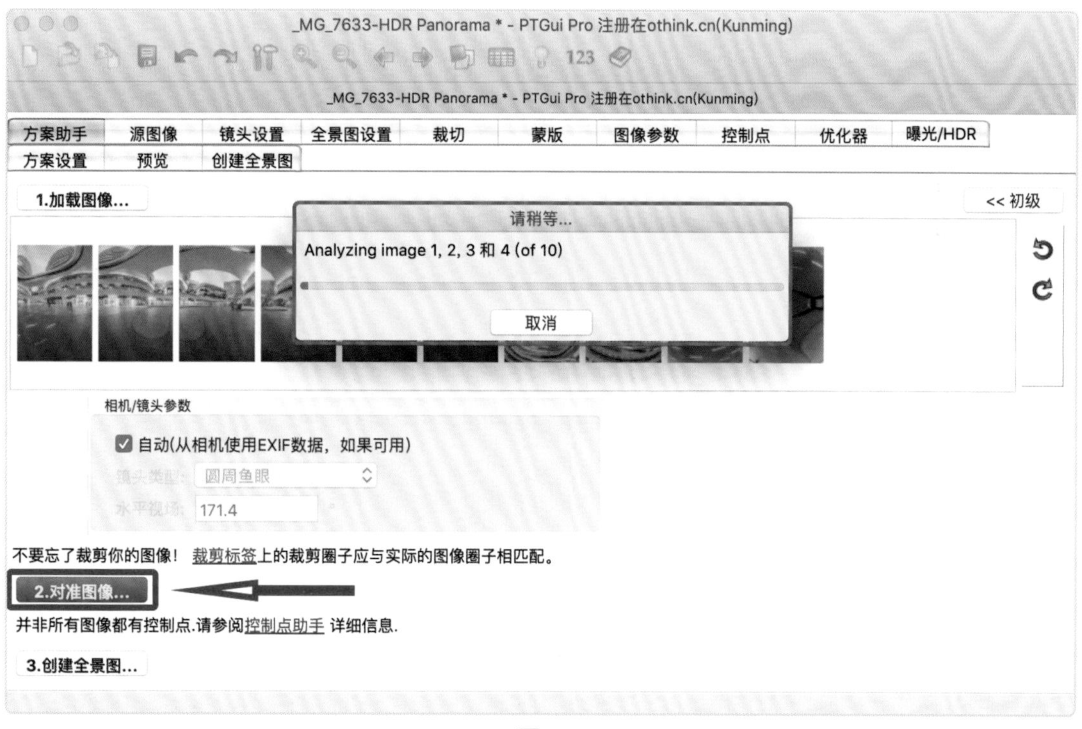

▲图 8-3

（3）创建全景图——设置合适的尺寸即可创建 VR 全景图，如图 8-4 所示。

这个流程看似简单，但是想要保证这个过程不出任何意外，就需要对软件提前进行设置并充分了解软件中的每个功能在这个流程中的作用。

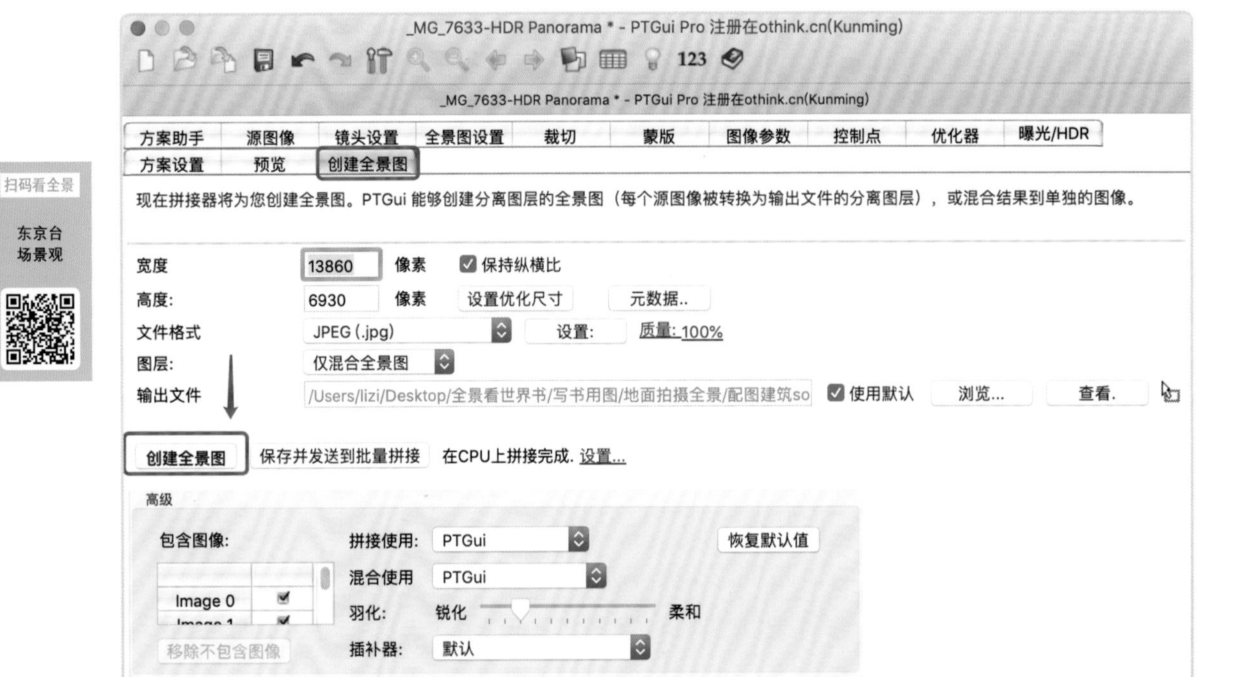

▲图 8-4

8.2 基本设置及简介

8.2.1 运行硬件

目前市面上大多数不同配置的计算机都可以安装 PTGui 软件来拼接 VR 全景图，但如果你想要提高效率，那就建议使用具有以下硬件规格的计算机。

（1）内存（RAM）: 16GB 及以上。内存中的数据访问速度比普通磁盘的存储速度快很多。

（2）磁盘：建议使用固态硬盘（Solid State Disk，SSD），而不是机械硬盘。特别是在拼接大像素 VR 全景图时，使用固态硬盘进行临时存储将大大缩短拼接时间。如果使用外部磁盘，需要使用 USB 3.0 接口连接。

（3）显卡：PTGui 具有 OpenCL 硬件加速功能，可显著缩短拼接时间。

（4）处理器：PTGui 是多线程的，因此它在具有更多核心的处理器上运行得更快。但是，启用 GPU 加速后，磁盘处理速度通常会出现瓶颈（在计算机配置不高的情况下，需要关闭 GPU 加速），所以可以主要在硬盘和内存上提升计算机性能。

（5）操作系统。PTGui 需要在 Windows 7 或更高版本以及 MacOS 10.9 或更高版本的操作系统上运行。

8.2.2 界面介绍

当我们打开 PTGui 软件后，可以看到初始界面，如图 8-5 所示。

▲图 8-5

单击【高级 >>】会调出更多的选项卡，如图 8-6 所示。

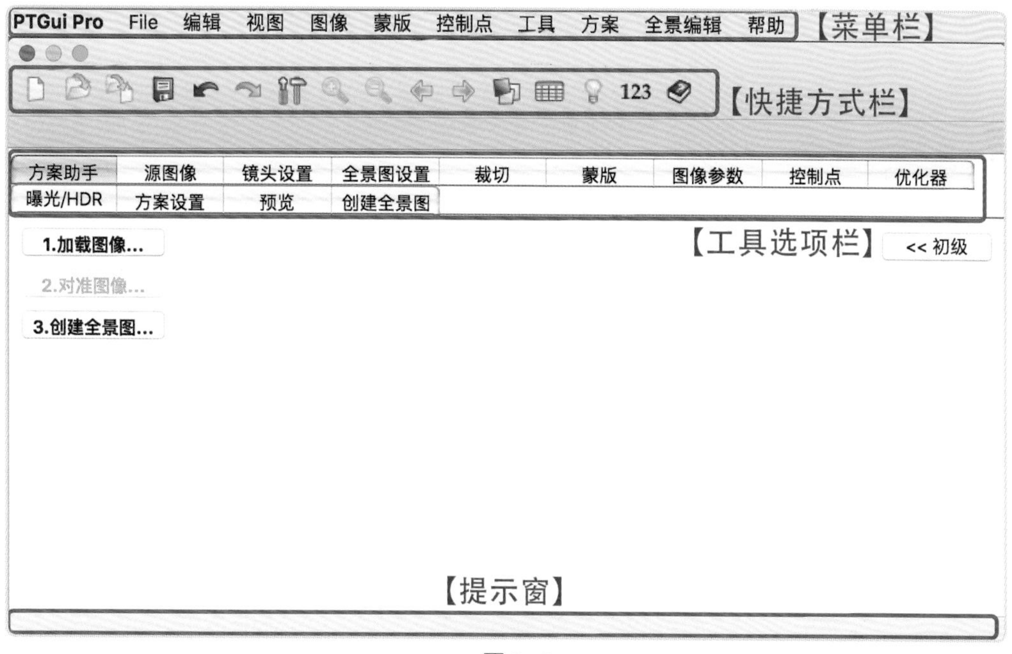

▲图 8-6

高级界面包含了 10.15 这个版本的所有功能，并不是每个功能都是常用功能，针对不同的情况会用到不同的功能。我们需要先了解并学会使用基础功能，当你能够快速完美地拼接出 1 张 VR 全景图时，就可以对其他功能进行研究探索，这里主要针对最常用的功能进行讲解，以帮助你快速制作出第 1 张属于自己的作品。

PTGui 的界面从上至下依次是菜单栏、快捷方式栏、工具选项栏，如图 8-6 所示，PTGui 的软件操作主要是通过各种窗口的调出，以及对窗口中的功能进行设置等方式对图片进行处理。

8.2.3 菜单栏

菜单栏包含【PTGui Pro】【File】【编辑】【视图】【图像】【蒙版】【控制点】【工具】【方案】【全景编辑】【帮助】。单击每一个选项卡都会弹出一个下拉菜单，展示出对应选项卡的功能列表，如图 8-7 所示，我们可以通过这些功能对软件进行设置、对图片进行处理。

扫码看全景

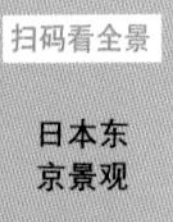

日本东京景观

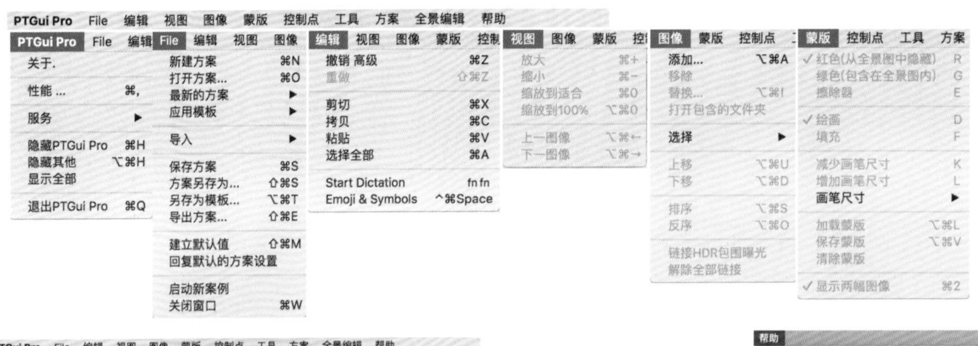

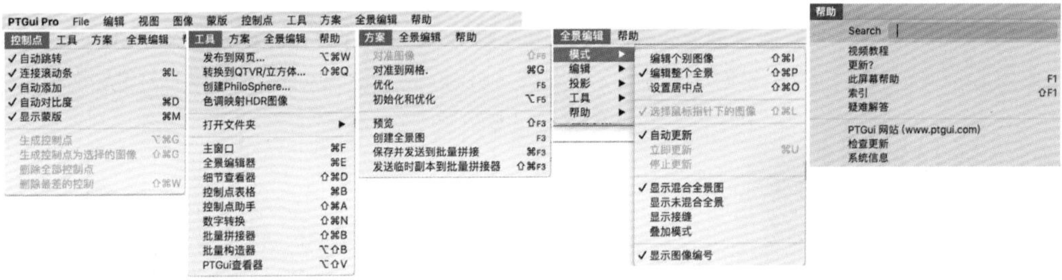

▲图 8-7

8.2.4 快捷方式栏

快捷方式栏如图 8-8 所示。

▲图 8-8

（1）【新建方案】：重新建立一个 VR 全景图制作方案。

（2）【打开方案】：重新打开一个 VR 全景图制作方案。

（3）【应用模板】：为导入的 VR 全景图应用之前保存的方案模板。

（4）【保存方案】：将操作至一半或已经完成的方案保存为 PTS 格式的文件。

（5）【撤销】：返回上一步操作，使用【Command+Z】组合键。

（6）【重新制作】：重新开始缝合 VR 全景图的内容。

（7）【性能设置】：调出“性能”窗口，进行性能设置。

（8）【放大源图像】：将源图像放大查看，按钮默认是灰色，在选择【裁切】【蒙版】【控制点】选项卡时才可以使用。

（9）【缩小源图像】：将源图像缩小查看，使用条件同上。

（10）【上一张源图像】：切换到上一张源图像，使用条件同上。

（11）【下一张源图像】：切换到下一张源图像，使用条件同上。

（12）【全景编辑】：调出“全景编辑”窗口，可以对 VR 全景图进行编辑操作。

（13）【控制点表】：调出“控制点”窗口，用于查看控制点的数量及误差。

（14）【控制点助手】：调出“控制点”窗口，显示控制点的状态提示。

（15）【数字转化】：通过【数值变换】调整图像的三轴方向。

（16）【帮助】：弹出软件的功能帮助介绍。

在这 16 项功能中，我们常用的功能有【打开方案】【保存方案】【撤销】【全景编辑】【控制点表】等，后面会按照拼接流程对它们进行详细讲解。

8.2.5 工具选项栏

单击【高级 >>】调出的工具选项栏（见图 8-9）的不同选项卡功能如下。

方案助手	源图像	镜头设置	全景图设置	裁切	蒙版	图像参数
控制点	优化器	曝光/HDR	方案设置	预览	创建全景图	

▲图 8-9

（1）【方案助手】：基本操作流程页面，最重要的是导入创建全景图的操作。

（2）【源图像】：查看单张源图像的基本信息，可以增加和删减源图像，或调整源图像的排列顺序。

（3）【镜头设置】：设置镜头类型参数，以便软件识别、拼接源图像。

（4）【全景图设置】：用于对 VR 全景图进行视场和投影效果的设置，例如标准直线、小行星投影等。

（5）【裁切】：对单张源图像进行剪裁设置，可用于控制制作 VR 全景图的某一张图片的选取范围。

（6）【蒙版】：对 VR 全景图内需要显示的内容进行保留和擦除。

（7）【图像参数】：用于查看每一张源图像在合成后的 VR 全景图中的位置关系的数值。

（8）【控制点】：对相邻图片的控制点进行操作，用于确定图片的位置关系。

（9）【优化器】：调整源图像和镜头参数，使 VR 全景图的拼接效果更加优质。

（10）【曝光 /HDR】：用于 HDR 合成以及渐晕或异常光线、颜色的矫正融合。

（11）【方案设置】：定义方案特性的设置和方案被加载到批量拼接器时的设置。

（12）【预览】：可用于创建低分辨率的 VR 全景图，能够预览拼接效果。

（13）【创建全景图】：对拼接调整完毕的 VR 全景图进行输出和设置。

在这 13 项功能中，我们常用的功能有【方案助手】【源图像】【蒙版】【控制点】【优化器】【创建全景图】等，后面会按照拼接流程对它们进行详细讲解。

8.2.6 首次使用 PTGui 的设置

首先我们需要对 PTGui 软件进行基本设置，以保证拼接的快速高效。单击快捷方式栏的【性能设置】（见图 8-10）或者单击菜单栏的【PTGui Pro】（见图 8-11）下拉菜单中的【性能 ...】，进入“性能”窗口（Windows 操作系统中称为选项）对初次运行的 PTGui 进行设置。

▲图 8-10

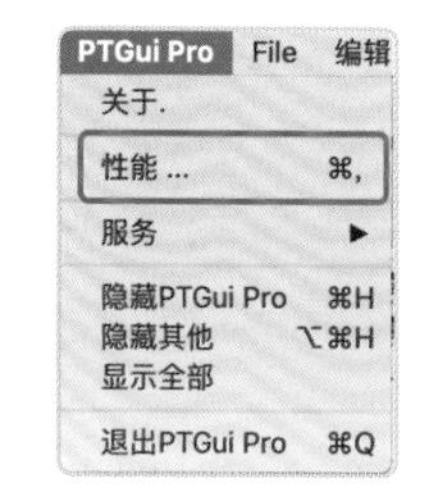

▲图 8-11

1.“性能”窗口内容

“性能”窗口包含【常规】【EXIF】【文件夹 & 文件】【查看器】【控制点编辑器】【控制点生成器】【全景编辑】【全景图工具】【插件】【高级】选项卡，如图 8-12 所示。

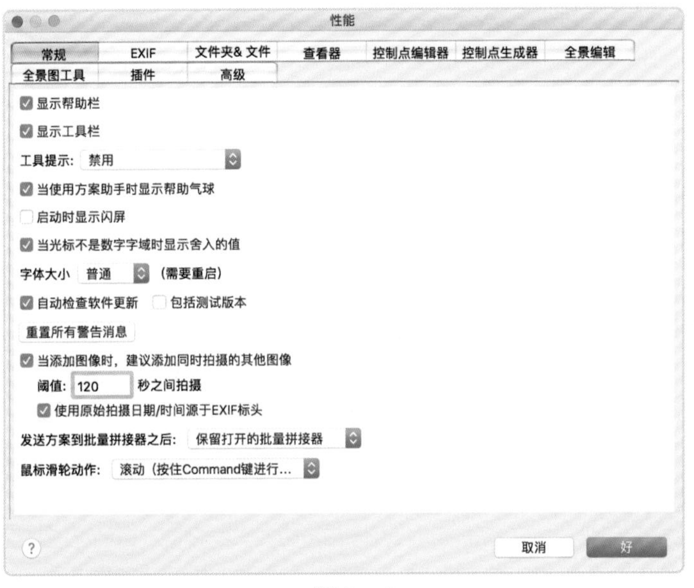

▲图 8–12

2. 对临时文件的存储位置进行设置

根据计算机硬盘的情况，可以在“性能”窗口的【文件夹 & 文件】选项卡中配置 PTGui 用于临时存储的驱动器，如图 8–13 所示。

▲图 8–13

因为一张 VR 全景图所占内存通常都比较大，特别是使用 TIFF（扩展名为 .tif）图像格式进行处理，或者源图像比较多，又或者处理大像素源图像时，占据的总内存就会更大。在这种情况下，PTGui 软件处理图片的时候会生成很多临时文件，会大量占用计算机的硬盘容量。系统默认将临时文件储存在 C 盘（一般称为系统盘），系统盘一般都不是大空间的磁盘，这样系统盘空间很容易就满了。这就有可能导致图片处理失败，或者处理速度非常缓慢。所以我们可以选择外挂磁盘或者使用计算机中的多个磁盘存储临时文件，如图 8–14 所示选择多个存储位置即可。

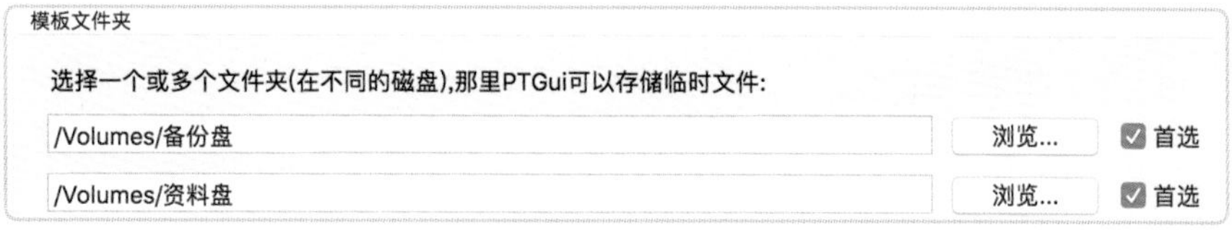

模板文件夹

选择一个或多个文件夹(在不同的磁盘),那里PTGui可以存储临时文件:

/Volumes/备份盘 浏览... 首选

/Volumes/资料盘 浏览... 首选

▲图 8-14

3. 对文件的处理速度及内存分配进行设置

可在“性能”窗口的【高级】选项卡中设置 PTGui 对处理的 VR 全景图的上限大小，勾选【允许拼接甚至估计超过 4GB 大小的 TIFF/PSD 文件】(见图 8-15)即可处理容量在 4GB 以上的图像。对内存资源的分配，一般可以默认计算机自动分配内存资源。PTGui 可以使用 OpenCL GPU 加速，这需要配合相应的 CPU 以及 GPU。需要注意的是，当你的计算机没有独立显卡时，请不要启用 GPU 加速。

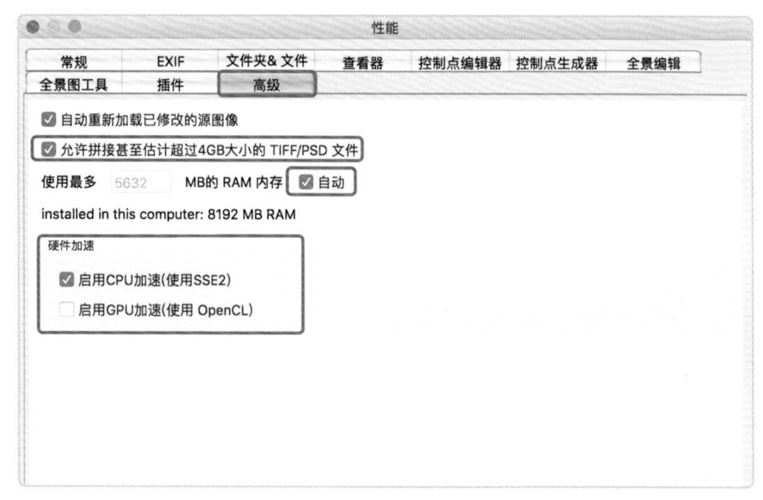

▲图 8-15

4. 对控制点生成数量进行设置

在“性能”窗口的【控制点生成器】选项卡中可以设置每个图像中生成控制点的数量，默认是 15 个，我们可以设置为 100~150，如图 8-16 所示，这样可以有效地帮助每对图像生成更多的控制点来准确控制相邻图片的位置关系。增加控制点生成的数量对计算机的处理性能的要求也会变高。

▲图 8-16

“性能”窗口下的其他功能可根据需要自行设置，除上述设置外，建议初学者前期使用默认设置，以免设置错误导致 VR 全景图无法拼接。

开始拼接
控制点应用

8.3 开始拼接

扫码看全景

火神山
雷神山

有了对这个软件的初步认识，接下来就跟随本书对制作 1 张完美的 VR 全景图所需要的处理步骤进行深入了解吧！

一切准备就绪，现在正式开始 VR 全景图的后期拼接。VR 全景图的拼接会用到 PTGui 的大部分核心功能。当你熟练掌握 VR 全景图的拼接方法时，就可以对传统的矩阵接片、银河接片、大像素接片等进行探索了，正所谓一通百通。有了 VR 全景图拼接的基础铺垫，掌握其他接片的拼接方法也就不难了。当你成功拼接出第 1 张 VR 全景图的时候，你一定会爱上这项技术。

通过拍摄实践你应该已经拍摄好了 1 组源图像，我们使用 JPEG 格式的图片进行讲解。第 9 章会讲到 RAW 格式的图片的解码及后期调色，这些操作可以让你的作品更加出彩。本节主要讲的是拼接的技法。

这里准备了 2 套拼接前的原始素材，分别使用不同的镜头拍摄得到。图 8-17 所示为 28 毫米等效焦距的手机镜头拍摄的图片素材（为了方便观看，补地和补天的图片没有包含在内），图 8-18 所示为 15 毫米等效焦距的鱼眼镜头拍摄的图片素材。

▲图 8-17

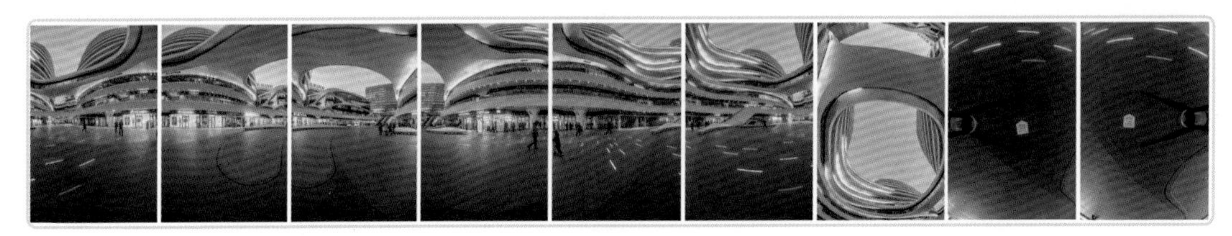

▲图 8-18

8.3.1 加载图像

打开 PTGui 后，在【方案助手】选项卡内单击【1. 加载图像 ...】会弹出“添加图片”窗口。调整路径找到所拍摄的源图像，将源图像全部选中，PTGui 将会把源图像载入软件中，如图 8-19 所示，也可以直接将源图像拖入软件中。

共加载了 10 张图片，其中包含每转动 60 度平行拍摄 1 次的 6 张图片、2 张朝地面拍摄的图片以及 2 张朝天空拍摄的图片，如图 8-20 所示。

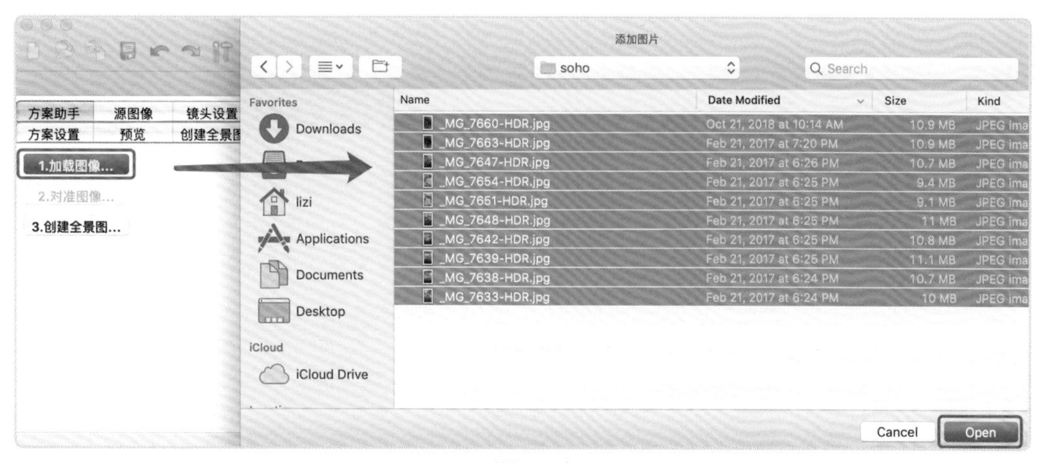

▲图 8-19

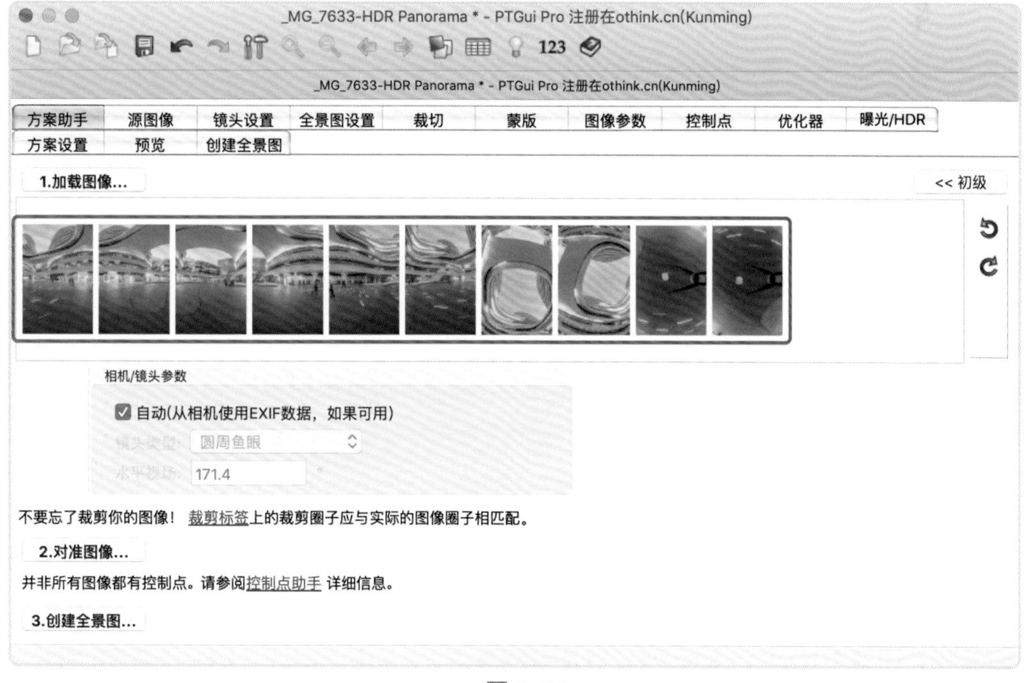

▲图 8-20

在加载源图像后一般会遇到两种情况，分别是镜头参数可以自动识别和无法自动识别。

（1）加载图像的时候自动识别出这组图像的 EXIF 数据（可交换图像文件格式），软件会自动填写镜头类型、焦距、焦距乘数信息，如图 8-21 所示，这种情况可以直接进行下一步操作。

▲图 8-21

（2）加载图像的时候无法自动识别出这组图像的 EXIF 数据，“相机 / 镜头参数”选项区中的选项是灰色的。无法自动识别图像信息的处理办法如下。

①对拍摄的 RAW 格式的图片的后期解码处理完毕后，导出的图像丢失了 EXIF 数据，这时候你可以设置导出的图像包含元数据信息。

②如果遇到在加载图像的时候无法识别出这组图像的 EXIF 数据，此时取消勾选【自动】选项会弹出一个窗口，这时可以在其中手动设置参数，如图 8-22 所示，可以直接将镜头类型、焦距和焦距乘数（或图像传感器尺寸）填写上去，如果不知道如何填写可以回到第 6 章了解镜头焦距的相关知识。

扫码看全景

三亚天涯镇

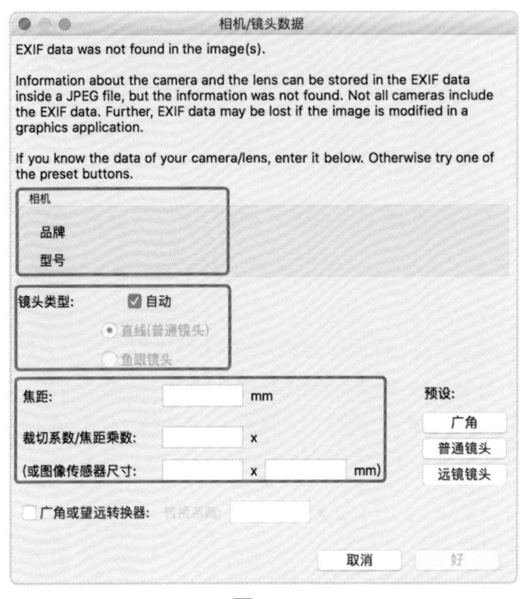

▲图 8-22

③如果导入的是一个拼接好的 VR 全景图，镜头类型可以选择【等距圆柱全景图】，如图 8-23 所示，这种情况通常是对已经拼接好的 VR 全景图进行中心点调整或水平调整等处理。

▲图 8-23

如果软件已经自动识别相应参数，但在后面的操作中依然无法正常拼接，或者拼接的画面不正常，有可能是 PTGui 的识别有误，那就需要根据图像的实际情况对镜头参数进行修改。

一般选择加载源图像后，PTGui 会自动识别出这组图像的 EXIF 数据，但是有时候也会发生无法自动识别的情况。如果无法自动识别图像的 EXIF 数据，会导致之后的拼接工作无法正常进行，所以需要特别注意！

8.3.2 对准图像

图像加载完毕、镜头参数设置完成后，单击【2. 对准图像 ...】会弹出一个进度条提示正在“对齐控制点 ...”，如图 8-24 所示。

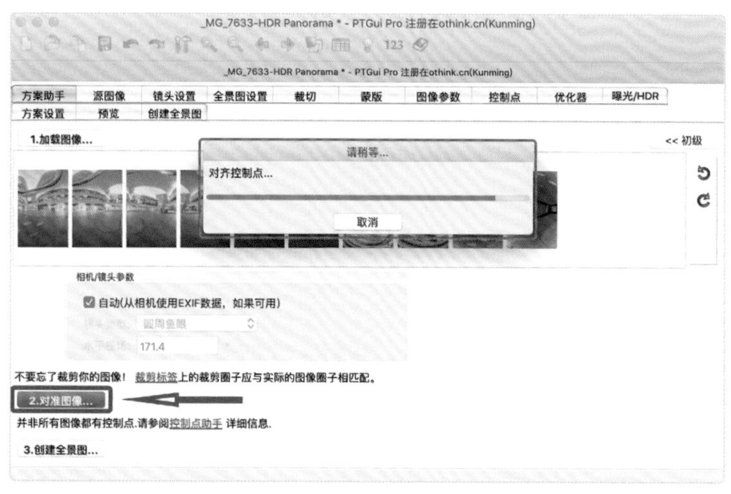

▲图 8-24

经过 PTGui 自动化拼接（包括加载图像、识别每个图像的位置关系、添加控制点、对齐控制点等步骤）后，将弹出初步拼接的 VR 全景图，如图 8-25 所示，如果是这种情况就可以进行下一步操作。

▲图 8-25

在拼接完成后也有可能出现如图 8-26 所示的这种情况。

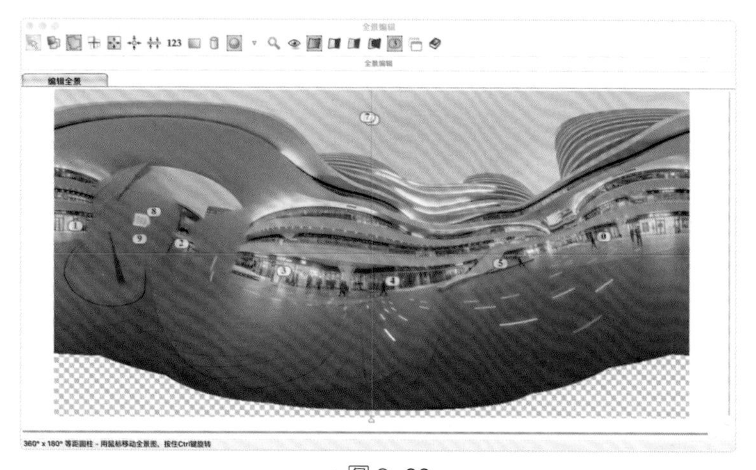

▲图 8-26

图 8-26 所示为地面上的三脚架没有按照对应的位置融合起来，伴随出现“控制点”窗口在【控制点助手】选项卡中提示图像 8 和图像 9（补地的两张图）没有和其他图片形成控制点，如图 8-27 所示，导致补地图片无法放到对应的位置。

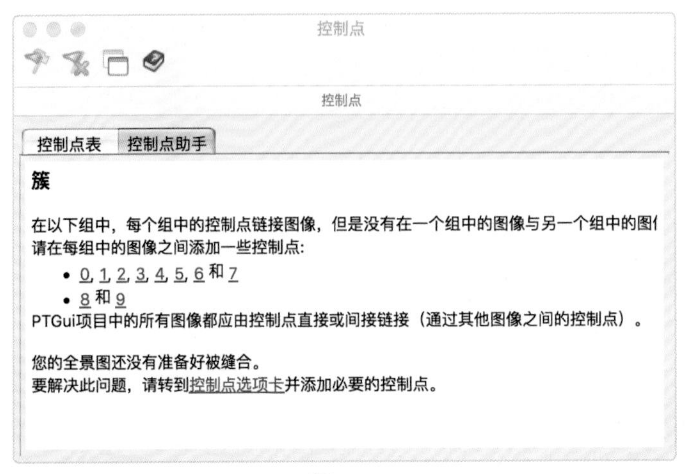

▲ 图 8-27

如果遇到这样的情况，通常可以选择关闭并重启软件，再按照之前的步骤重新加载源图像，再次或多次对准图像，直到出现如图 8-25 所示的情况。出现如图 8-26 所示的补地图像没有对齐的情况大致有以下 3 种原因。

1. 计算机性能问题

如果计算机的配置比较差、内存小、处理器处理能力差等，会导致软件运算时无法达到拼接对应的图像的性能要求。因为每一次对准图像都是基于特征相关的拼接算法来处理的，在处理大像素的图像时，对计算机的性能要求更高。可以通过升级计算机配置来解决此类问题。

2. 补地时的节点位置偏离过多

补地时的节点位置偏离过多会导致视差过大、透视关系错误。斜拍补地、手持补地等方式容易导致补地画面无法对齐。

3. 地面没有明显的控制点生成物

补地的画面过于单一会导致无法生成控制点，例如白色的无纹理的瓷砖地面等。相邻画面要有足够丰富的特征，才更加利于拼接。遇到这种情况我们可以在地上放置一些小标志物，例如在地面放置镜头盖或硬币等参照物，方便后期识别对准图像。

对准图像后需要对 VR 全景图的细节进行检查和处理，以保证输出图像的质量。

如果无法自动将补地画面与整体对齐，不用担心，我们还可以通过手动的方式将图像对准。

8.3.3 控制点应用（重点）

控制点（见图 8-28）是 PTGui 中的核心功能之一，也是一张图片是否可以成功拼接的关键。控制点可以理解为控制两张相邻图片的位置关系的锚点，相邻的图片就是靠这些准确的锚点成功拼接的。

在拍摄 VR 全景图的时候，相邻图片的 25% 的重叠部分在这里就发挥作用了，PTGui 就是依据相邻图片重叠的部分，通过自动或手动添加控制点来识别图片，从而进行拼接的。所以，控制点的准确度，直接影响了拼接的效果。

在 8.2.6 小节我们已经讲解过如何设置控制点生成的数量，可根据自己的需要调节每对图像生成的控制点数量。

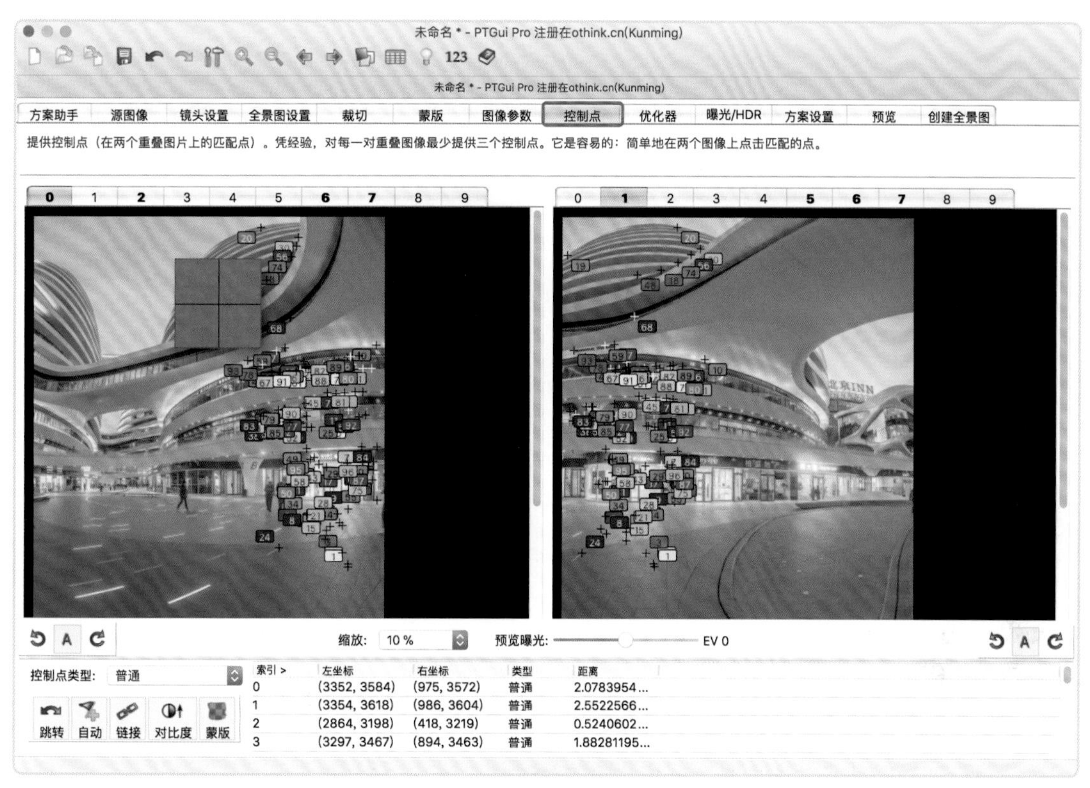

▲图 8-28

1. 控制点应用场景

制作一张 VR 全景图需要用到控制点功能来调整图片位置的情况一般有以下几种。

（1）初次对准未拼接成功。在初次对准图像的情况下，有的画面没有拼接成功，例如补地的画面没有与整体对齐，包含一张或多张图像没有任何可识别添加的控制点的情况。

（2）出现错位等。相邻图片拼接的位置出现错位或者重影，例如补地的画面虽然可以与整体对齐，但是对齐的位置是偏的，这时需要手动添加准确的控制点。

（3）整体图像无法拼接。项目中部分图像没有任何可识别添加的控制点，例如我们拍摄的画面为蓝天或纯白色墙壁。这种情况需要手动拖动图像到相应的位置，再通过手动添加控制点的方式进行对齐。

2. 手动对齐补地方法

（1）如果无法自动对齐补地的画面，这时就需要手动将其对齐。首先确保除补地画面以外的图片是准确对齐的。单击【全景编辑】（见图 8-29），或者按【Ctrl+E】组合键（Windows 操作系统）或【Command+E】组合键（Mac 操作系统）进入“全景编辑”窗口。

▲图 8-29

扫码看全景

孟加拉人文纪实

（2）单击工具栏中的图标（见图 8-30 左上角红框内），或按【Ctrl+Shift+I】组合键（Windows 操作系统）或【Command+Shift+I】组合键（Mac 操作系统）将【全景编辑】切换为【编辑单个图像】模式。

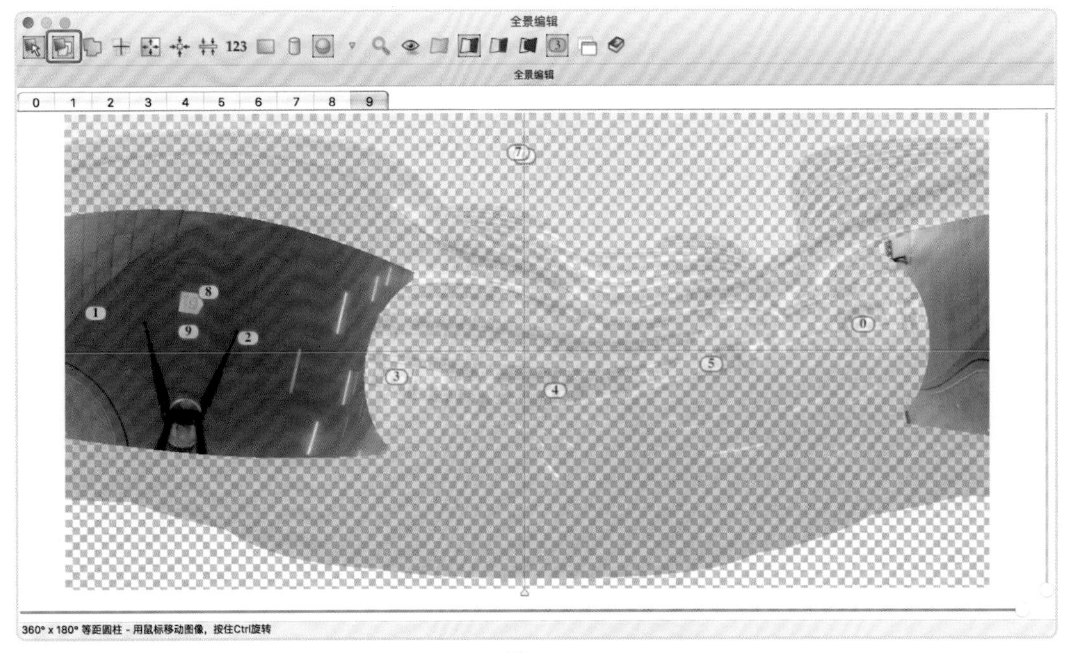

▲图 8-30

（3）在【编辑单个图像】模式下，选择补地图像，分别拖动图像 8 和图像 9 与已经对齐的图像进行手动对齐，如图 8-31 所示。使用鼠标左键可以移动图像，使用鼠标右键可以旋转图像，让图像与其他平行拍摄的画面重叠。将补地图像拖动对齐为图 8-32 所示样式，选择地面的特征，红框位置可以作为对齐的参考位置。

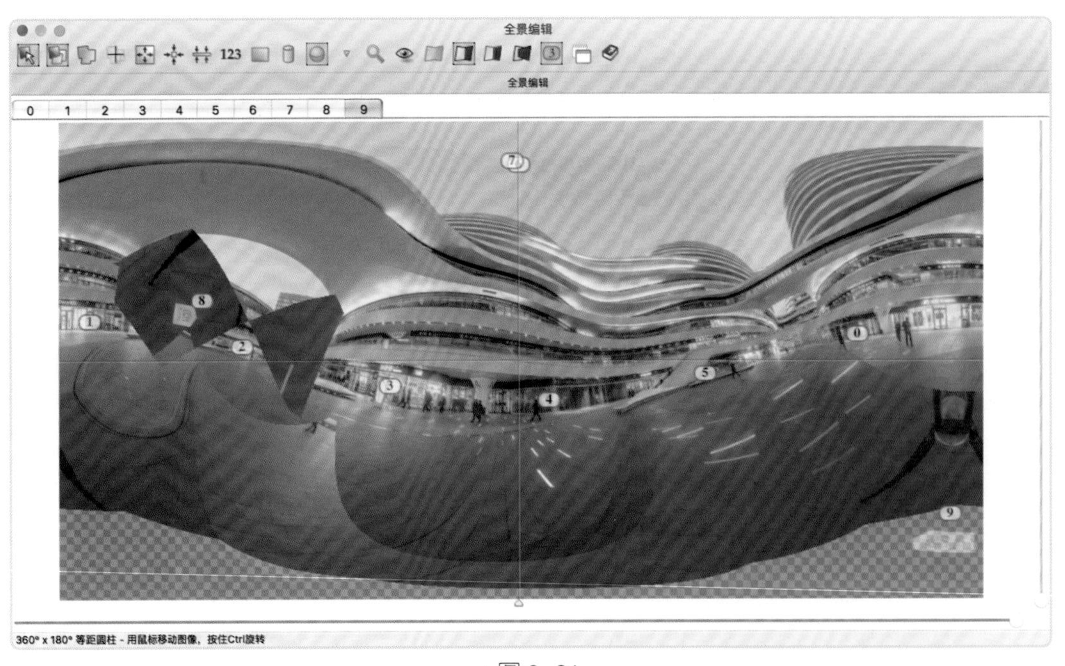

▲图 8-31

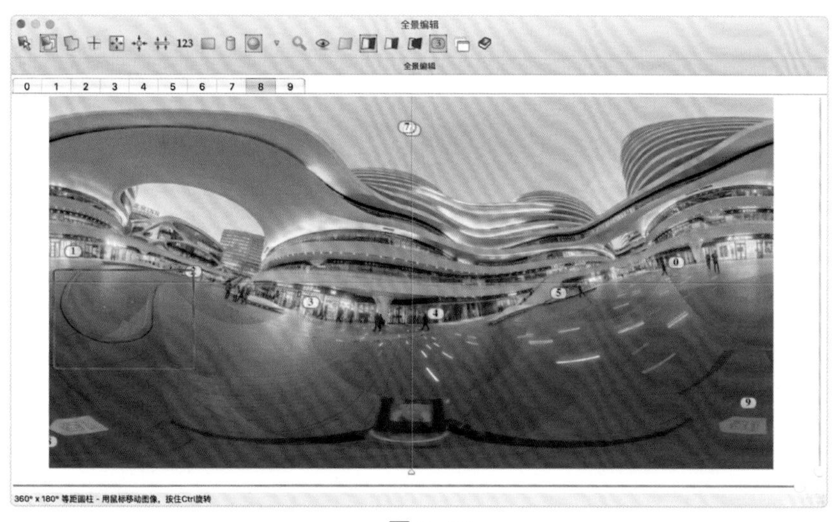

▲图 8-32

（4）调整补地图像的位置后，返回主窗口，选择【高级 >>】-【优化】-【运行优化器】（或按【F5】键）对图像进行优化。优化过程中可以忽略有关缺少控制点的警告，优化完成后可以看到画面完成了缝合，这时候可能会出现拼接错位的情况。接下来我们就要对错位进行校准。

贴士

首先还是需要确保前期拍摄的素材是正确的，相机应围绕镜头节点旋转拍摄照片。本次使用的是外翻补地的方法，对于 VR 全景图而言，所有素材都应从完全相同的视点拍摄。

3. 减少控制点误差

（1）优化完成后会弹出“优化器结果”窗口，平均控制点距离的数值如果达到 20（像素）或更多，通常则表明存在视差问题。图 8-33 所示的平均控制点距离为 2.926484，在合理范围内。

（2）图 8-33 所示的最大控制点距离的数值比较大，一般有两种原因，一种是图像中存在重复结构，则控制点生成器可能会错放一个或多个控制点；另一种是 VR 全景图中有移动的物体，例如天空中有缓慢移动的云，或者有移动的行人或汽车等。

（3）我们需要找到这些错位的控制点。选择【工具】-【控制点表格】（见图 8-34）或按【Ctrl+B】组合键（Windows 操作系统）或【Command+B】组合键（Mac 操作系统）调出表格。

▲图 8-33

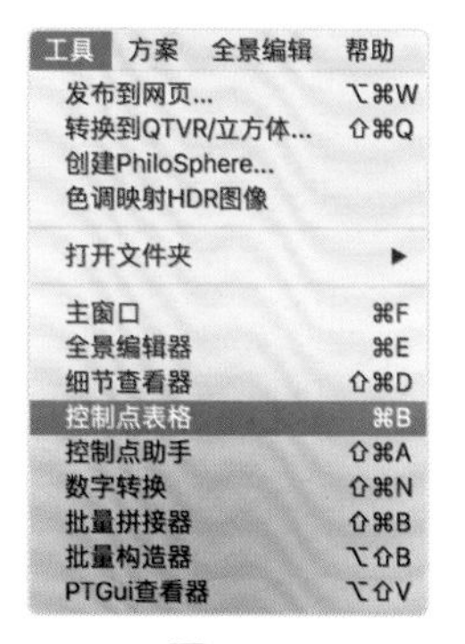

▲图 8-34

（4）控制点表格中的距离表示相邻图片中控制点的对齐之间的误差（以像素为单位）。默认情况下，表格按距离的升序排列（见图 8-35），对齐状况最差的控制点位于列表的顶部。通常保留距离小于 5 的控制点，距离值较大通常表示存在问题。保证控制点数量足够的情况下直接按住【Shift】键并单击选中表格中距离较大（距离超过 5）的控制点，再单击鼠标右键选择【删除】（见图 8-36）或者按【Delete】键删除。在控制点少的情况下，可以直接双击控制点，将会弹出控制点在图像中的位置，此时可再进行调整。

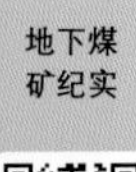

扫码看全景

地下煤矿纪实

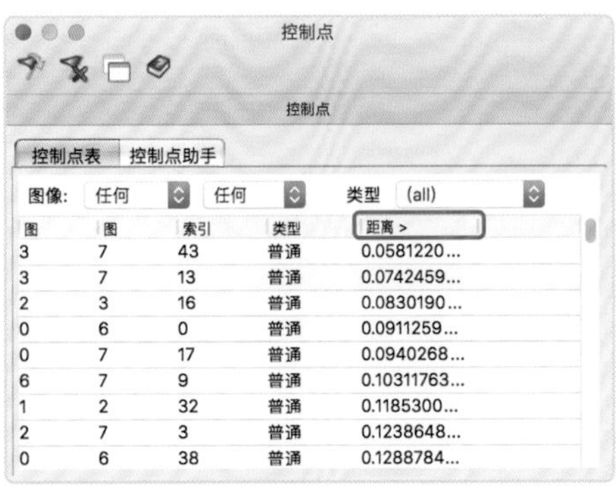

▲图 8-35

▲图 8-36

如果有些相邻的画面的特定区域中没有控制点，则 VR 全景图中的相应位置可能会出现错位。图 8-37 的红框中是拼接错位示例。

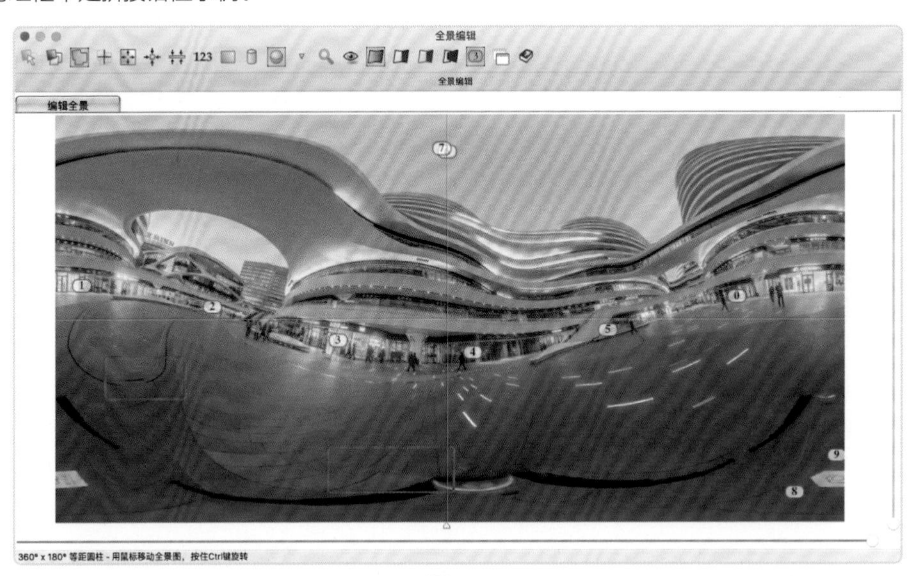

▲图 8-37

如果无法看清图像的错位情况，可以通过【细节查看器】（见图 8-38）查看错位的位置并确定是哪一对图像产生的错位。由图 8-39 可见，错位是由图像 2 和图像 9 产生的，移动右侧的滑块可以放大细节查看器（提示栏会显示对应的 FoV 值）。还可以将此窗口缩小，放到界面的右上方，通过移动“全景编辑”窗口中的【放大镜】顺着拼缝的位置查看拼接错位情况。

▲图 8-38

▲图 8-39

4. 添加控制点

我们可以切换到【控制点】选项卡，通过手动添加控制点来确定相邻图像的位置关系。

（1）切换到【控制点】选项卡，找到没有控制点的源图像 2 和源图像 9，当鼠标指针处在图像 9 中有细节和纹理的位置上时，鼠标指针会变为“+”状，在图像 2 中相应的细节纹理处会出现“×”状，如图 8-40 所示。

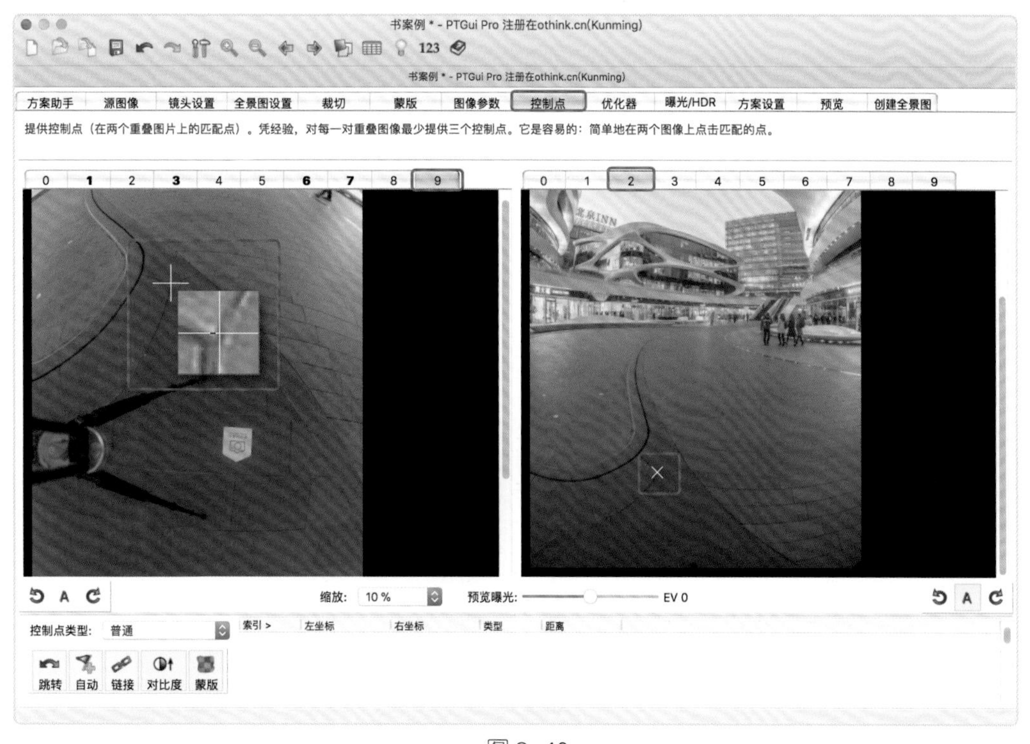

▲图 8-40

贴士

如果发现图像 2 中鼠标指针没有变为“×”状，有可能是这两个画面没有对齐。我们可以在【编辑单个图像】模式中拖动对齐。

扫码看全景

湘西风光

（2）通过放大器放大图像 9，在“+”字形标识处单击添加控制点，再在图像 2 中对应的位置单击，即可生成 1 个控制点，如图 8-41 所示。

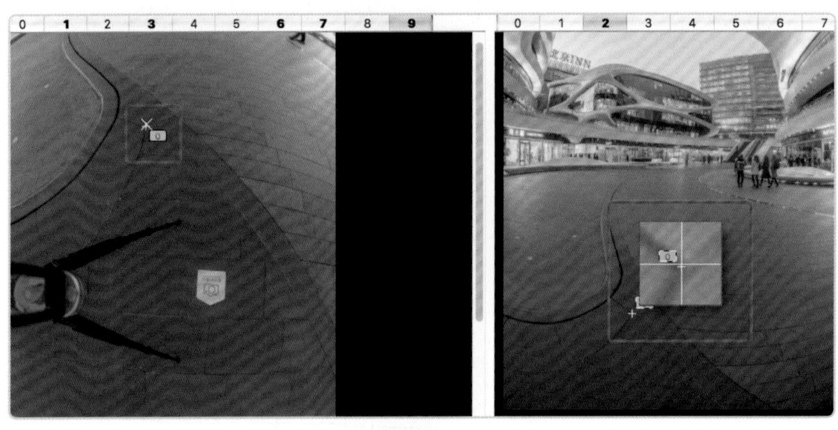

▲图 8-41

以相同的方式在每对图像中添加控制点，最少添加 3 个控制点。当在图像 9 上手动添加第 3 个控制点的时候会弹出 1 个智能匹配的进度条（见图 8-42），说明系统已经自动识别到了两张图像的基本位置关系，系统会在图像 2 上自动匹配位置。

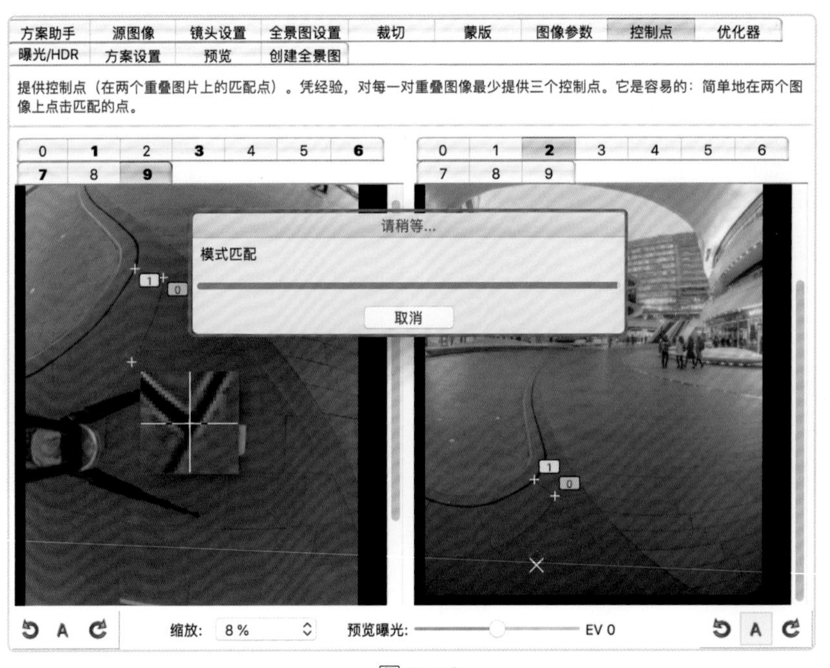

▲图 8-42

（3）通常添加 3 个控制点之后，在图像 9 内按住【Shift】键并单击可以框选 1 个区域（见图 8-43），在选框中单击鼠标右键可批量添加控制点，选框中会自动添加控制点“3”和“4”，如图 8-44 所示。

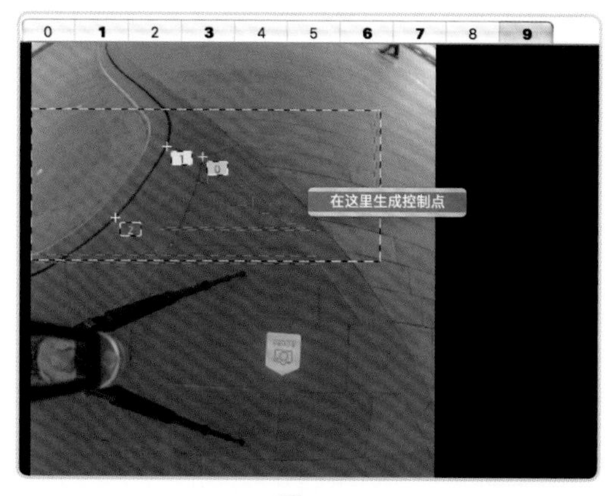

▲图 8-43

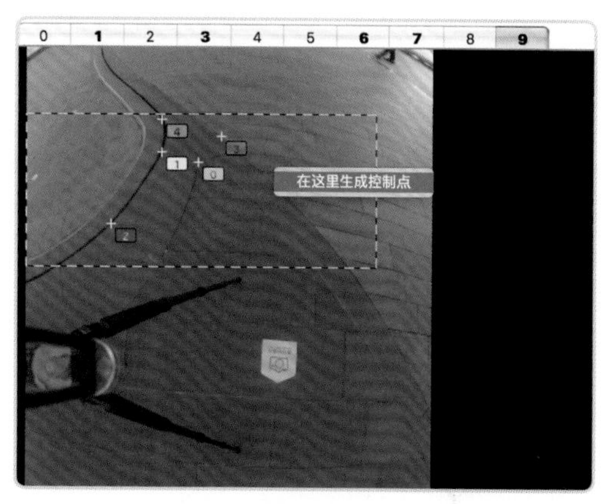

▲图 8-44

（4）需要注意的是，补地的图像 9 与相邻的每一张图像都需要添加控制点，如图像 9 和图像 0，图像 9 和图像 1、图像 9 和图像 3 等。

贴士

添加控制点是一个很烦琐的过程，所以建议尽量在初次对准图像的时候就让 PTGui 自动将补地的画面对齐到画面中。如果补地的画面有足够多的细节和纹理，PTGui 通常都可以将其对齐到整体画面中。通过控制点对图像的位置关系进行确定，这项操作适用于很多场景，如错位调整和矩阵接片等。

5. 优化控制点

（1）当添加完控制点之后，必须要用优化器优化一下，新的控制点才会生效。切换到【优化器】选项卡，单击下方的【运行优化器】（见图 8-45）或按【F5】键，这样软件会根据你添加的控制点来重新对准图像。

▲图 8-45

（2）优化完毕会弹出“优化器结果”窗口显示优化结果，有时候会出现“not bad”（还不错）的情况（见图 8-46），我们可以看到地面位置的图像拼接错位虽然有所改善，但是错位情况依然存在。在我们的案例中，水平拍摄的画面是围绕着节点拍摄的，节点误差非常小，但是补地拍摄时很难将节点控制精准，想要将在节点不准的情况下拍摄的图像对齐到 VR 全景图中，我们需要进行视点优化处理。

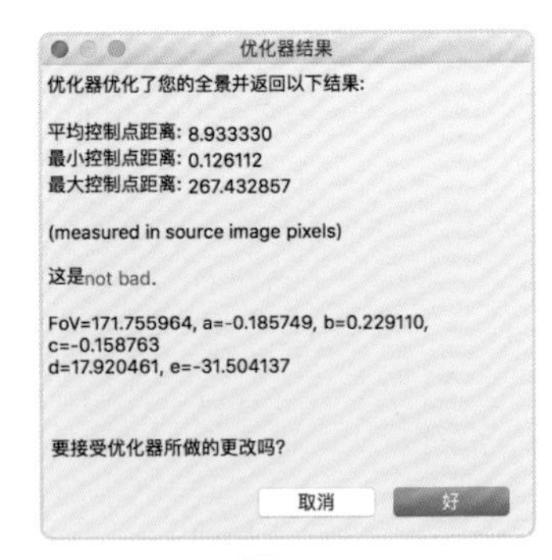

▲ 图 8-46

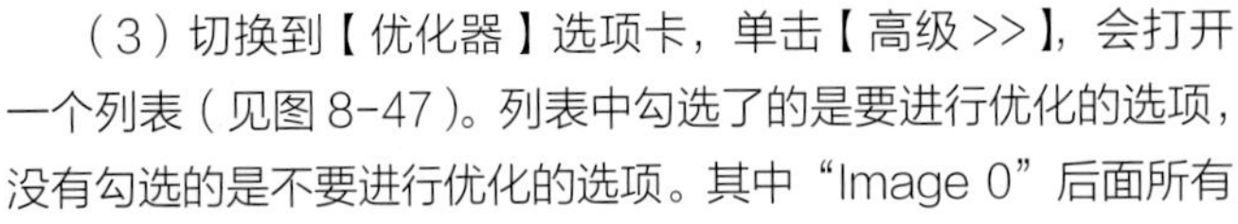

（3）切换到【优化器】选项卡，单击【高级 >>】，会打开一个列表（见图 8-47）。列表中勾选了的是要进行优化的选项，没有勾选的是不要进行优化的选项。其中“Image 0”后面所有的选项都没有勾选，意思就是“Image 0”完全不动，也就是以“Image 0”为基准对其他的图像进行微调，所以需要保留一个图像的选项是全不勾选的。

（4）这里“Image 8”和“Image 9”是补地图像，需要为“Image 8”和“Image 9”手动勾选【Viewpoint】（视点优化）（见图 8-47），其意思是在节点不是很准确的情况下通过系统的算法进行匹配对齐，那么这很可能意味着图像存在视差。单击【运行优化器】，神奇的事情发生了，刚才的错位被消除了。

▲ 图 8-47

贴士

视点优化功能可以在节点不是很精准、误差小的情况下对个别图像进行调整。如果所有的图像围绕的节点都不准确，视点优化功能也很难将错位消除。

（5）由图 8-48 可见，红框内的拼接处没有错位了。

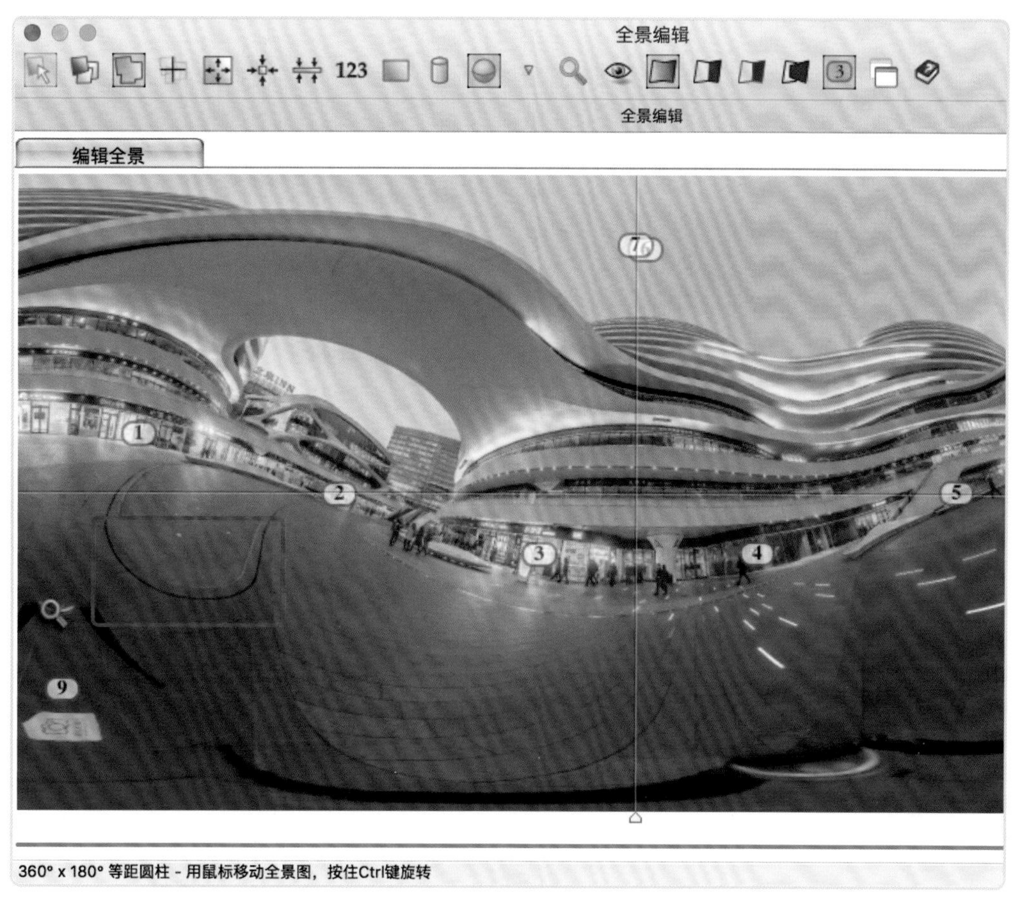

▲图 8-48

在【细节查看器】中检查错位修复情况，可以拖动【放大镜】顺着拼缝的位置查看之前有错位的地方的修复情况。如还有错位没有处理好，重复之前的步骤，手动添加控制点再校准优化图像，直至错位消除为止。如果多次尝试还不能消除，那就有可能是拍摄时的节点视差太严重了，导致无法修复，需要通过前期拍摄来改善此类现象，或后期使用 PS 软件修复。

8.3.4 蒙版应用

拼接和对齐的问题已经解决了，在使用多张照片创建 VR 全景图时，画面中有移动对象也可能导致拼接不顺。例如，在场景中走动的人可能在VR全景图中出现了两次，或者甚至可能被两张重叠图像之间的接缝切成两半。此外，还有在补地拍摄时可以看到三脚架的问题。

蒙版应用

这时候我们需要使用蒙版功能对我们不想要的物体进行擦除处理。

（1）PTGui 的蒙版功能使用起来非常简单。切换到【蒙版】选项卡，面板下方红色代表消除，能隐藏混合 VR 全景图中的某些部分。绿色代表保留，表示我们希望在 VR 全景图中看见的部分。我们可以调整画笔尺寸来涂抹图像或使用油漆桶填充整体图像。

（2）当鼠标指针移动到画面上的时候，鼠标指针会变成画笔状，鼠标指针在一张图像上显示为画笔状时，在另一张图像中的对应位置会显示为“×”状（见图 8-49），此时鼠标可以用于定位图像是否有可填充的内容。

贴士

我们可以使用两种颜色进行“蒙版”绘制。如果通过红色“蒙版”消除物体，要保证相邻画面的特征区域可以填充，其中的空缺将使用来自相邻画面的重叠图像的像素来填充，如果相邻画面无法填充，这时使用红色“蒙版”就会出现画面缺失（输出后缺失部分根据设置变为黑色或透明）。

▲图 8-49

（3）这组 VR 全景图由 10 张使用鱼眼镜头拍摄的图像组成。通过【细节查看器】观看 VR 全景状态下的效果，拖动画面查看低视角，可以看出补地图像中有两个三脚架的支撑脚，如图 8-50 所示。

（4）切换到【蒙版】选项卡，选择最低点补地图像 8 和图像 9，再选择红色“蒙版”画笔，调整好画笔的尺寸就可以进行绘制了，将三脚架涂抹成红色来隐藏三脚架。

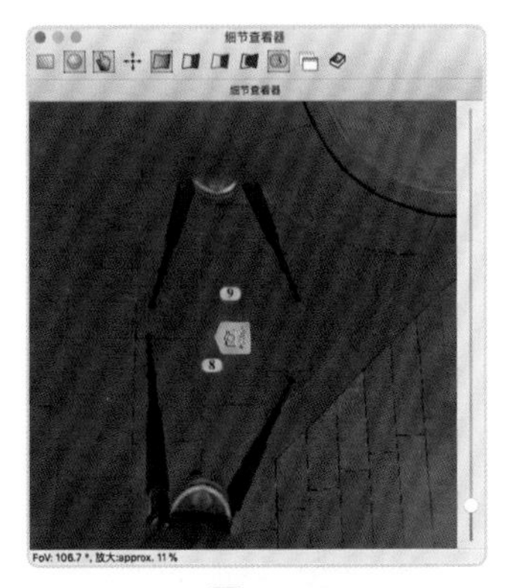

▲图 8-50

贴士

涂抹的时候有一个技巧，缩放合适的画面大小，并且调整画笔尺寸，单击三脚架底部后按住【Shift】键，再单击三脚架的上端点，会出现一条直线，以此方法形成一个三脚架的封闭区域，使用填充工具可填充封闭区域。红色“蒙版”封闭区域形成后，可以单击鼠标右键，在弹出的快捷菜单中选择【填写这里】，即可快速填充需要填充的位置，如图 8-51 所示。

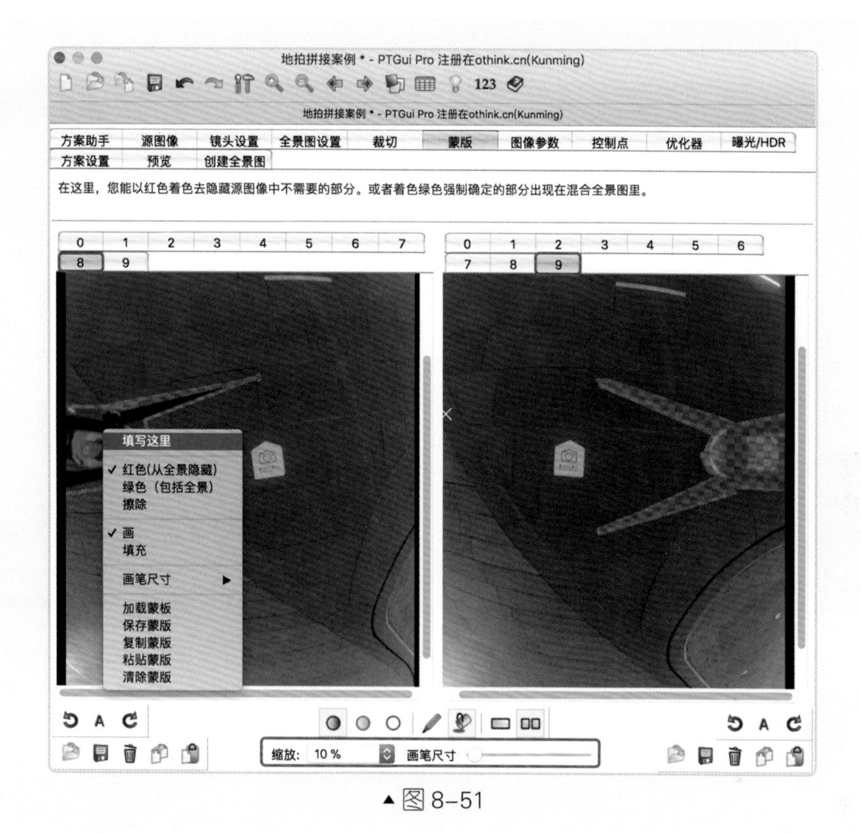

▲图 8-51

（5）通过【细节查看器】观看 VR 全景状态下的之前查看的位置的效果，可以看到三脚架完全消失了，如图 8-52 所示。

（6）单击【细节查看器】中的【显示接缝】，如图 8-53 所示。会发现地面上的标识被分割成两半，导致其有细微的错位。切换到【蒙版】选项卡，通过绿色“蒙版”来保留其中一个补地画面中的标识，图像 9 的地面标识被保留，如图 8-54 所示。

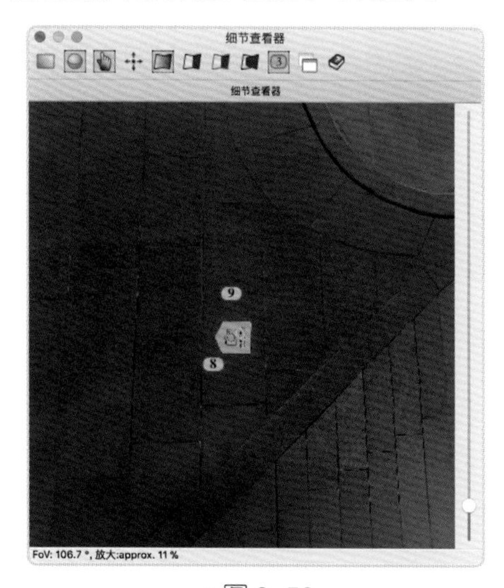

▲图 8-52

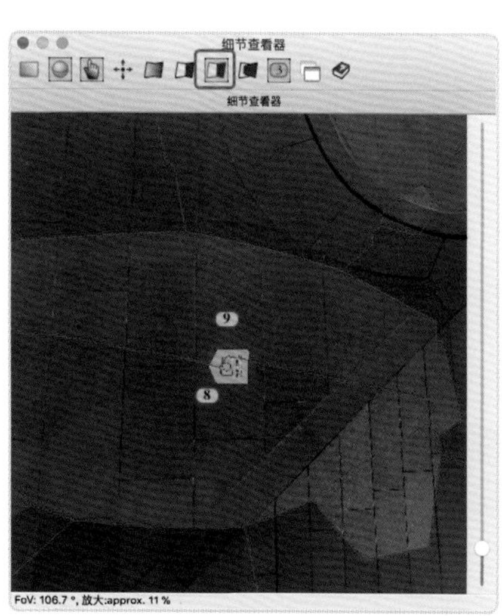

▲图 8-53

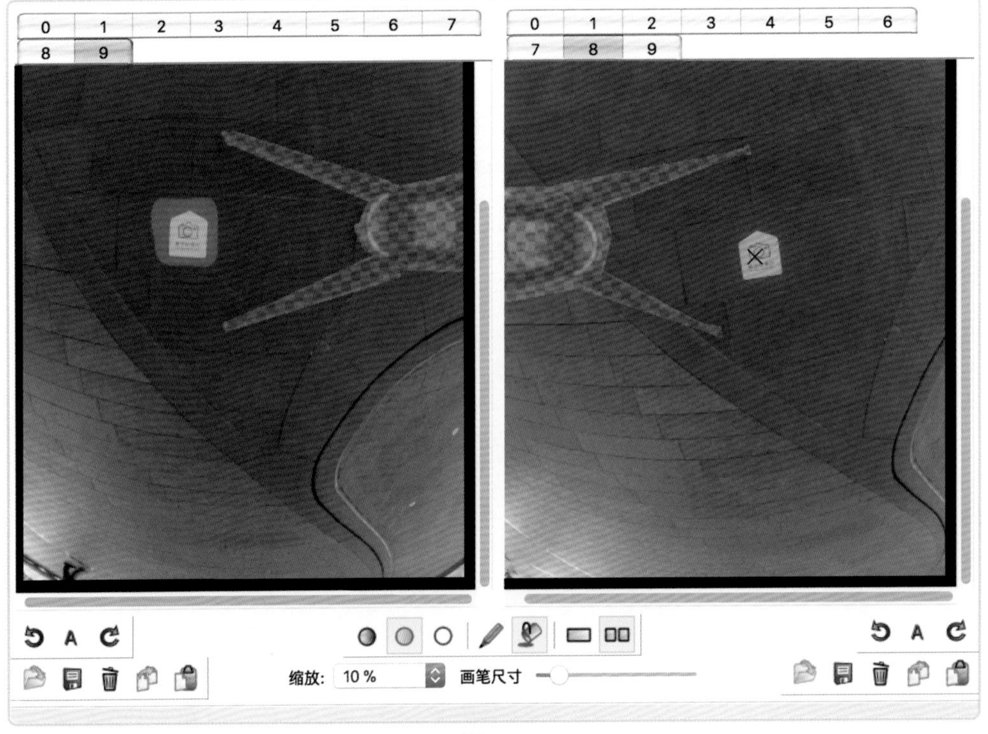

▲图 8-54

（7）通过【细节查看器】发现绿色“蒙版”影响到接缝移动，图像 9 的范围变大，如图 8-55 所示，拼接处在不明显位置（无明显线条）将无法察觉。

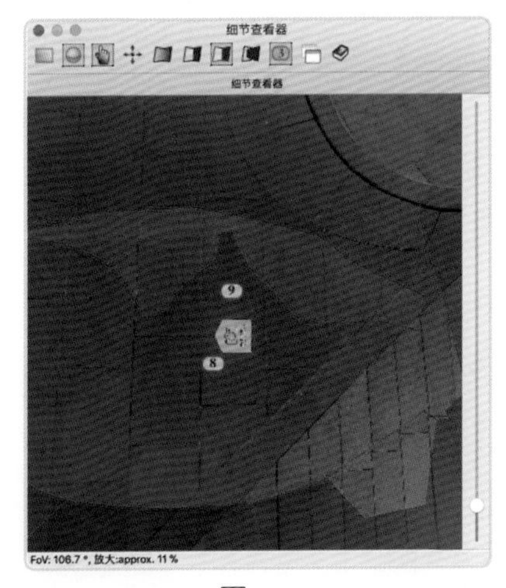

▲图 8-55

我们对最低点的补地图像进行了视点校正，并且视点校正仅适用于平面。如果旁边有高于地面的物体，例如台阶等，会导致视差无法被校正。但是可以将周边水平画面记录的场景使用红色“蒙版”擦除，如图 8-56 所示。

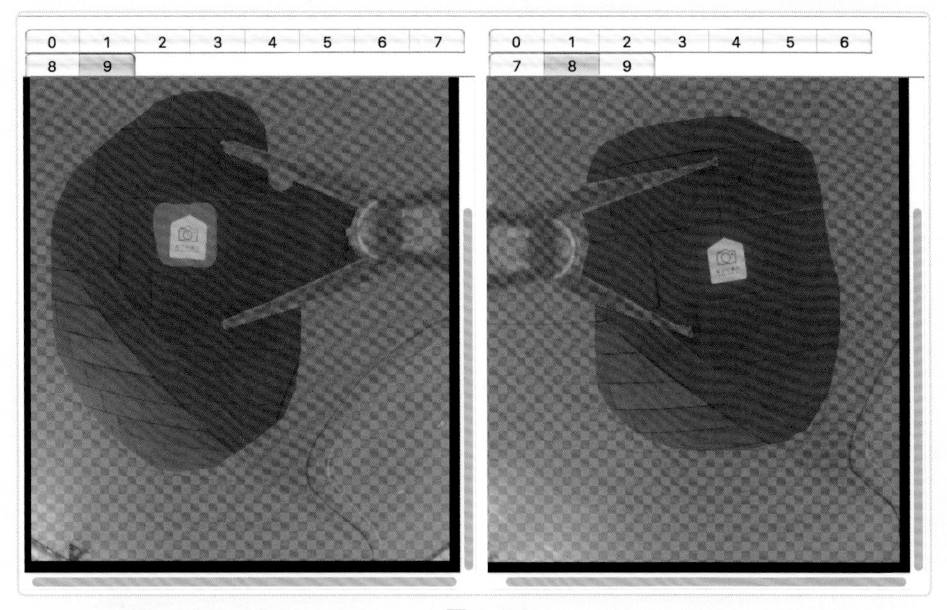

▲图 8-56

8.3.5 水平矫正

VR 全景图的拼接基本处理完毕了。如果通过【细节查看器】观看 VR 全景状态下的效果，滑动鼠标滚轮将视野放大，会发现画面是歪斜的，如图 8-57 所示。这是拍摄原始照片时相机倾斜（故意或偶然）导致的失真。为了保证“所见即所得”的效果，所制作出的 VR 全景图与真实空间的景象应是相同的，这就需要我们对 VR 全景图进行水平矫正。

▲图 8-57

水平矫正的方法有以下 3 种。

（1）方法一。选择“全景编辑”窗口中的【拉直 VR 全景图】，系统会根据拍摄时三脚架的水平情况自动进行矫正。这需要我们保证在 VR 全景图拍摄的时候是水平转动云台进行取景的，但是这样进行的水

扫码看全景

室内多种效果图

平矫正可信度不是很高。因为我们在拍摄时，很多时候都无法保证云台完全水平，尤其当下方装配球型云台时，使用这个方法的效果会不理想。

（2）方法二。使用水平线控制点和垂直线控制点来进行 VR 全景图的水平矫正。PTGui 能够根据手动设定的参考线修改 VR 全景图的方向。首先要做的是识别输出图像中的一些垂直边缘，例如墙壁和门的边缘。常规控制点只能放置在两个不同的图像之间，但水平线控制点与垂直线控制点可以放置在同一个图像中。为此，在【控制点】选项卡的左窗格和右窗格中选择相同的图像，如图 8-58 所示。在左窗格的垂直边缘的一端设置 t1 点，在右窗格的同一边缘的另一端设置 t1 点，务必要放置到图像中建筑物的同一条线上。以同样的方法再分别放置两条垂直线（选择不同的图像放置），保证 VR 全景图是水平的。

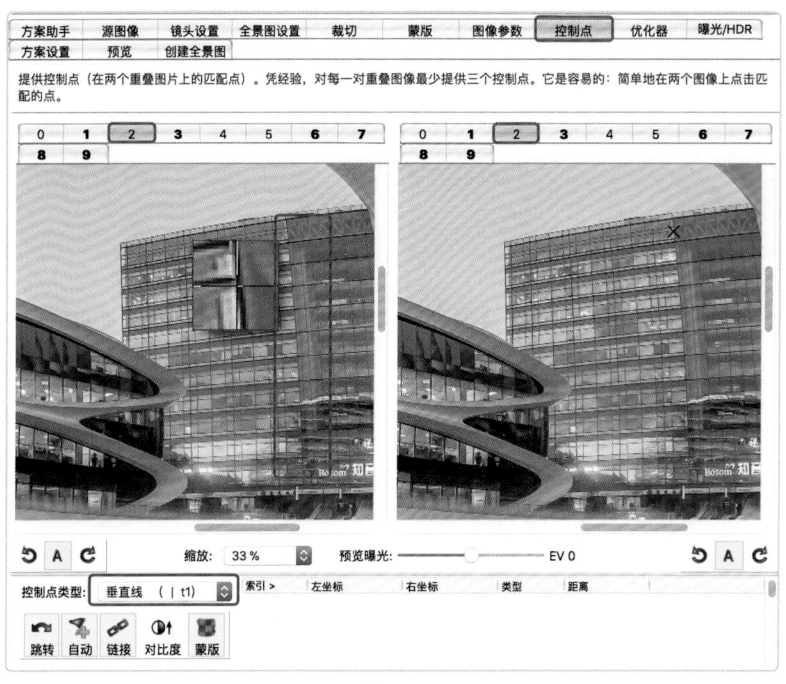

▲图 8-58

水平线控制点应仅放置在地平线上，在 VR 全景图中，除地平线外，基本所有水平线都是弯曲的。放置好垂直线控制点后，要通过优化器优化 VR 全景图，这样操作才可以生效，之后画面就被矫正为水平状态了。

对于大多数 VR 全景图（特别是城市景观全景图）来说，最简单的方法是仅使用垂直线控制点。存在例外的是海岸的 VR 全景图和航拍的 VR 全景图，对于这两类 VR 全景图的水平矫正，可以在地平线上放置水平线控制点。对于大多数 VR 全景图来说，放置两对水平线控制点或垂直线控制点就足够了。优先在间隔 90 度以上的方位放置两对控制点（例如，一对控制点中一个在北方向，一个在东方向），可以实现比较好的效果。

设置好垂直线控制点，我们再通过“全景编辑”窗口中的【细节查看器】查看 VR 全景状态下的效果，我们可以看到 VR 全景图被矫正了，如图 8-59 所示。

▲图 8-59

我们还可以拖动“全景编辑”窗口下方中间的滑块，如图 8-60 所示，调出网格参考线，观察建筑的竖直边缘是否与竖直的网格参考线平行，验证画面是否达到水平状态。

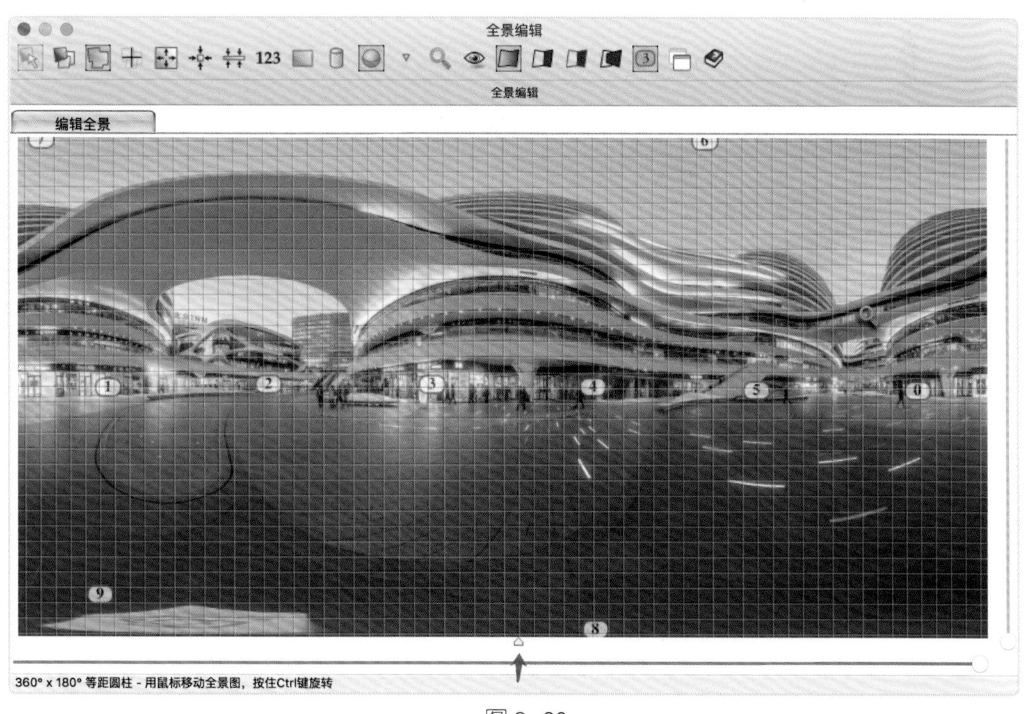

▲图 8-60

（3）方法三。如果发现图像依然没有达到水平状态，我们可以使用第 3 种方法进行水平矫正。单击“全景编辑”窗口中的【123】，如图 8-61 所示，调出“数值变换”窗口（见图 8-62），窗口中每一个轴后的输入框内都可以输入范围为 -0.1~360 的数字来精细地旋转调整画面。

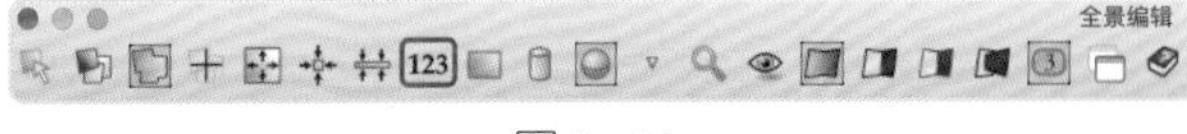

▲图 8-61

▲图 8-62

扫码看全景

室内简约效果图

为了方便观察调整 x 轴、y 轴、z 轴后的位置变化，可以在图中做一个红框标注，如图 8-63 所示，红框在画面中间位置。

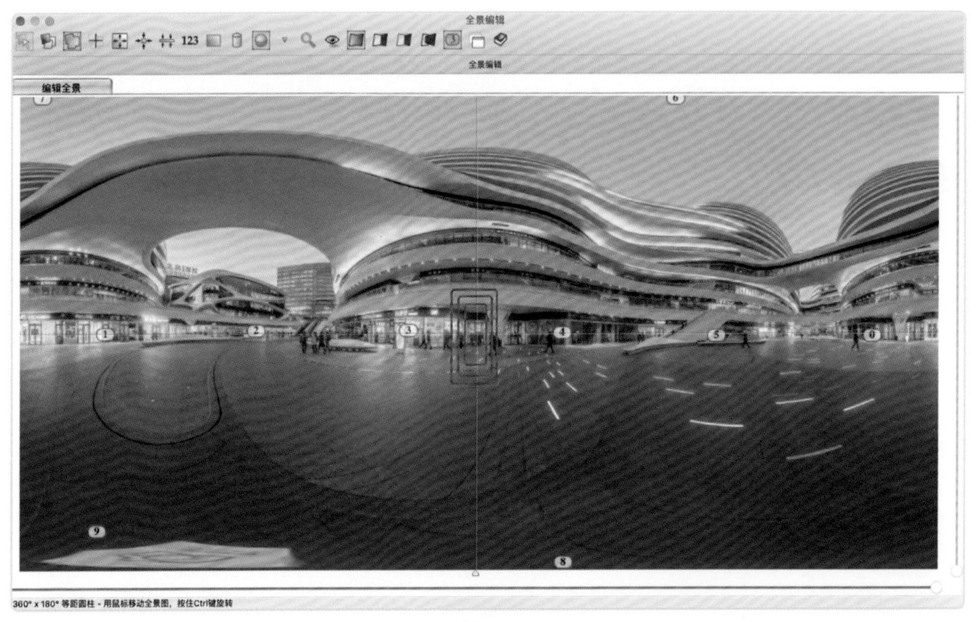

▲图 8-63

【X 轴】代表画面沿着 x 轴（横轴）移动。当在 x 轴输入框中输入 90，画面将向左平行移动 90 度，如图 8-64 所示。

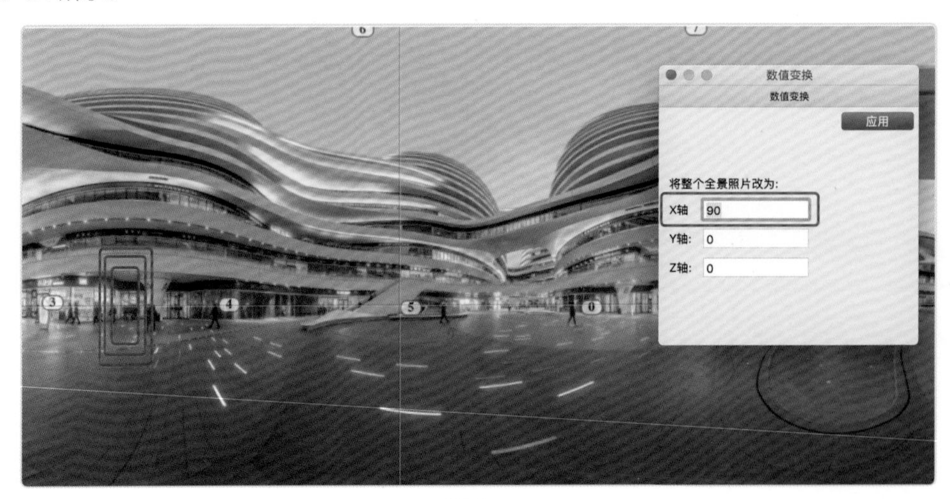

▲图 8-64

【Y 轴】代表画面沿着 y 轴（竖轴）旋转，调整 y 轴会影响画面中间和画面两边的关系。在 y 轴输入框中输入 30，画面中间会向下旋转 30 度，如图 8-65 所示。

▲图 8-65

当在 y 轴输入框中输入 180，画面将翻转，如图 8-66 所示。

▲图 8-66

【Z 轴】代表画面围绕 z 轴（纵轴）旋转，调整 z 轴会影响画面中间和画面两边的关系。在 z 轴输入框中输入 30，画面中间会向左旋转 30 度，如图 8-67 所示。

▲图 8-67

通过以上 3 种方法对 VR 全景图进行水平矫正后，主要的后期编辑工作就完成了。接下来需要对 VR 全景图进行优化和输出。

8.3.6 渐晕（暗角）矫正

扫码看全景

室内黑白灰效果图

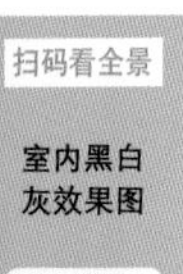

所谓渐晕，又被称为“暗角”，是指在拍摄亮度均匀的场景时，画面的四角却出现与实际景物不符的、亮度比中心低的现象。在使用大光圈，或使用广角镜头、鱼眼镜头获取较大视角的情况下，渐晕现象会更明显，在第 1 章就提到过使用大广角镜头拍摄的图像往往会出现画面四角偏暗的情况。

拍摄 VR 全景图时，最大限度地减少源图像之间的颜色和亮度差异非常重要。虽然 PTGui 具备自动颜色和曝光调整功能，可以矫正“渐晕”，并且能够矫正“闪光”“曝光差异”“白平衡差异”，可以通过过渡混合图像来优化平衡曝光差异，但是如果源图像之间的颜色和亮度差异相对过大，相邻照片仍然会存在颜色或亮度上的差异。这在 VR 全景图的纯色部分更加明显，例如蓝天，VR 全景图向上的视角和向下的视角都偏暗，或者天空亮度不均匀。

渐晕矫正方法如下。

切换到【曝光 /HDR】选项卡，单击【立即优化】，PTGui 分析图像后，就会显示渐晕曲线，如图 8-68 所示。一般情况下，优化后渐晕就会自动消失，相机响应曲线会呈现出图例样式，如图 8-69 所示。还可以在 PS 软件中为拼接前的天空和地面图片的暗部增加曝光，以达到整体平衡。

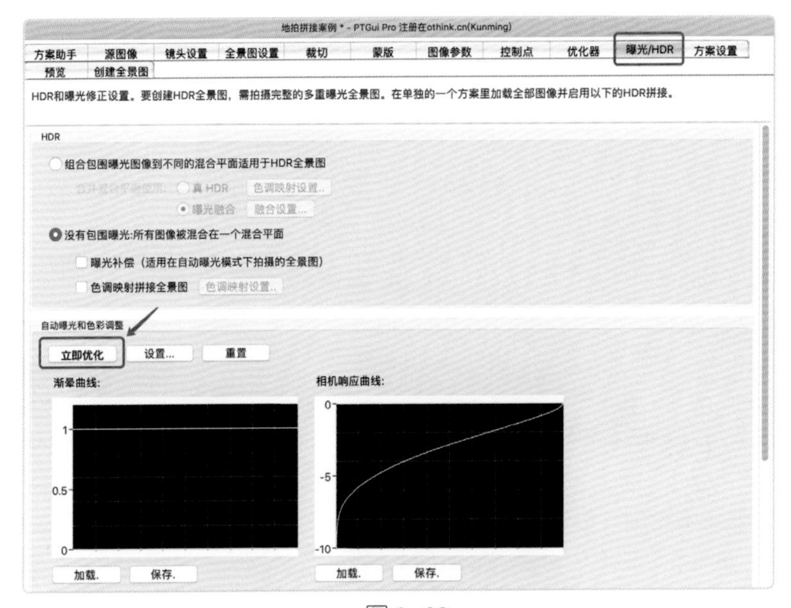

▲ 图 8-68

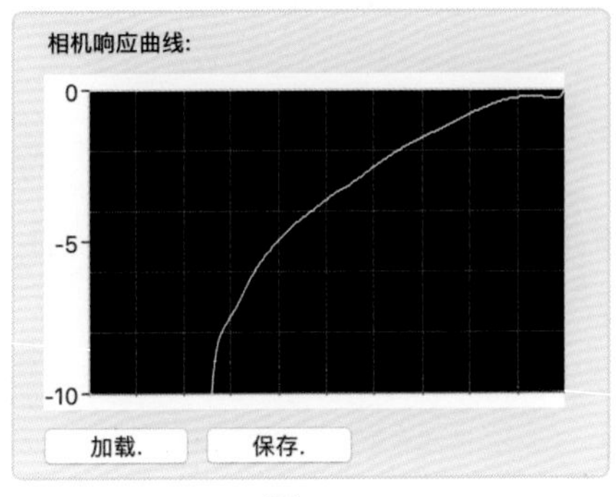

▲ 图 8-69

8.4 创建输出 VR 全景图

恭喜你，PTGui 的常用功能你已经全部学习了，最后就要完成最关键的一步了，即创建并输出 VR 全景图。

8.4.1 设置输出参数

（1）切换到【创建全景图】选项卡，PTGui 能够自动计算出 VR 全景图的宽度和高度，你可以按以下设置创建全景图。

①尺寸：单击【设置优化尺寸】按照相应尺寸进行输出，如图 8-70 所示，设置宽度为 13 848 像素，高度为 6 925 像素，也可以调整为相近的整数，如调整宽度为 14 000 像素，高度为 7 000 像素，再进行输出。

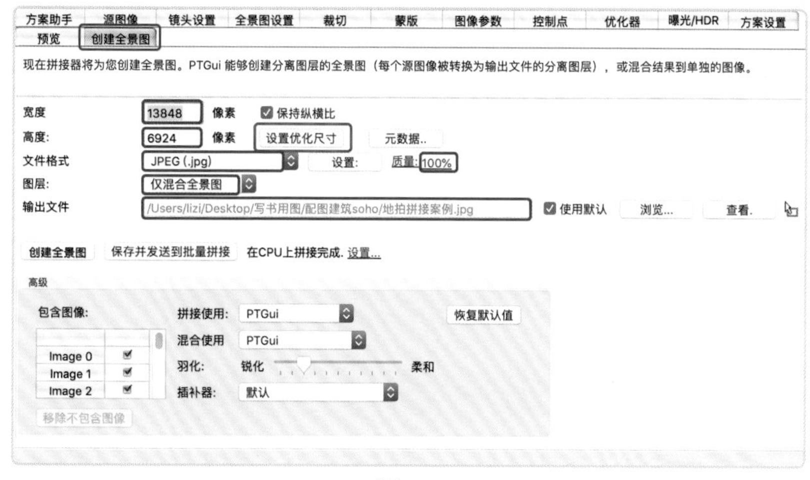

▲图 8-70

②质量：设置为 100%。

③格式：设置为 JPEG（.jpg）格式。

④图层：设置为仅混合全景图。

⑤输出文件：可以自定义一个地址，默认是源文件目录。

（2）单击【创建全景图】会弹出一个进度条，进度条加载完毕即成功创建全景图，如图 8-71 所示。

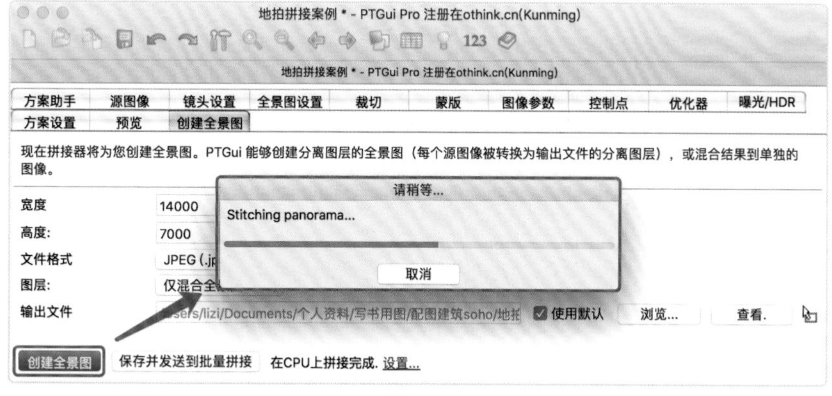

▲图 8-71

8.4.2 输出的格式和尺寸

正常情况下输出 JPEG 格式的图片就已经足够了，但是遇到特殊的情况也会输出其他格式的图片，可以根据不同的目的和应用场景输出对应格式的图片。例如输出 TIFF 格式的图片，这种格式可以最大程度地保留源图片的参数信息，图片后期的可操控性会更强。

扫码看全景

室内美式
风格效果图

如果你的计算机有足够的磁盘空间且性能较好，PTGui 则可以轻松地将数百甚至数千张图像拼接成 VR 全景图或拼接成百亿像素级别的图片。就像我们在第 4 章中展示的图片，在放大到 100% 的情况下也可以看到非常多的细节。第 10 章会讲到 500 亿像素的 VR 全景图的制作和输出方法。

1. 输出格式尺寸

对 VR 全景图进行输出的时候有以下几种格式供你选择。

（1）JPEG：最大尺寸为 65 535 像素 ×65 535 像素。

（2）TIFF：没有尺寸限制，传统的 TIFF 格式仅限于 4GB 以下的文件。

（3）Photoshop（.psd）：最大尺寸为 30 000 像素 ×30 000 像素，最大文件容量为 4GB。

（4）Photoshop Big（.psb）：没有尺寸和文件大小限制。

贴士

需要注意的是，很多查看图片的应用程序无法打开宽度和高度超过 30 000 像素的 JPEG 文件。虽然 PTGui 可以创建没有尺寸限制的图片，但是 Photoshop Big 的限制为 300 000 像素 × 300 000 像素，所以 PS 无法打开大于此像素值的图片。

2. 输出格式介绍

（1）JPEG（.jpg）使用失真式的压缩格式，压缩比通常为 10:1~40:1。它对存储空间的占用较小，所以很适合应用在网页中，并且对色彩的信息保留较好，是目前使用较为广泛的一种图像格式，如图 8-72 所示。

（2）TIFF（.tif）使用非失真的压缩格式，压缩比通常为 2:1~3:1，能保持原有图像的颜色及层次，但占用空间很大。常被应用于较专业的领域，如书籍出版、海报印刷等。

✓ JPEG (.jpg)
TIFF (.tif)
Photoshop (.psd)
Photoshop 大(.psb)
QuickTime VR (.mov)

▲图 8-72

贴士

如果输出的是 TIFF 格式的图片，在导入源图像的时候就需要设置导入格式为 TIFF 格式，这样才可以发挥 TIFF 格式的作用。

（3）Photoshop（.psd）是 Adobe 公司的图形设计软件 PS 的专用格式，可以保存 PS 的图层、通道、路径等信息，是目前唯一能够支持全部图像色彩模式的格式，但其占用的空间非常大。PS 的格式还分为（.psd）和（.psb）。（.psd）和（.psb）的区别在于保存信息的丰富程度，这会影响到文件的大小和图片在 PS 中的打开速度。其中（.psd）的限制尺寸为 300 000 像素 ×300 000 像素，（.psb）没有尺寸限制。

（4）QuickTime VR（.mov）是苹果公司创立的一种视频格式，支持 VR 全景图的交互式播放。随着 2009 年 QuickTime X 的推出，苹果公司已经放弃了 QTVR（QuickTime Virtual Reality，苹果公司开发的跨平台多媒体套件）对全景图的支持。Pano2VR 可用于将现有的 QuickTime VR（.mov）文件转换为其他格式。

3. 输出内容保留拼接图层信息

使用 PTGui 的蒙版功能的时候，如果很难精细地操控想要保留和去掉的图像信息，这时我们可以输出 PSD 格式或 PSB 格式的图片，这样可以保留图片的图层和蒙版信息。选择的时候需要注意，在图层选项中选择【混合和图层】模式，如图 8-73 所示。

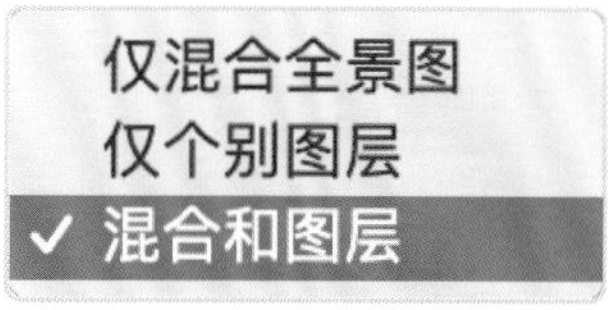

仅混合全景图
仅个别图层
✓ 混合和图层

▲图 8-73

（1）打开 PSD 格式的图片后，在图层选项中选择【仅混合全景图】后保存的文件，在 PS 中打开一个图层的整张 VR 全景图。

（2）在图层选项中选择【仅个别图层】后保存的文件，在 PS 中打开可以看到所有图像的图层，但是拼接的位置没有混合过渡处理，这时可以看出接缝过渡非常生硬，如图 8-74 所示。

▲图 8-74

（3）在图层选项中选择【混合和图层】后保存的文件，在 PS 中打开可以看到所有图像的图层，并且拼接的位置进行了混合过渡处理，我们可以通过 PS 的蒙版工具对图像进行细致的处理，如图 8-75 所示。

▲图 8-75

8.4.3 输出投影模式

1. 等距圆柱图像

正常情况下，输出画面比例为 2:1 的图像是指 VR 全景图是球形 360 度 ×180 度等距圆柱投影，如图 8-76 所示。我们对画面比例为 2:1 的 VR 全景图的前、后、上、下、左、右进行标注，如图 8-77 所示。

扫码看全景

室内现代风格效果图

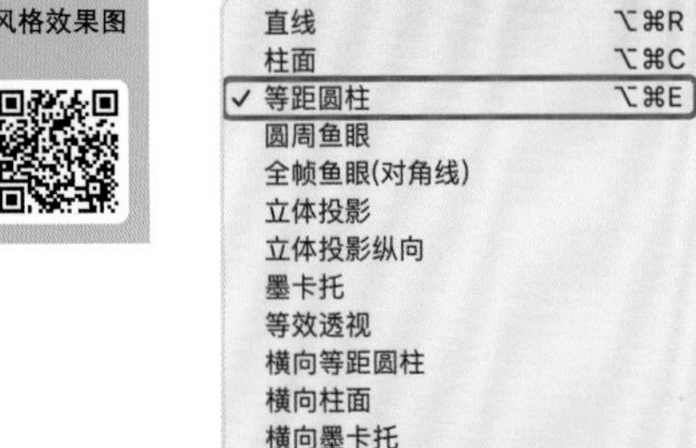

▲图 8-76

▲图 8-77

2. 立方体图像

在菜单栏选择【工具】-【转换到 QTVR/ 立方体 ...】，如图 8-78 所示，可以输出立方体（六面体）图像，该功能可以将画面比例为 2:1 的图像分割成 6 张正方形的图像，根据标注可以看到画面比例为 2:1 的 VR 全景图分割后的状态，如图 8-79 所示。

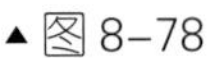

▲图 8-78

▲图 8-79

立方体（六面体）图像相当于一个由 6 幅图像拼合组成的立方体盒子。假设观察者位于立方体的中心，那么每幅图像都对应立方体的一个面，并且在物理空间中相当于水平和垂直都是 90 度的视域范围。而观察者被这样的 6 幅图像包围在中心，如图 8-80 所示，最终的视域范围同样可以达到水平 360 度、垂直 180 度，并且画面不存在任何扭曲变形。

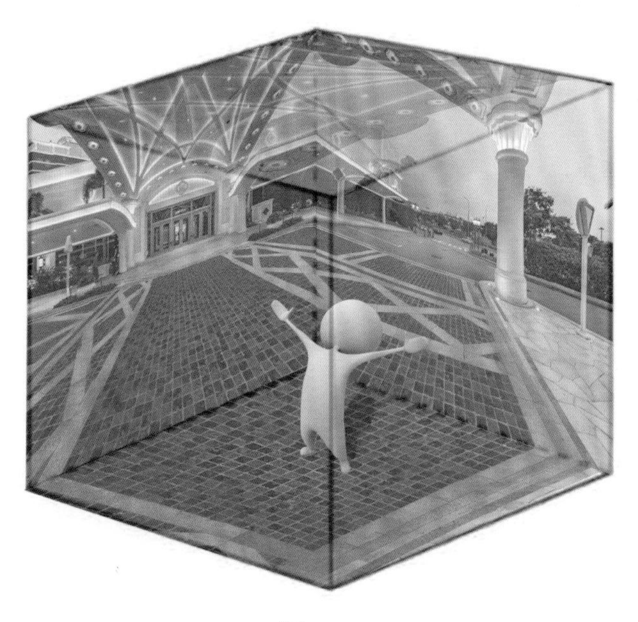

▲图 8-80

3. 从 VR 全景图中提取平面图像

如果想从 VR 全景图中提取出没有畸变的平面图像，可以将 VR 全景图转换为直线投影。

（1）启动一个新的 PTGui 项目，拼接完成后按【Ctrl+E】组合键（Windows 操作系统）或【Command+E】组合键（Mac 操作系统）调出“全景编辑”窗口。

（2）单击“全景编辑”窗口中的【直线】切换到直线投影，如图 8-81 所示。

▲图 8-81

（3）调整左侧和下侧的滑块直到获得所需的直线视野构图，如图 8-82 所示。

▲图 8-82

（4）在“全景编辑”窗口中拖动图像可以实现非对称裁剪，进行二次构图，这样就可以达到先拍VR 全景再构图的目的了。

（5）设置好想要的画面后，切换到【创建全景图】选项卡，在其中选择所需的尺寸和文件格式，然后单击【创建全景图】就可以输出图像。

贴士

直线投影无法显示整个 VR 全景图。鱼眼镜头通常具有 180 度的视野，由于鱼眼镜头拍摄时存在失真情况，因此鱼眼镜头具有宽视野，而直线投影的视野被限制在大约 120 度的范围内。直线投影还具备视觉矫正的效果。还有很多其他类型的投影模式，如鱼眼、圆柱形、小行星等投影模式，可以根据自己的需要选择输出的投影模式。

8.4.4 VR 全景图拼接流程回顾

（1）加载 VR 全景图。可以先加载水平旋转拍摄的内容和仰拍的内容，然后载入补地内容，这样拼接会更加准确。

（2）单击【对准图像】进行缝合处理。

（3）运行优化器后查看控制点表（Windows 操作系统可按【Ctrl+B】组合键，Mac 操作系统可按【Command+B】组合键），删除距离较大（5 以上）的控制点，错位处根据具体情况选择使用控制点或蒙版进行处理，处理完成后再次运行优化器。

（4）载入补地内容，手动寻找 4 个以上控制点后自动添加控制点，确定补地图片的位置关系后运行优化器（也可以载入补地内容直接对准）。

（5）单击【优化器】选项卡中的【高级 >>】，勾选翻转补地图片对应的【Viewpoint】选项，然后运行优化器，删除距离较大的控制点后再次运行优化器。

（6）对画面进行垂直和水平调整。选择 1 张具有至少 2 个垂直物体的图片，手动调整水平，运行优化器。

（7）创建全景图时设置长宽比为 2:1，一般宽为 12 000 像素 ~15 000 像素，分辨率为 240dpi（主流），质量为 100%，保存位置设为默认保存位置即可。

（8）导出的 VR 全景图可以在本地通过播放器播放。常用的播放器有以下两种。

① DevalVR Player 播放器（仅限 Windows 操作系统使用）。

② Panini 播放器（Windows、Mac、Linux 操作系统均可使用）。

8.5 航拍后期拼接处理

航拍后期拼接处理

8.5.1 使用 PTGui 拼接

为了解 PTGui 11.0 版本之后的软件的使用方法，这里使用 PTGui 11.8 版本对航拍图像进行缝合拼接处理。第 2 章讲过如何将软件切换为中文版本，这里不再赘述。新版本软件增加了一些新功能，并且有了全新的黑色系皮肤，重新布局了功能界面，但基本操作是相同的，我们接下来对航拍图像进行拼接处理。

1. 加载图像

首先加载【无人机拍摄 VR 全景图源素材】文件夹中的图片到软件中，这组图片是使用大疆“御”2 无人机拍摄的图片素材，PTGui 将自动识别镜头参数，如图 8-83 所示。

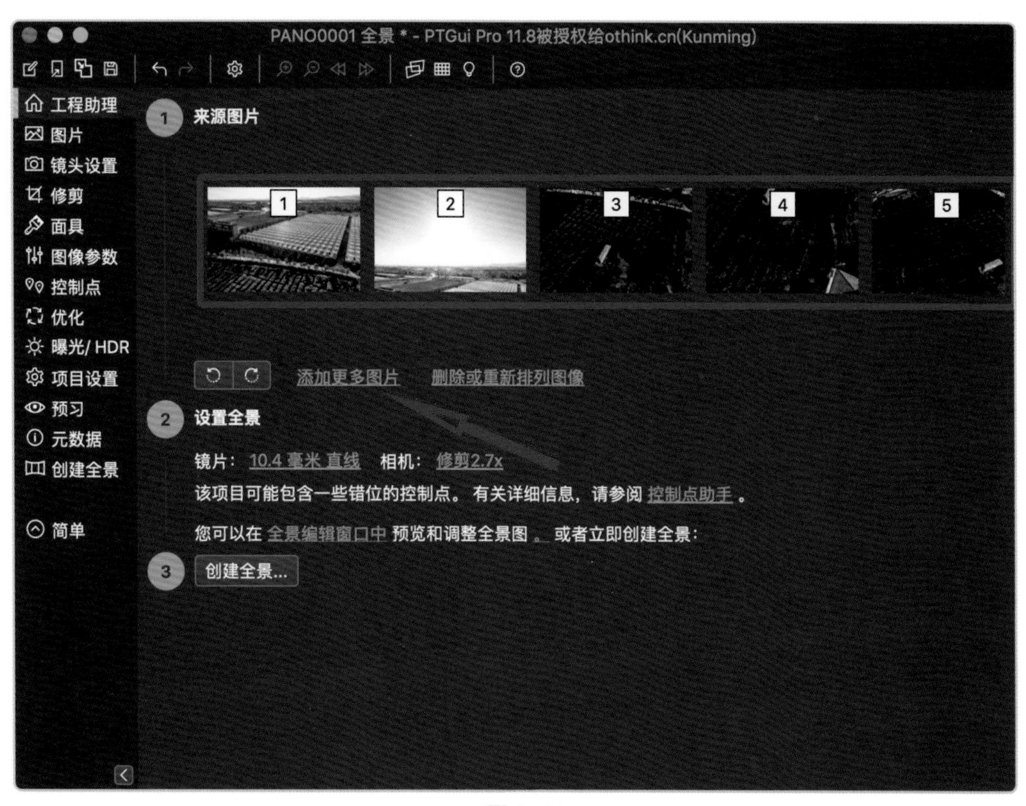

▲图 8-83

2. 对齐图像

单击【对齐图像】后弹出“全景编辑”窗口，我们可以检查一下画面是否有大范围的拼接错位等问题，如果得到图 8-84 所示的图像即为正确。

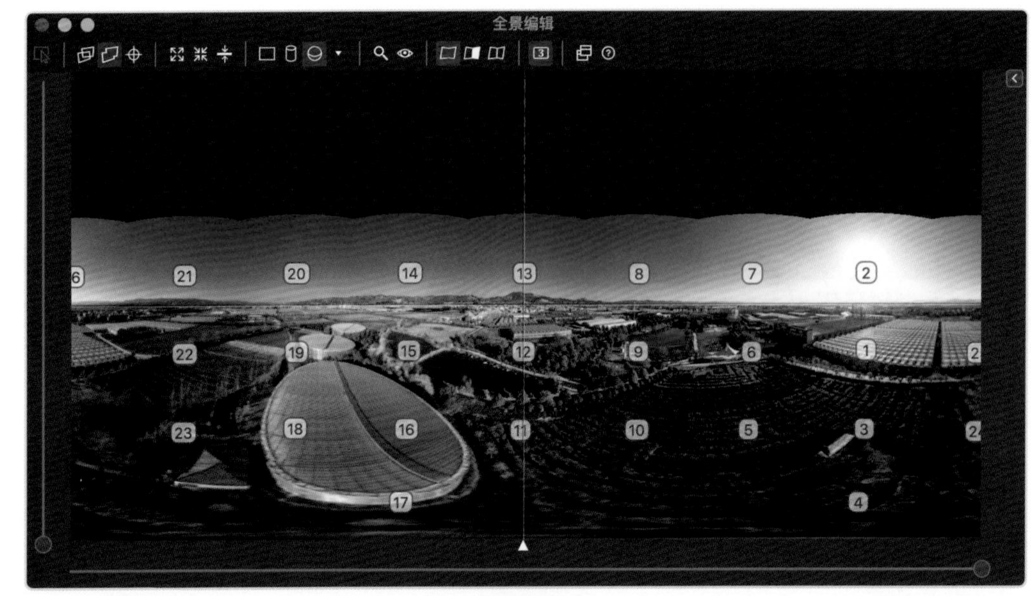

▲图 8-84

3. 图像优化

切换到【优化】选项卡，PTGui 11.8 版本的工具选项栏在软件左侧，如图 8-85 所示，或按【F5】键启动优化图像功能。获得优化结果，如图 8-86 所示。

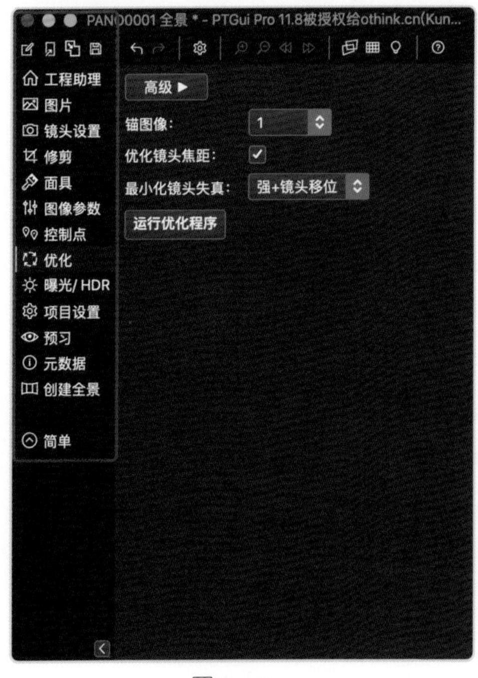

▲图 8-85

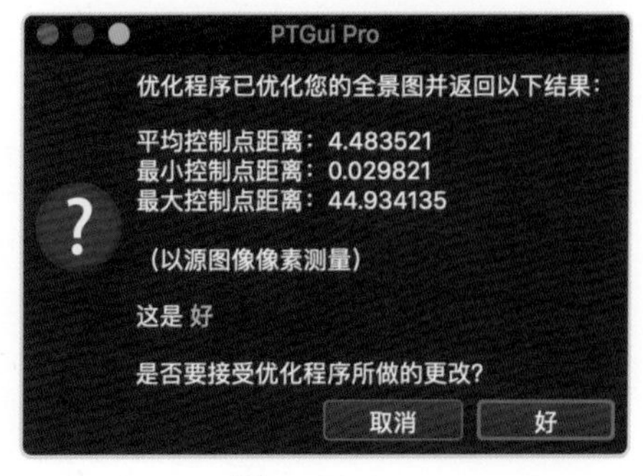

▲图 8-86

4. 检查错位和画面水平问题

此版本 PTGui 的数值变换功能在“全景编辑”窗口的右侧，如图 8-87 所示，窗口上方的功能按钮基本没变。我们对画面的水平和细节错位进行手动优化调整。

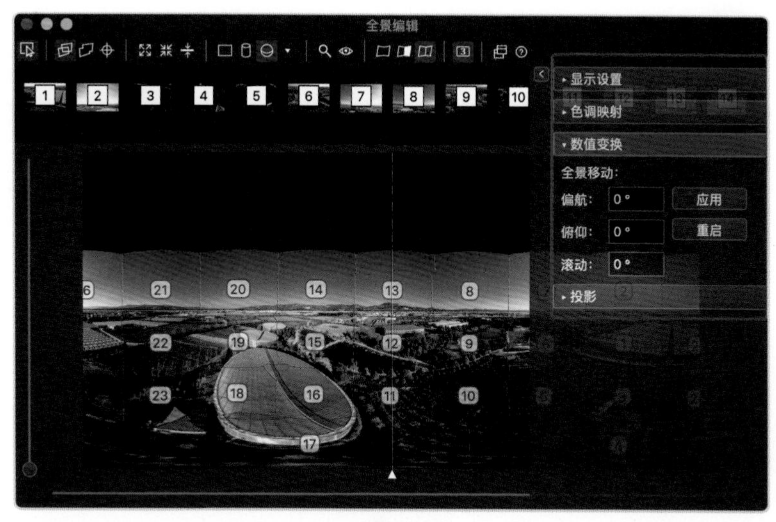

▲图 8-87

5. 创建全景

切换到【工程助理】选项卡，单击【创建全景】会切换到【创建全景】选项卡，根据需要对输出内容进行参数设置，如图 8-88 所示。

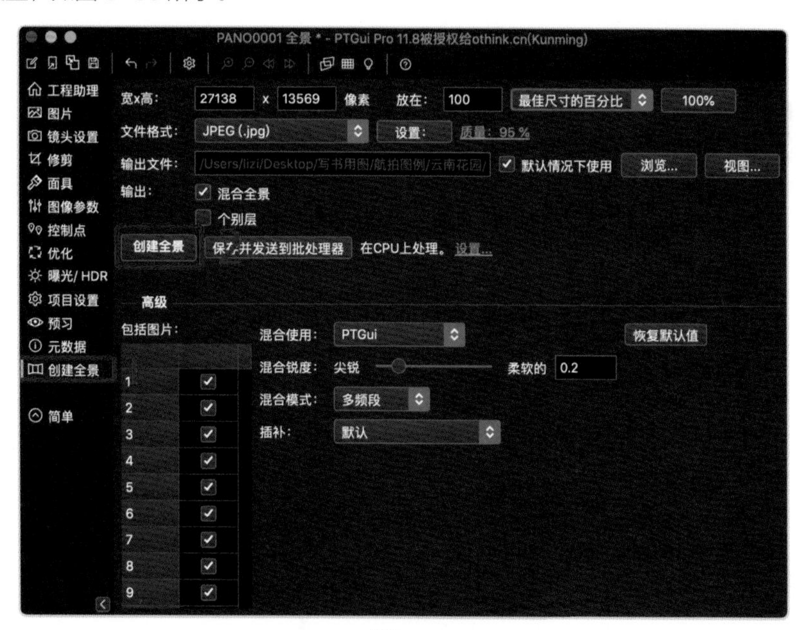

▲图 8-88

参数设置完毕后，单击【创建全景】，这时会弹出一个“请稍后 ...”的进度条，如图 8-89 所示，随着进度条加载完毕，VR 全景图就拼接处理完成了。

▲图 8-89

一张航拍 VR 全景图的拼接部分的工作就完成了，这时输出的航拍 VR 全景图的天空是缺失的，如图 8-90 所示。但没关系，我们会在 9.3 节中进行“补天”处理。

▲图 8-90

8.5.2 使用 APG 拼接

APG 的软件图标如图 8-91 所示，它是一款高度自动化的图像拼接软件。这款软件的特点是成功导入图像并完成预拼合后，它才会为你开放相关的工作空间。

这款软件也适用于 Mac 操作系统。有很多 VR 全景摄影爱好者喜欢使用这款软件对图片进行拼接。它主要的特色是自动化程度高，对于航拍 VR 全景图的处理效果好，还可以对全景视频进行拼接，并且具有自动图片检索和色彩校正的功能。这款软件支持导入 RAW 格式的图片，允许创建全景图并能将其导出为 Flash 格式。

接下来我们就在 64 位 Mac 操作系统下使用这款软件的 4.2.3 版本对航拍的 VR 全景图进行拼接处理。首先启动软件，界面如图 8-92 所示。

▲图 8-91

▲图 8-92

打开软件后即显示一个简洁的界面，左侧是“工作空间”，右侧是“工程空间”，两栏并列，如图 8-93 所示。

▲图 8-93

“工作空间”的作用主要是对拼接前的原始素材进行【导入】【增删】【检测】等操作，双击“工作空间”会弹出自动检测的设置菜单。

“工程空间”的作用主要是对拼接后的 VR 全景图进行【拼接点编辑】【保存】【渲染】等操作，双击“工程空间”会提示打开工程文件。

1. 导入图片

单击【选取图像】，将拼接前的图片导入软件中，如图 8-94 所示。

▲图 8-94

2. 图片拼接

成功将拼接前的图片导入 APG 软件，如图 8-95 所示，接下来进行初步的拼合。

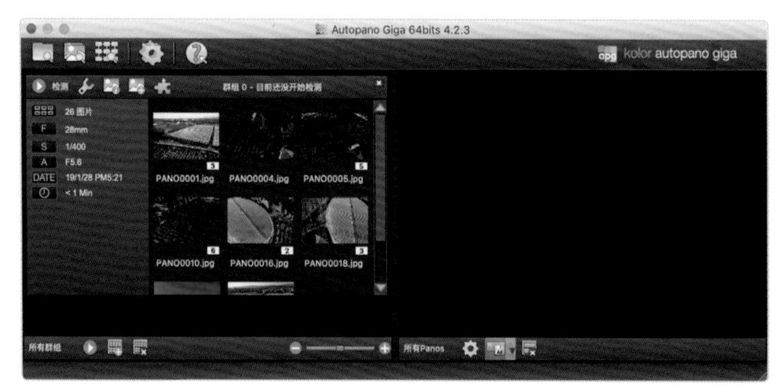

▲图 8-95

在左侧“工作空间”的左上角有一排图标，分别是【检测】【检测设置】【图片属性】【添加图片】【插件】。单击【检测】即可进行拼接处理，如图 8-96 所示。

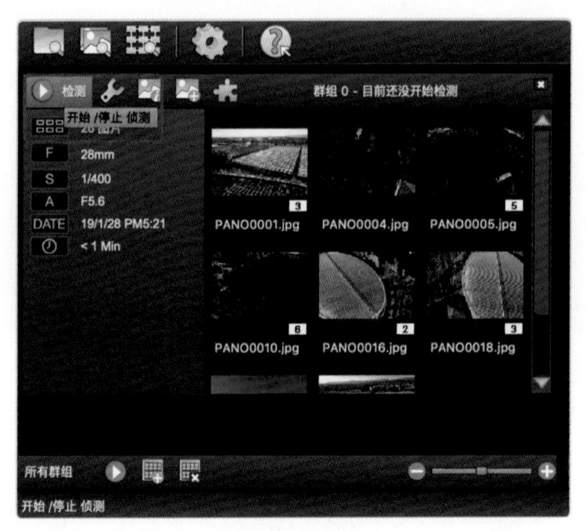

▲图 8-96

如果未识别到相机信息，可单击【检测设置】，根据实际情况对相机和镜头参数进行设置，如图 8-97 所示。

▲图 8-97

3. 全景编辑

拼接完毕后，在右侧的“工程空间”中会出现拼接好的 VR 全景预览图，如图 8-98 所示。

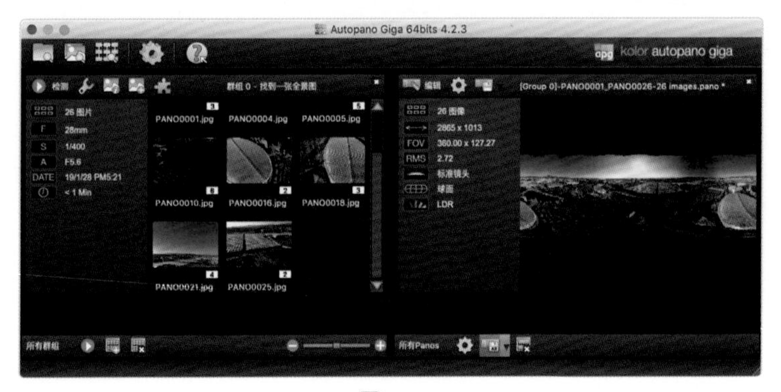

▲图 8-98

单击右侧“工程空间”左上角的【编辑】，如图 8-99 所示，可以调出“全景编辑”窗口。

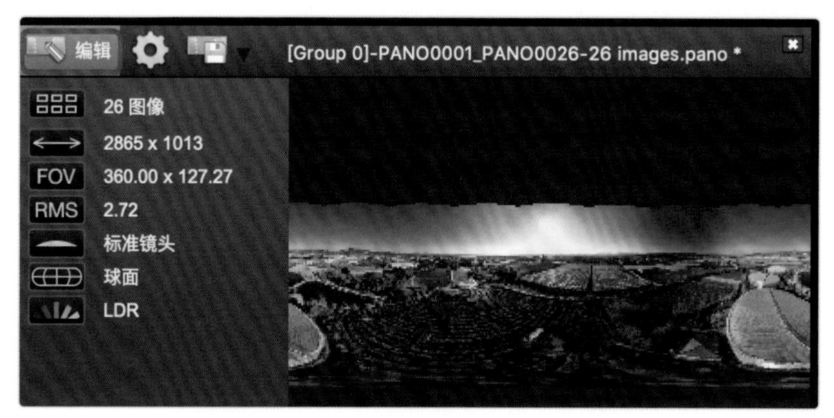

▲图 8-99

“全景编辑”窗口由上至下包含快捷方式栏、操作信息栏、全景图预览栏、图片信息栏、信息提示栏，如图 8-100 所示。

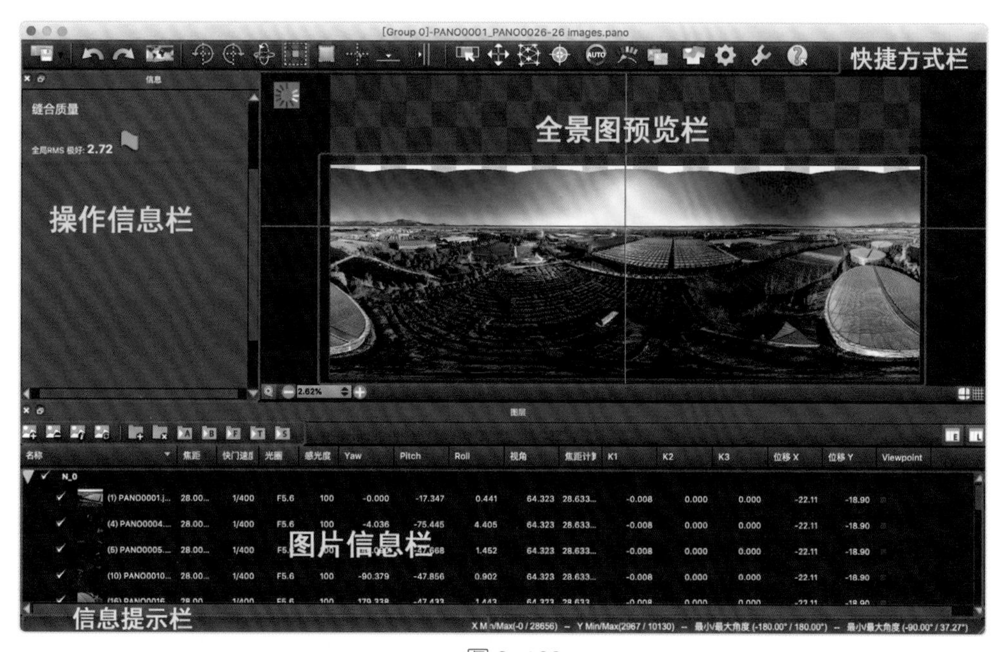

▲图 8-100

（1）快捷方式栏：主要用于对 VR 全景图的内容进行修复和优化操作。

（2）操作信息栏：显示图片张数、控制点数目、重叠度等，切换不同的功能，信息栏的信息会随之变化。

（3）全景图预览栏：可看到生成的 VR 全景图，可以对图片进行放大操作，便于查看细节。

（4）图片信息栏：可详细看到每张图片的基本信息及其在 VR 全景图中的位置。

（5）信息提示栏：显示编辑操作时的系统提示。

快捷方式栏主要包含以下快捷方式功能。

（1）【保存】：保存制作完成的 VR 全景图工程。

（2）【操作动作】：操作步骤前进、后退。

（3）【投影设置】：设置不同的投影方式和效果，例如 VR 全景、直线、小行星投影等。

（4）【左右旋转】：左右旋转以便检查天空和地面的拼接情况，每次旋转 90 度。

（5）【修改三轴】：通过数值变换来旋转图像的 x 轴、y 轴、z 轴。

（6）【剪裁】：对拼接的照片进行剪裁和重新构图。

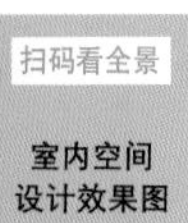

扫码看全景

室内空间
设计效果图

（7）【水平垂直】：用于调节 VR 全景图的水平和垂直位置。

（8）【照片模式】：查看单张照片在 VR 全景图中的位置。

（9）【移动图像类型】：移动 VR 全景图，以方便查看。

（10）【控制点编辑器】：仔细查看每张照片与相邻照片的链接和控制点，并且可以进行增减操作。

（11）【遮色板编辑器】：将两张照片重叠部分的内容显示或消除，类似于蒙版功能。

（12）【编辑颜色锚点】：调节 VR 全景图整体颜色的对比度。

（13）【融合平衡】：全局的色彩曝光融合平衡。

（14）【渲染】：输出 VR 全景图及输出操作设置。

快捷方式栏的功能切换，操作信息栏、全景图预览栏以及信息提示栏都会有所变化，具体操作原理与 PTGui 相似，这里不做过多介绍。

此软件主要用于航拍拼接，用于地面 VR 全景图的拼接时，对控制点和蒙版的操作不如 PTGui 方便和精准。此软件处理航拍 VR 全景图主要用到【水平垂直】功能对航拍 VR 全景图的水平位置进行调整，调整后将进行渲染输出。

4. 渲染输出

编辑和调整完毕后，单击快捷方式栏的【渲染】，可调出“渲染”窗口，如图 8-101 所示，设置合适的输出尺寸。建议输出较高质量（300dpi）的图片，等后期全部制作完成后再进行压缩处理。

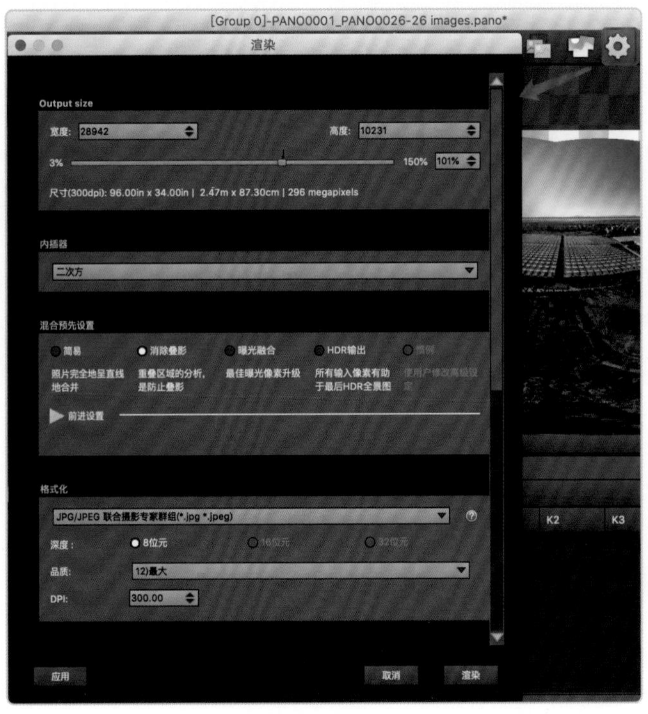

▲图 8-101

设置完毕后，单击“渲染”窗口右下角的【渲染】即可开始渲染输出，如图 8-102 所示，创建好的 VR 全景图默认保存在源图片所在文件夹。

▲图 8-102

5. 不同软件的合成效果对比

使用 PTGui 自动拼接未进行精细化处理，房顶位置及右侧建筑出现了拼接错位，如图 8-103 所示。使用 APG 自动拼接未进行精细化处理，房顶位置出现了重影，如图 8-104 所示。两个软件各有优点也各有缺陷，但是都可以通过全景编辑进行矫正，你可以根据个人习惯使用自己喜欢的软件进行 VR 全景图的拼接处理。

▲图 8-103

▲图 8-104

8.5.3 PTGui 11.7 版本迭代功能

本书使用过 PTGui 的两个版本，一个是 PTGui 10.15，一个是 PTGui 11.8。PTGui 11.8 及以上版本相比 PTGui 10.15 及以下版本，高版本的软件采用了完全重建的基础功能，提供超快速拼接引擎，具有 GPU 加速功能，此外它还有一个新的色调映射器，包含一个球形 VR 全景查看器。

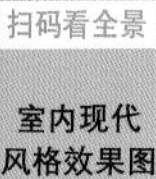

扫码看全景

室内现代风格效果图

PTGui 11.0 新增和优化的主要功能如下。

1. 新的操作界面

操作界面最明显的变化是暗色主题，同时很多窗口采用了折叠面板，只在需要的地方提供工具，不过多占用屏幕空间；并且 PTGui 11.0 与 Retina 屏幕完全兼容，还支持在 Windows 操作系统中高清显示。

2. 新的拼接引擎和缝合器

之前版本的 PTGui 中的原始拼接引擎只能在单个处理器核心上运行，并且仅把图形显卡用于对屏幕上显示内容的处理。通过技术更新，PTGui 11.0 中，显卡不仅可用于显示，还可用于缝合处理计算任务，可以非常快速地处理数据，提高缝合效率。PTGui 11.0 中的拼接器使用的是 OpenGL，新的拼接器对内存的占用缩小，加快了超大像素 VR 全景图的拼接速度。PTGui 11.0 明显的改进是缝合时间显著缩短，与 PTGui 9.0 相比，其拼接速度可以提高 1.5~2 倍，在特定的高性能机器上可以提高约 7 倍！

3. 可包含多个镜头配置文件

PTGui 11.0 使用的镜头配置文件支持同一项目中存在多个相机和镜头拍摄的内容，可以让不同的镜头拍摄的内容拼合在 1 张 VR 全景图中，可以将鱼眼镜头和长焦镜头拍摄的内容一起拼接。例如拍摄超大像素 VR 全景图时，天空不需要很高的细节水平，则可以使用鱼眼镜头拍摄天空图像，并通过在项目中添加第 2 个镜头配置文件来缝合同一个项目。控制点生成器将在不同镜头拍摄的图像之间找到控制点。

4. 优化了 HDR 合成功能

HDR VR 全景图的处理效果得到了很大改善，当使用 3 档包围曝光时，只需要处理 5 张合并好的图像而不是 15 张单独图像。对于 HDR VR 全景图而言，增强阴影并减少高光并不会影响局部图像的对比度。

PTGui 11.0 还有其他一些细节优化和更新在这里就不再过多介绍了，随着时间流逝，技术不断发展，期待 PTGui 可以带给 VR 全景创作者更多、更强大的支持。

后期美化及漫游制作

第 9 章总述

第 8 章讲解了 VR 全景图的拼接处理，通过前面的学习想必你已经对 VR 全景图的拍摄原理、拍摄设备、拍摄过程和拼接处理都有所了解了。制作一个优质的 VR 全景作品是少不了对图片进行美化与润色这个环节的。接下来就对如何制作一个优质的 VR 全景作品进行进一步讲解。

我们要制作一张优质的 VR 全景图，就需要先对未拼接的图片通过 Lightroom 调色软件进行初步美化处理。如果拍摄的图片是 HDR 格式，还需要对图片先进行曝光融合处理。有很多可以进行曝光融合的工具，PTGui 也具备曝光融合的功能。经过测试发现，Lightroom 调色软件的曝光融合效果相对好一些，但是效率较低。曝光融合处理完成后需要对图片参数进行调整，包括整体或局部的曝光度、明暗、颜色、饱和度等。调整后进行导出，对导出后的图片再使用 PTGui 进行拼接处理。在拼接的过程中如果发现 PTGui 无法处理的问题，我们还可能用到修图软件 PS 进行细节调整，例如错位调整、局部蒙版调整、航拍的补天操作等。全部调整完后，VR 全景图就制作好了，制作好的 VR 全景图的画面比例为 2:1。我们如果想分享自己的作品，就需要将其上传到互联网，使用 VR 全景播放器进行展示，这样才可以在社交平台上分享作品。

9.1 Lightroom

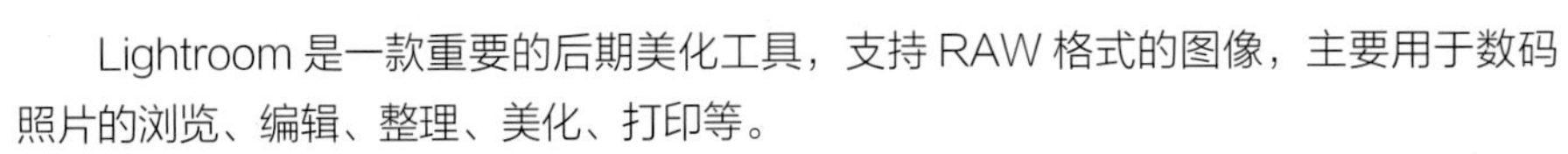

Lightroom 是一款重要的后期美化工具，支持 RAW 格式的图像，主要用于数码照片的浏览、编辑、整理、美化、打印等。

Lightroom 有很多版本，包括 Lightroom 6、Lightroom CC、Lightroom Classic CC 等，还有手机 App 版本。那我们用哪一个版本呢？建议使用 Lightroom Classic CC（下文简称“Lightroom”）。Lightroom 是 Adobe 公司研发的一款以后期制作为重点的图形工具软件，是当今数字拍摄工作中不可或缺的工具软件。

很多摄影师会认为 PS 最适合后期润色及调整，并且 PS 里的 Adobe Camera Raw 在很大程度上代替了 Lightroom 的修图功能。如果是对一张单独的摄影作品进行处理，PS 里的 Adobe Camera Raw 就可以满足大多数需求，但是在 VR 全景图的处理方面，我们使用 Lightroom 会更适合。相比 PS，Lightroom 更适用于筛选和处理大批量照片，例如外出时，我们在很多 VR 全景视点进行了拍摄，在一个视点拍摄了多张照片，这时候可以通过个性化的同步选项实现高效率的批量处理和预览，这样既可以保证照片的个性化，又可以保证照片的一致性，非常灵活方便。虽然 Lightroom 与 PS 有很多相通之处，但 Lightroom 偏重照片处理，PS 更偏重创意设计。

下面就让我们看一下 Lightroom 的基本设置和使用方法。

9.1.1 Lightroom 基础工具应用

Lightroom 的工作界面很简单，分为 5 个区域，如图 9-1 所示。上方是模块选取器，中心区是图像显示工作区，其左右两边分别是左侧模块界面和右侧模块界面，下方跨越整个工作区域的是胶片显示窗格。

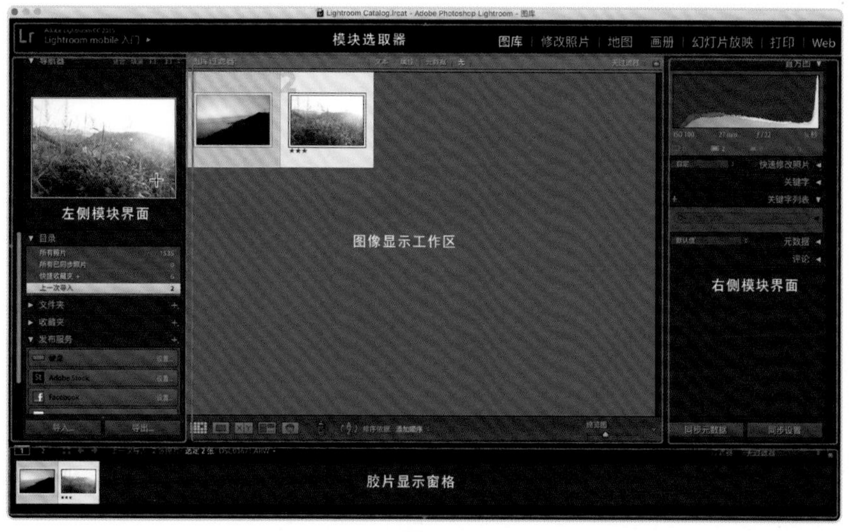

▲图 9-1

1. 模块选取器

身份标识可以自定义名称或标志，还可以登录软件，当 Lightroom 执行后台处理任务的时候，标志会被进度条替代。单击模块选取器右边的不同模块名称可以切换至不同的工作区。选中后的模块名称会在模块选取器中突出显示。右侧有【图库】【修改照片】【地图】【画册】【幻灯片放映】【打印】【Web】这 7 个可以切换的模块，我们主要介绍【图库】和【修改照片】这 2 个模块。

（1）【图库】。选择【图库】模块后，左侧模块界面有【导航器】【目录】【文件夹】【收藏夹】【发布服务】等，主要用来查找、导入想要处理的图像和导出处理后的图像，还可以对这些图像进行分组处理。对应的右侧模块界面有【直方图】【快速修改照片】【关键字】【关键字列表】【元数据】【评论】等，主要用于对图像应用、更改及修改调色后的操作数据进行同步处理。【图库】模块主要用于对图像进行应用操作。

（2）【修改照片】。选择【修改照片】模块后，左侧模块界面有【导航器】【预设】【快照】【历史记录】【收藏夹】等，主要是对图像进行预设、调整以及复制粘贴。对应的右侧模块界面有【直方图】【剪裁叠加、污点祛除、红眼矫正、渐变滤镜、径向滤镜功能选择模块（直方图下方点击图标选择）】【基本】【色调曲线】【HSL/ 颜色 / 黑白】【分离色调】【细节】【镜头校正】【变换】【效果】【相机校准】等面板，主要用于对图像进行修饰处理，如图 9-2 所示。【修改照片】模块主要用于对图像进行调整处理。

▲图 9-2

2. 图像显示工作区

Lightroom 的中心区是图像显示工作区，在这里可以对图像进行选择、检查，对图像处理前后的效果进行比较以及对图像进行分类管理，在处理过程中可以通过图像显示工作区实时预览处理效果。图像显示工作区会随模块选取器的模块切换提供对应的查看选项。在图像显示工作区中可以查看一张或多张照片，还可以预览书籍设计、幻灯片、网上画廊和打印布局等。

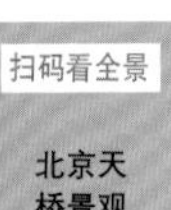

北京天桥景观

3. 左侧模块界面和右侧模块界面

两侧模块界面的内容会随模块的切换而改变。一般来讲，左侧模块界面可以查找和选择项目，右侧模块界面可以对选中的项目进行编辑或自定义设置。

4. 胶片显示窗格

胶片显示窗格显示的图像组与图像显示工作区显示的图像组相同。它可以显示图库，选中的文件夹或收藏夹，或者按主题、日期、关键字或其他条件过滤的图像组中的所有图像。它可以直接处理胶片显示窗格中的缩览图；也可以为图像分配星级、旗标和色标，以及进行应用元数据和修改预设等操作；还可以旋转、移动、导出或删除图像。不论在哪个模块中工作，都可以使用胶片显示窗格快速地在选中的图像组中查询图像，而且可以切换到不同的图像组。

所有工作区面板都可以进行高度的自定义设置。我们可以通过手动或自动方式展开、折叠、显示和隐藏面板与面板组，也可以调整它们的大小，还可以添加或删除控件元素，更改字体大小、背景颜色等。通过隐藏侧面模块界面或其他模块可以增大工作区的面积，但是图像显示工作区是 Lightroom 工作区中唯一无法隐藏的区域。单击工作区四周的三角形图标，即可折叠工作区，如图 9-3 所示。

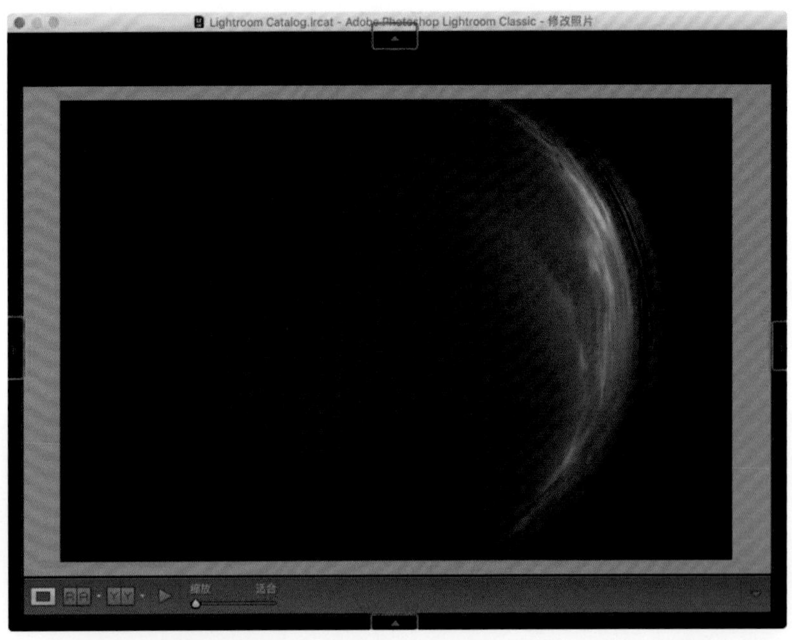

▲图 9-3

Lightroom 的基本操作流程如下所述。

（1）对 Lightroom 进行基本设置。

（2）导入未拼接的 RAW 格式的照片。

（3）对照片进行高动态合成。（如果是单张照片可跳过此步骤。）

（4）对正常曝光的照片进行调色修饰。

（5）对同一组照片进行同步调色设置。

（6）统一导出处理好的照片（JPEG 格式）。

9.1.2 基本设置

在进行所有的操作之前，先新建一个目录，Lightroom 的所有操作都是基于该目录的。

选择【Lightroom】-【目录设置】，如图 9-4 所示，打开对应的“目录设置”窗口，如图 9-5 所示（此设置只适用于当前目录，更换目录后设置无效）。

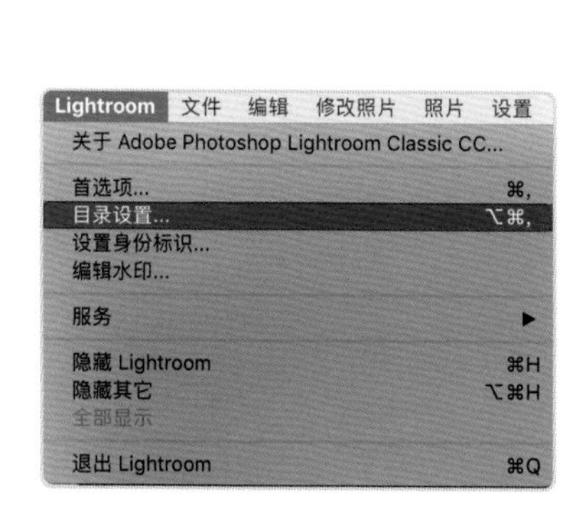

▲图 9-4

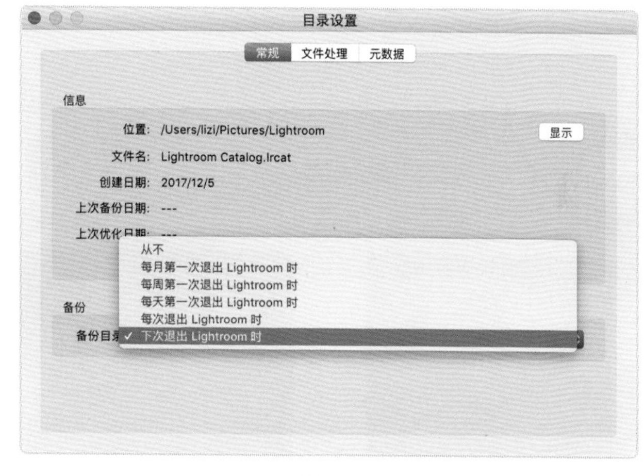

▲图 9-5

可以根据个人习惯及计算机性能进行设置。

（1）【常规】可以根据需求设置目录位置和备份目录。

（2）【文件处理】中的【标准预览大小】建议选择与显示器分辨率差不多的值（略大于显示器宽度的像素值），【预览品质】建议选择【高】，如图 9-6 所示。

（3）在【元数据】中勾选【将更改自动写入 XMP 中】，如图 9-7 所示。

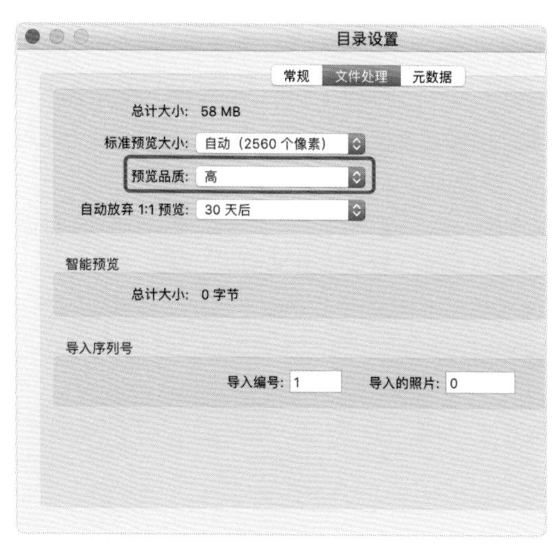

▲图 9-6

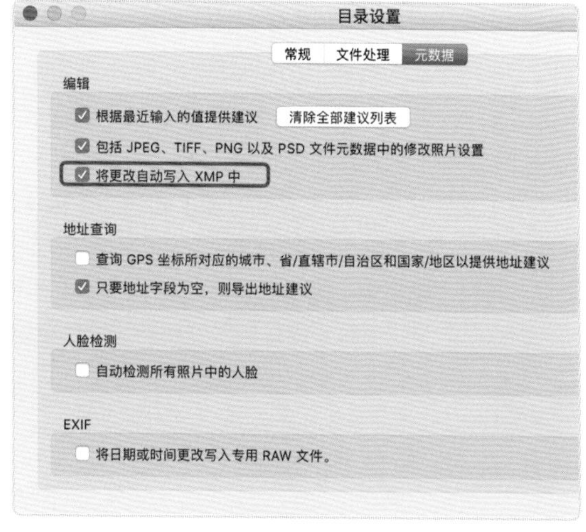

▲图 9-7

贴士

XMP 即 Extensible Metadata Platform（可扩展元数据平台）。XMP 文件可以存储照片的元数据，包括在 Lightroom 中修改照片进行的设置。如果你只使用 Lightroom，那么你完全可以把设置写入 Lightroom 的目录文件而不需要 XMP 文件。如果你同时还需要使用其他软件（如 PS、Bridge 等），那么你应该把设置写入 XMP 文件，这样你就能够在其他软件中看到你在 Lightroom 中的所有设置了。

扫码看全景

香港城市景观

9.1.3 导入未拼接的 RAW 格式的照片

设置好目录位置和备份目录后导入照片。单击【图库】模块左下角的【导入...】，如图 9-8 所示，会弹出一个导入设置窗口，如图 9-9 所示。

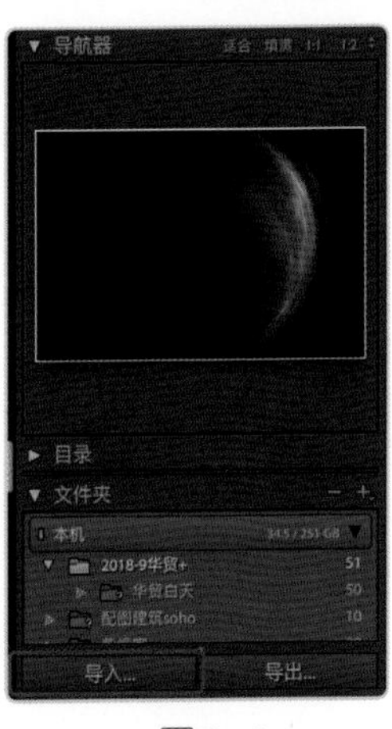

▲图 9-8

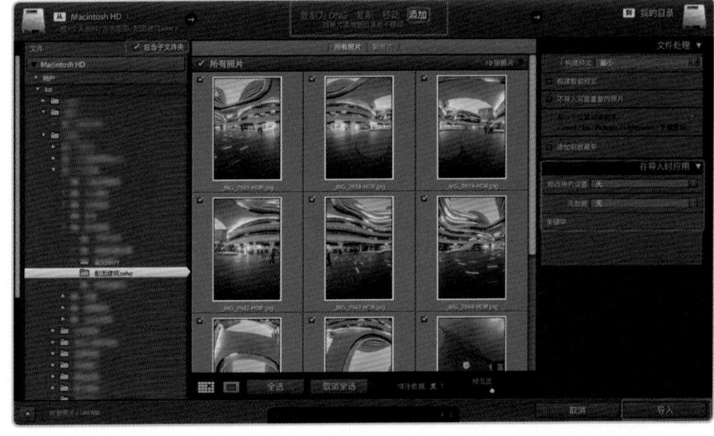

▲图 9-9

具体设置如下。

（1）选择导入源。在左上角选择目录，导入需要的照片。

（2）选择导入方式。如果是从 SD 卡中导入照片，可以选择【复制】。如果是从硬盘上导入照片，可以选择【添加】，此时右侧没有【目标位置】面板。“添加”的意思是只是把照片的信息添加到 Lightroom 的目录中，而不需要移动或复制照片。

（3）文件处理。在【文件处理】面板的【构建预览】中，从上至下文件会越来越大，同时渲染质量越来越好。如果要导入大量的照片，那可以选择前面的两个。当然，在大多数情况下，建议选择【最小】。在导入时也可以自定义应用版权等信息，选择【在导入时应用】面板的【元数据】中的【新建】，可以添加一些自己的版权信息，这样导入的所有照片都会包含这些版权信息。

9.2 调色修饰美化图像

照片导入成功后，在模块选取器中选择【修改照片】模块，如图 9-10 所示，可以对单张照片进行润色和修饰处理。一张优质的 VR 全景图需要调整的内容主要涉及基本栏目调整、颜色和清晰度调整、细节修正、高动态合成、创建输出几个方面。

▲图 9-10

9.2.1 基本栏目调整

基本调整，单击【基本】右侧的“三角形”按钮打开折叠面板，如图 9-11 所示。

在【白平衡】中可以通过“吸管”吸取画面中白色物体位置的颜色，画面就会根据光线自动校准白平衡，也可以通过移动面板中的滑块对色温和色调进行调整。

对于【曝光度】，根据直方图来进行曝光处理，移动【高光】【阴影】这两个面板中的滑块，做出相应调整，从而得到我们想要的效果。【高光】【阴影】对应滑块滑动的幅度可以大一些，直至直方图显示曝光正常为止。

【对比度】和【清晰度】。会对照片产生较大影响，都能使照片更为清晰，只是作用原理上略有差别。要注意的是，无论是提高画面的对比度还是清晰度，都会在一定程度上损失画质。

▲图 9-11

对于【色阶】，将鼠标指针移到直方图左右两端，可见【白色色阶】和【黑色色阶】面板中的字体变亮。此时，选择降低【白色色阶】的数值，以拉低画面的过曝部分，然后适当降低【黑色色阶】的数值，以提高画面的对比度，使画面主体更显质感。

对于【鲜艳度】和【饱和度】，适当增加【鲜艳度】和【饱和度】的数值，微调即可（建议不要超过+20）。

9.2.2 颜色和清晰度调整

1. 颜色调整

【HSL/ 颜色 / 黑白】面板，如图 9-12 所示，我们重点讲解 HSL 功能。HSL 是一组高级色彩控制命令，在面板中我们可以根据需要直接移动滑块，或者使用调整工具进行调整。将鼠标指针移到我们想要调整的某个颜色区域，按住鼠标左键左右滑动滑块，如此对应数字也会做相应调整，从而我们可以得到想要

扫码看全景

香港夜景

的画面色彩效果。例如拍摄的内容为蓝天、草地，可以适当调整绿色和蓝色的【饱和度】，再将绿色的【明亮度】调高，使草地看起来更加嫩绿，将蓝色的【明亮度】调低，使天空看起来更加湛蓝。

2. 锐化与降噪

【锐化】功能很好理解，它可以提高画面的锐利程度。当我们向右调整【锐化】的 4 个滑块时，画面的细节会更加突出。【噪点消除】从字面上理解，如图 9-13 所示，可以弱化噪点，在操作中的主要形式为涂抹，在牺牲画面细节的同时，能把颗粒感降到最低。

3. 去朦胧

我们在拍摄外景时，受不良环境影响拍出的照片，会给人一种灰蒙蒙、不通透的感觉，可以使用 Lightroom 中的【去朦胧】功能来解决该问题。适当滑动【去朦胧】对应的滑块，如图 9-14 所示，就可以在画面中看出很明显的区别，注意不要过度调整，以保证画面协调。还可以启用配置文件校正，消除色差。

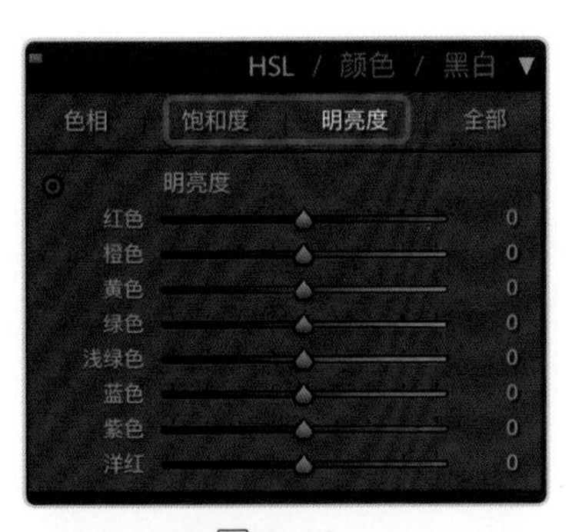

▲图 9-12

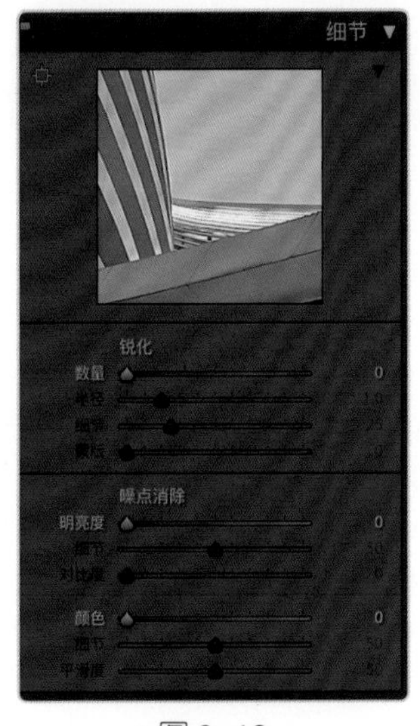

▲图 9-13

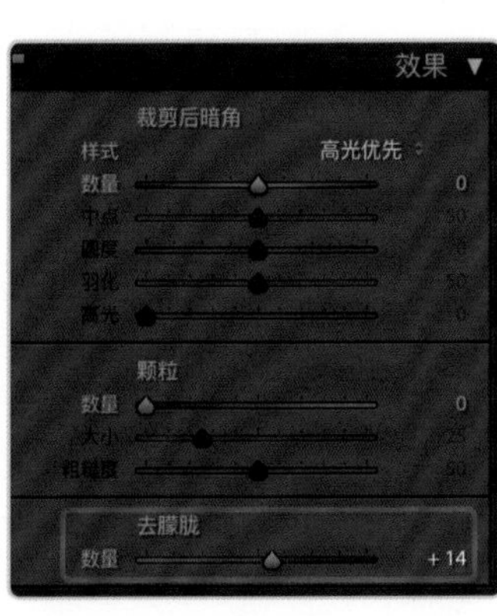

▲图 9-14

9.2.3 细节修正

1. 镜头校正

首先需要了解通常所说的“紫边”。“紫边”是指数码相机在拍摄过程中，由于被摄物明暗反差较大，在照片上亮部与暗部交界处出现的色散现象，沿着交界处会出现一道紫色的镶边（多数情况下是紫色，有时也可能是其他颜色，如绿色和橙色等）。

在光比非常大的情况下，亮部与暗部没有过渡而突然交汇，其交界处（例如房檐、窗户边等）就容易出现紫边现象。紫边现象的出现还与镜头控制色散的能力、图像感应器的面积、相机内部的处理器算法等硬件性能有关。鱼眼镜头的紫边问题尤其明显，并且目前市场上还没有对紫边问题控制得比较好的鱼眼镜头。紫边现象会让画面看上去“不舒服”，所以我们需要通过后期软件对其进行校正。

可以通过相机的【周边光量校正】等功能进行缓解，如果缓解效果不明显，就需要使用 Lightroom 的【镜头校正】中的【去边】功能。在设置【去边】的数值的时候，可以根据画面实时预览滑动紫色和绿色的【量】来消除紫边的效果，如图 9-15 所示。紫边在不同的拍摄环境下会产生不同的颜色，如果预览时发现紫边还未消除，需要调整色相再进行消除，直至镶边变成灰色。在进行去边操作的时候有可能影响到画面里非镶边的颜色，注意不要调整过度，以保证画面颜色准确。

在拍摄过程中，难免会存在一定的色彩差异和镜头畸变，就算畸变很小，其对拼接后的 VR 全景图还是存在一定的影响。所以，直线镜头拍摄的照片需要勾选【删除色差】，启用配置文件校正，这样软件会自动识别出拍摄的镜头和机器。而在处理用鱼眼镜头拍摄的照片时，勾选这两个选项的时候则需要将【扭曲度】调整为 0。

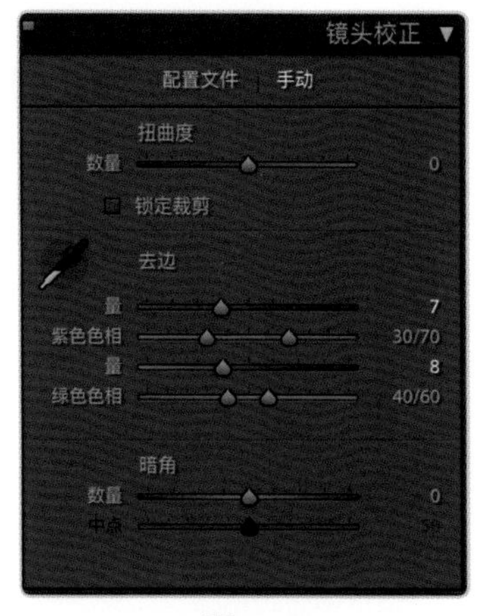

▲图 9-15

2. 修饰和调色原则

对照片进行调色和润色的内容我们就简单介绍，Lightroom 中切换到【修改照片】模块时，对应的右侧模块界面中还有很多功能都可以尝试，例如【径向滤镜】【色调分离】【仿制印章】等。我们可以根据自己的喜好进行修饰和调色处理，但是需要遵循以下 5 个原则。

（1）准确的色彩还原。

（2）正确的黑白场。

（3）足够的清晰度。

（4）适当的饱和度。

（5）丰富合理的层次。

9.2.4 高动态合成

1. 高动态范围

摄影中的一个重要技术是高动态范围成像（HDR）。在阳光明媚的日子，阴影中的物体与被阳光照射的物体之间的对比度通常太高而不能被相机拍摄下来。在长时间的曝光中，阴影细节将可见，但图像中的明亮区域（如天空）将过度曝光，通常呈现为白色。通过缩短曝光时间，明亮区域将被正确曝光，但较暗的物体将完全变为黑色或淹没在图像噪声中。这种限制在拍摄 VR 全景图时尤其明显，因为拍摄 VR 全景图需捕捉更大的场景并且更可能包含高光和阴影。HDR 摄影试图通过将同一场景的多张曝光参数不同的照片组合成单个图像来打破该限制。这样的组合图像具有更高的动态范围，并且通常存储在每通道 32 位的图像文件中（常规的 JPEG 格式文件每通道仅 8 位）。由于受到计算机显示器和纸张墨水的对比度的限制，HDR 图像在显示之前要进行色调映射。色调映射可对图像进行局部亮度调整，以缩小动态范围，使其适合显示或打印。

另一种创建具有 HDR 场景且可显示图像的方法称为曝光融合。此过程类似于 HDR 技术成像过程，但它直接从曝光中创建色调映射图像，跳过了生成实际 HDR 图像的步骤。如果只对最终色调映射图像感兴趣，则曝光融合是 HDR 技术成像过程的更简单的替代方案。

2. 包围曝光拍摄

通过拍摄同一被摄物的几张图片来改变曝光，称为“包围曝光”。包围曝光会将每张图像的正确曝光部分组合到 HDR。在相机中，有 3 个参数控制曝光量：曝光时间、光圈和感光度。改变光圈不仅可以改变捕获的光量，还可以改变景深。改变感光度也会改变图像中的噪点值，并且相机的降噪算法可能表现不同。理想情况下，应该改变的唯一参数是快门速度（曝光时长）。因此，每张图片都应该按照同一组曝光参数拍摄，并且最好按顺序拍摄。目前一些中高级的单反相机都具有自动包围曝光功能，启用自动包围曝光功能后，相机将按顺序拍摄多张图片。图 9-16 所示分别为在曝光量【-2】【正常】【+2】的情况下拍摄的 3 张图片。

▲图 9-16

3. 包围曝光合成

通过 Lightroom 软件对使用包围曝光拍摄的 3 张图片进行 HDR 合成。我们首先导入拍摄的 3 张待合成的原图，在【图库】模块中按住【Shift】键并单击选中【图库】中待合成的 3 张图片，如图 9-17 所示。

单击鼠标右键，在弹出的快捷键中选择【照片合并】-【HDR...】，弹出“HDR 合并预览”窗口（见图 9-18），勾选【自动对齐】【自动调整色调】，注意【伪影消除量】可根据情况选择。在合成 HDR 图像的时候，如果画面中有画幅较大的移动物体，在【伪影消除量】选择【高】的情况下，画面中移动物体所在的位置会出现大范围的噪点。

▲图 9-17

▲图 9-18

单击【合并】，Lightroom 软件会自动进行 HDR 合成处理，左上角会显示进度条，如图 9-19 所示，合成完毕后会在【图库】位置得到一张合成好的曝光正常的图片。

▲图 9-19

我们使用 HDR 合成功能，主要是为了保证画面中的高光不会因为太亮而溢出形成“死白”，阴影不会因为太暗而导致“死黑”。如果相机拥有足够的“宽容度”或者自带“HDR”效果，拍摄后的照片可以通过 Lightroom 中【高光】【阴影】【径向滤镜】【色调曲线】等功能进行处理。当然也有其他的软件可以进行 HDR 合成处理，例如 Photomatix Pro、PTGui 等，它们各有各的特点，作者比较喜欢使用 Lightroom 进行 HDR 合成，因为它会让画面更加自然。

9.2.5 创建输出

使用 Lightroom 的最后一步是创建输出。不过在创建输出之前，我们需要对处理调色完毕的单张图片与同时拍摄的一组图片进行同步处理，这样才可以保证 VR 全景图拼接完成后每一个角度的色调都是一致的，最终合成一张完美的整体 VR 全景图，这一步很重要。

同步处理需要切换到【图库】模块，选择调色完毕的图片，然后按住【Shift】键，依次选中同一组的图片，要注意左侧模块界面中应当显示调色完毕的图片，这时候单击【同步设置】，如图 9-20 所示。

▲图 9-20

弹出“同步设置”窗口，如图 9-21 所示，可根据之前调色的内容进行选择。如果在调色中对某一张特定的图片使用了【局部调整】的功能（如【径向滤镜】），则此时不要勾选该选项。单击【同步】，这样所有的图片都调色完成，检查一下没有问题就可以进行导出操作了。

▲图 9-21

单击【导出】，弹出导出的设置窗口，如图 9-22 所示。初次导出可以进行个性化设置，以后就可以直接选择要导出的图片，单击鼠标右键，在弹出的快捷菜单中选择【导出】-【使用上次设置导出】即可，如图 9-23 所示。

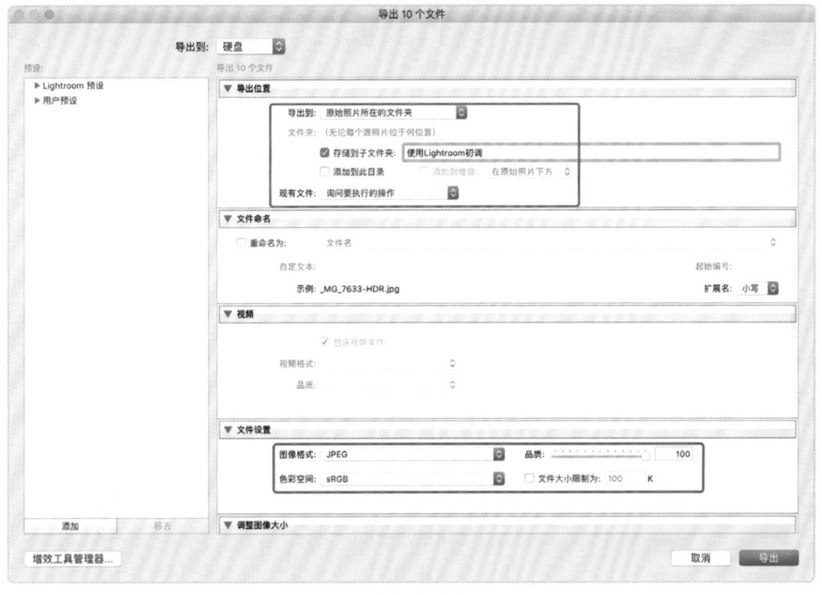

▲图 9-22

▲图 9-22（续）

导出需要设置导出目录，建议选择储存到原目录的子文件夹中（自定义命名）。导出还需要设置导出文件的格式，以及进行锐化处理和保留元数据（如果这里不保留元数据，会导致 PTGui 无法识别图片的镜头参数）。设置完毕后，单击【导出】，软件会执行导出操作，导出完毕就可以进行拼接处理了，如图 9-24 所示。

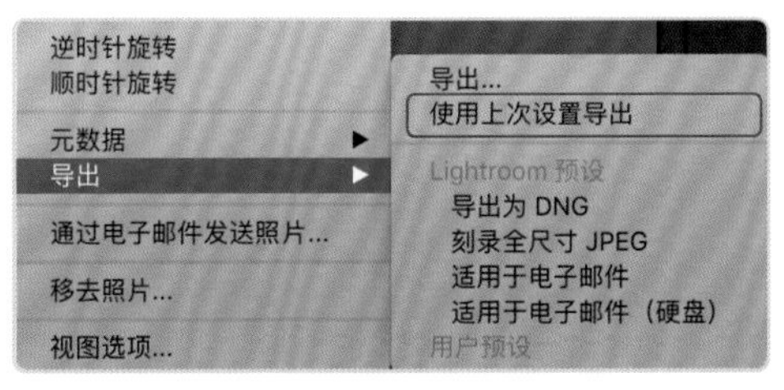

▲图 9-23

▲图 9-24

9.3 航拍天空和瑕疵修复

航拍天空和瑕疵修复

扫码看全景

北京国贸景观

在 8.5 节提到过，我们输出的航拍 VR 全景图的天空是缺失的，因为无人机无法垂直向上拍摄天空的景象。常用航拍器目前只能拍摄螺旋桨之下的范围。用大疆的几款小型无人机“一键全景”拍摄的作品，一是精度低，二是画面中的天空是机内软件自动生成的，因为太阳及云彩在螺旋桨之上，超出了镜头的拍摄范围，“一键全景”生成的天空可能会出现没有太阳的缺陷。掌握航拍 VR 全景图的补天方法是必要的，特别是当天空中的云彩非常漂亮时。航拍 VR 全景图素材时，尽量在地面也用相机同时拍摄天空素材，让 VR 全景图实现天地画面的完美融合。当天空中的云彩不好看时，换用相对符合拍摄时间段的云彩丰富的天空，也会为 VR 全景图锦上添花。

9.3.1 补天素材准备

随着显示器分辨率的不断提高以及拍摄设备性能的提升，航拍 VR 全景爱好者一般喜欢放大感兴趣的细节观看，超高清晰度的浏览也包含浏览表现细腻的天空。另外，对 VR 全景图的运用大多是将其转化为不同角度的平面作品并大幅印刷。因此，平时拍摄天空的 VR 全景图素材是很有价值的。例如在 720yun 全景平台会有摄影师上传天空素材并进行售卖，如果需要天空素材，摄影师也可以直接购买下载使用，如图 9-25 所示。

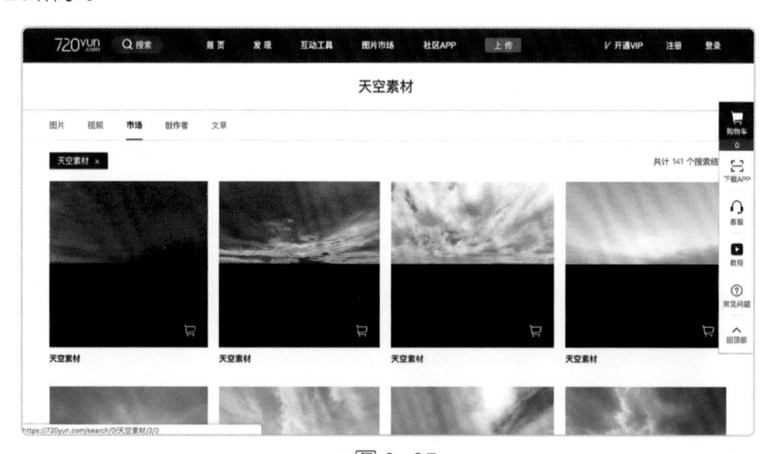

▲图 9-25

贴士

VR 全景图的天空素材的拍摄相对简单。在航拍 VR 全景图素材拍摄完成且无人机降落后，手持单反相机配合鱼眼镜头，即可快速完成天空素材的拍摄。对精度要求不高的天空素材的最快拍摄方式，是用全画幅单反相机配合 8 毫米全周鱼眼镜头，垂直向上单张拍摄。要得到细腻的天空素材，也可用全画幅相机配合 15~16 毫米鱼眼镜头，上仰镜头约 45 度拍摄，拍摄时应注意取景中要包含地平线或地面固定景物，以便于后期拼接。经测试，4 500 万像素的数码相机配合 8 毫米鱼眼镜头，单张拍摄转化的 VR 全景图天空素材的长边超过 10 000 像素，配合 15 毫米鱼眼镜头拍摄 6 张拼合的 VR 全景图天空素材的长边大约 22 000 像素，无人机拍摄的画面长边通常都可以达到 20 000 像素。

9.3.2 航拍 VR 全景补天流程

使用 Photoshop 进行航拍 VR 全景补天的流程如下。

（1）大疆“御”2 Pro 无人机具有“一键全景”功能，可以保存 RAW 格式的 VR 全景素材。进行“一键全景”操作后，手动对高光位进行减少曝光操作，同时补拍 RAW 格式的图片，记录的高光层次素材拼接成的 VR 全景图的长边为 27 078 像素，如图 9-26 所示。

▲图 9-26

（2）选择合适的补天素材，尽可能与当时航拍的天气接近。使用的补天素材的水平长边像素也必须改为同样大小，如图 9-27 所示。

▲图 9-27

（3）在天空 VR 全景图素材的图层上单击鼠标右键，复制图层，把天空 VR 全景图素材复制到航拍 VR 全景图上，增加新图层，如图 9-28 所示。

扫码看全景

隧道道岔

▲图 9-28

（4）拖动天空图层，使天空 VR 全景图素材中的太阳与航拍 VR 全景图中的太阳对齐，对齐后在天空图层上单击鼠标右键，复制天空图层，如图 9-29 所示。

▲图 9-29

（5）拖动天空图层，本案例中向左拖动，使其与右侧下一层天空图层的左右端对齐。VR 全景图巧妙地展示了图层间的首尾无缝衔接，如图 9-30 所示。

▲图 9-30

（6）将两块天空图层拼合，在图层面板的天空图层添加【蒙版】，点亮天空图层对应的蒙版，此时可使用【渐变工具】对图层蒙版进行填充。选择左侧工具栏中的【渐变工具】（在 Photoshop CC 2018 版本中，将鼠标指针停留在【渐变工具】上的时候，右侧会出现一个小的介绍视频，对【渐变工具】进行演示介绍），如图 9-31 所示。

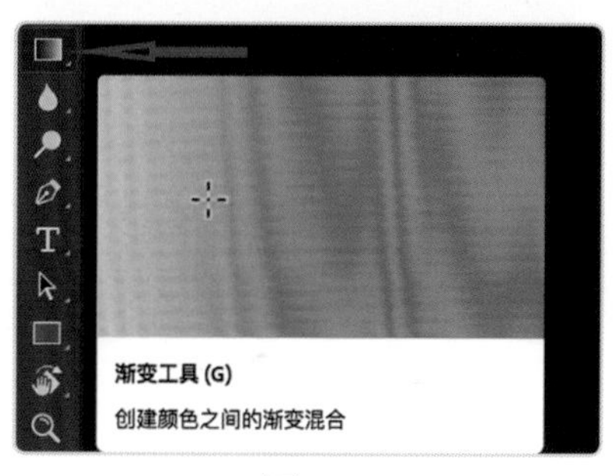

▲图 9-31

（7）在航拍 VR 全景图与天空素材的叠加部分向上移动鼠标指针，可以看到天空素材与航拍 VR 全景图的接缝部分融合在了一起（使用【渐变工具】时按住【Shift】键，保证渐变填充的角度为 90 度）。这时我们可以看到地面拍摄的 VR 全景图的矢量蒙版变成上半部分是白色，下半部分是黑色，可以多试几次，让两者尽量融合，如图 9-32 所示。在左侧选择【画笔】工具进一步进行细节部分的融合调整，设置合适的画笔硬度和透明度，将前景色设置为“黑色”，使用【柔笔】对补天与实际全景交界处多余的内容进行涂抹时期融合，建议少量多次涂抹，尽量保证画面自然，如果出现涂抹过度的情况，将前景色切换为“白色”即可。

▲图 9-32

扫码看全景

香港城市森林

此时呈现了大概的 VR 全景图效果，如图 9-33 所示，可针对航拍 VR 全景图及天空素材进行进一步优化，如调整色彩及明暗等。

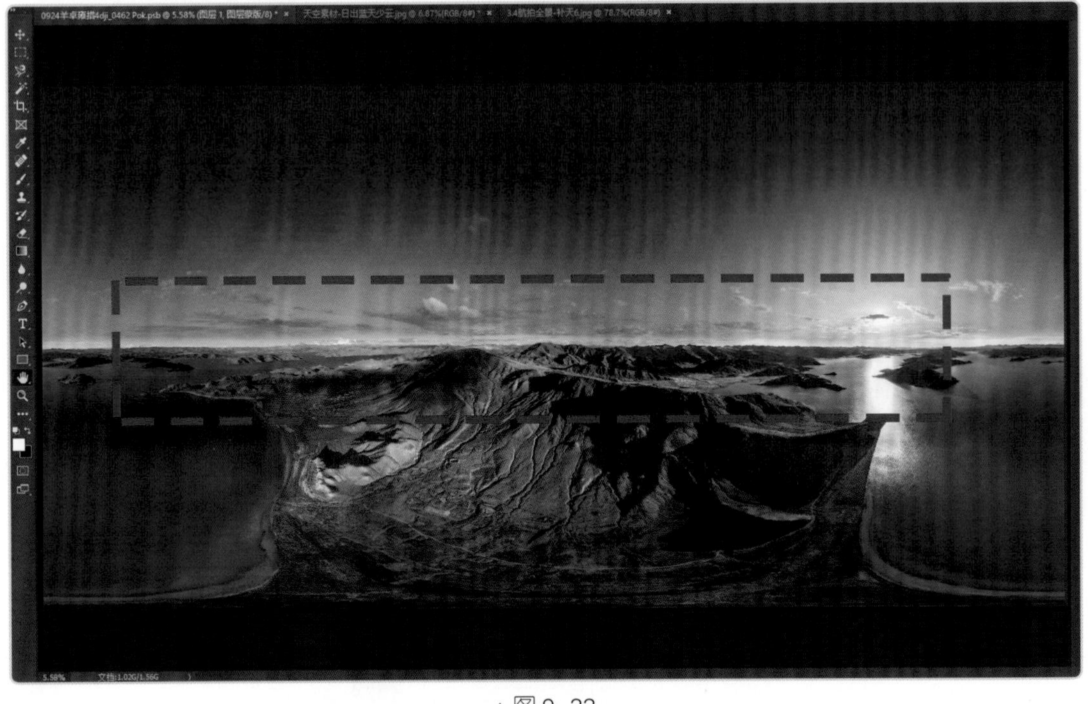

▲图 9-33

（8）拼合上下图层，此时处理的是上下图层的拼缝位置。选择【滤镜】-【其它】-【位移 ...】，如图 9-34 所示，将此前 VR 全景图的最左端及最右端在画面中间“首尾相接”，如图 9-35 所示。

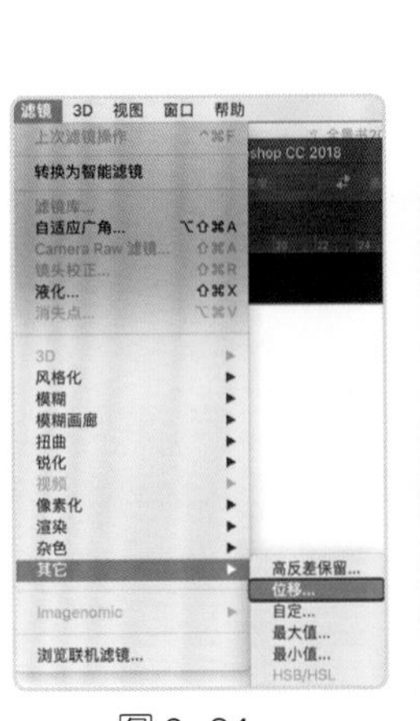

▲图 9-34

▲图 9-35

（9）使用【仿制图章工具】等，将拼缝处理完毕，如图 9-36 所示。后面会具体列举几种修补方法。

（10）通过以上步骤，航拍 VR 全景图的补天操作就基本完成了。你可以扫描图 9-37 中的二维码，观看补天案例——天上西藏。

▲图 9-36

▲图 9-37

9.3.3 避免补天拼缝

当我们处理好 VR 全景图，完成补天的操作后，通常会放大 VR 全景图，检查一下错位等细节问题，有时候还是感觉美中不足。于是我们会在 Adobe Camera Raw 里整体调色，调整【高光】和【阴影】的数值，如图 9-38 所示。最后将图片放到 VR 全景播放器中播放，会发现 VR 全景图的天空位置出现了一个明暗不对称的拼缝，如图 9-39 所示。

这个拼缝是 PS 的算法导致的，它会更趋于调整画面的中间部分，于是画面左右两边合并的时候就会出现明暗不对称的情况。如何避免这样的情况呢?

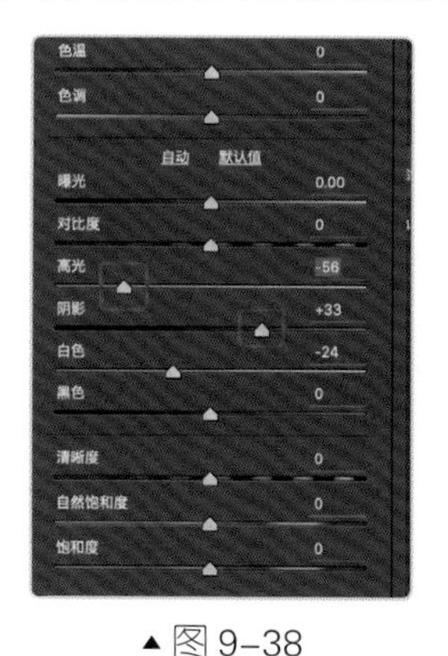

▲图 9-38

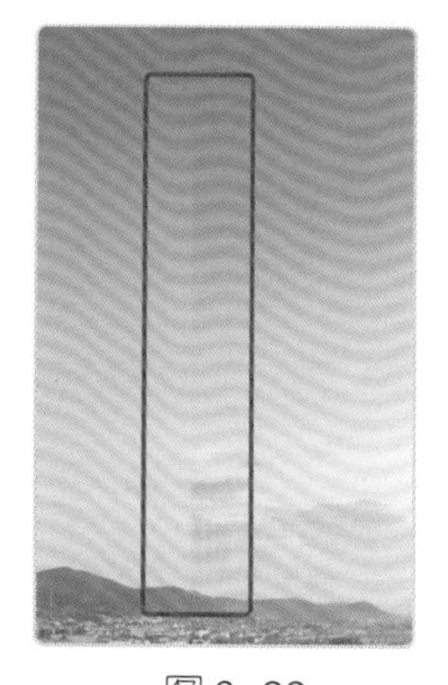

▲图 9-39

对明暗的处理，可以选择【图像】-【调整】-【曲线...】，如图 9-40 所示，在“曲线”窗口中，上下拖动图中左半边和右半边的线条对明暗进行调整，如图 9-41 所示，这样一般就不会出现这类拼缝问题了。

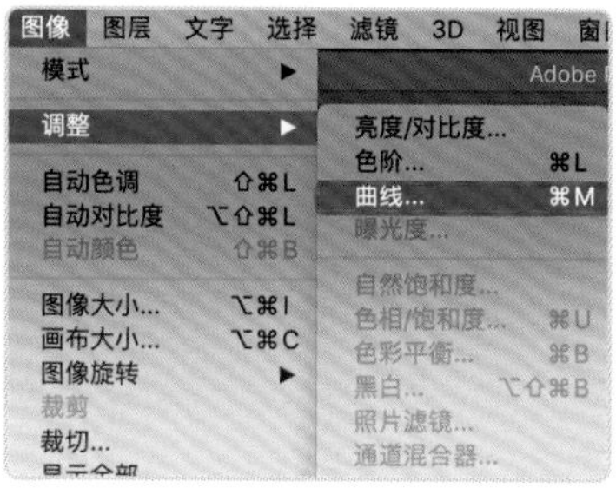

▲图 9-40

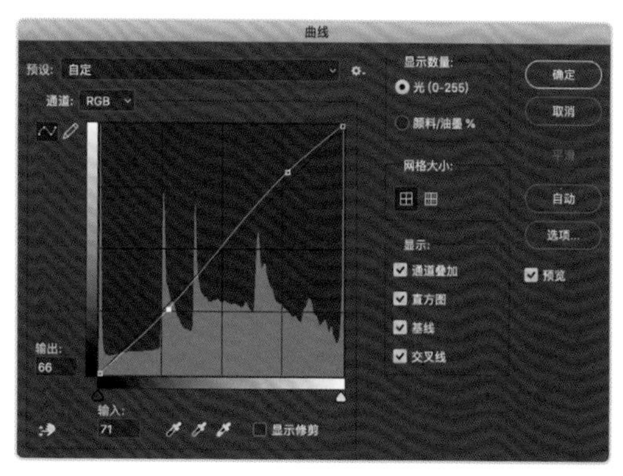

▲图 9-41

我们也可以选择【滤镜】-【其它】-【位移 ...】，弹出“位移”窗口，将图像水平移动一定的距离（-2 000 像素），如图 9-42 所示，这样画面左右两边缝合的位置就不会有拼缝了。

▲图 9-42

9.3.4 拼缝和瑕疵处理

1. 天空错位修复

当出现天空拼缝，我们依然可以通过后期进行有效地处理。我们还可以通过【修补工具】【仿制图章工具】【图层覆盖】等功能修复，这里讲解一下使用【修补工具】修复拼缝的具体过程。

将错位图导入 PS 中，使用放大工具或按【Ctrl+“+”】组合键将错位处放大到适宜的比例。选择【修补工具】，如图 9-43 所示，注意要使用【源】，对需要修补的位置进行框选，拖动选框，如图 9-44 所示，将其移动到一个合适的相似的位置，如图 9-45 所示，PS 就会自动修复瑕疵了，如图 9-46 所示。

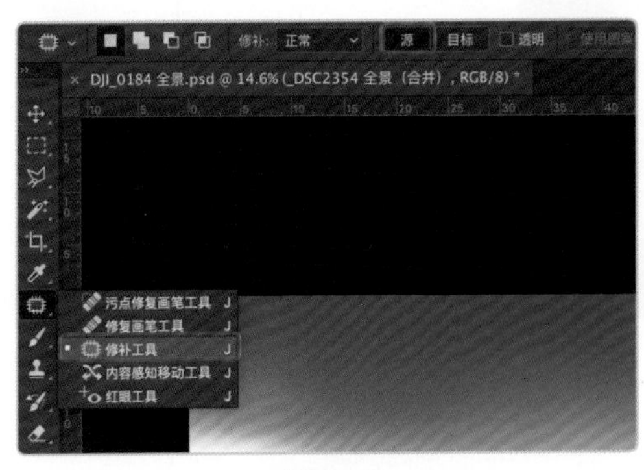

▲图 9-43

▲图 9-44

▲图 9-45

▲图 9-46

2. 地面错位修复

在 VR 全景图的拍摄中，由于不可控因素太多，风吹草动和三脚架的位移都会导致出现错位。室内天花板上的装饰线条，室外的一些电线、树枝等在画面中都可能出现错位。此类错位和云台节点没有太大关系，只能通过后期处理修改。

当我们发现图片中地面的拉伸处存在错位时（见图 9-47 红框位置），我们可以通过【极坐标】进行处理。

▲图 9-47

首先对图像进行旋转操作，选择【图像】-【图像旋转】-【180 度】，如图 9-48 所示，这样图像就会进行翻转。再选择【滤镜】-【扭曲】-【极坐标 ...】，如图 9-49 所示，会弹出“极坐标”窗口，我们选中【平面坐标到极坐标】，单击【确定】，如图 9-50 所示，这时画面就变成“小行星”的状态了，如图 9-51 所示。

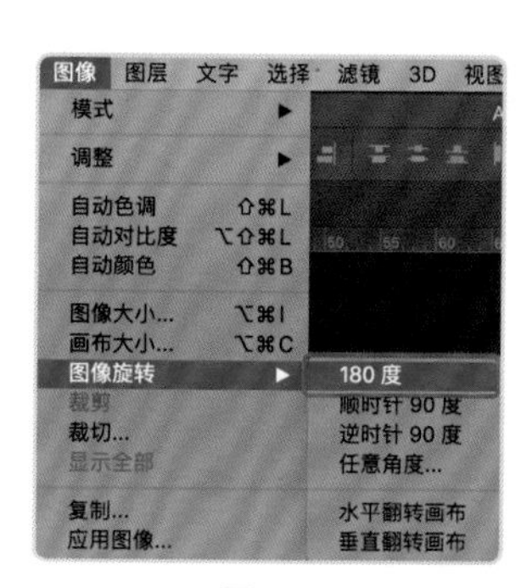

▲图 9-48

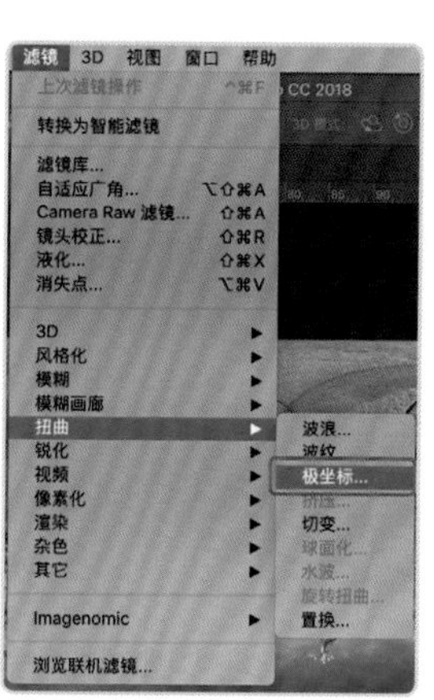

▲图 9-49

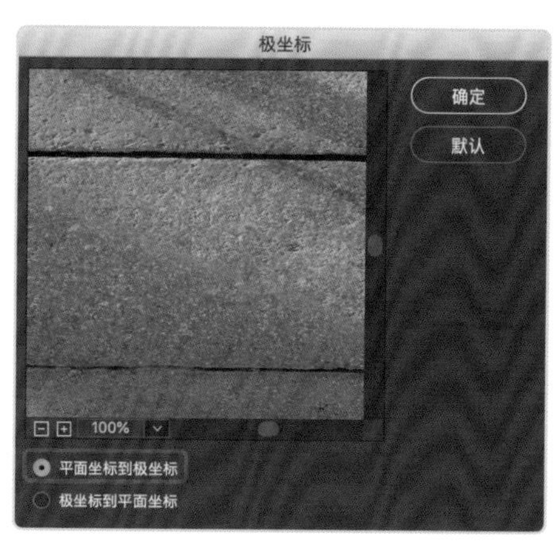

▲图 9-50

▲图 9-51

这时候，地面的拉伸位置就不会变形那么严重了，我们可以使用【仿制图章工具】【修补工具】，或者使用【套索工具】选择选区，复制图层，使用【变形】工具将其调整到合适的大小，再使用盖印遮挡等就可以轻松修复。图 9-52 所示为修复前的小错位，图 9-53 所示为修复后完整的地面。

修复完之后，我们再按相同的方法在“极坐标”窗口中选择【极坐标到平面坐标】，单击【确定】，可将图像还原并旋转为正确方向，这样地面的“错位”就轻松修复了。

扫码看全景

成都地标建筑

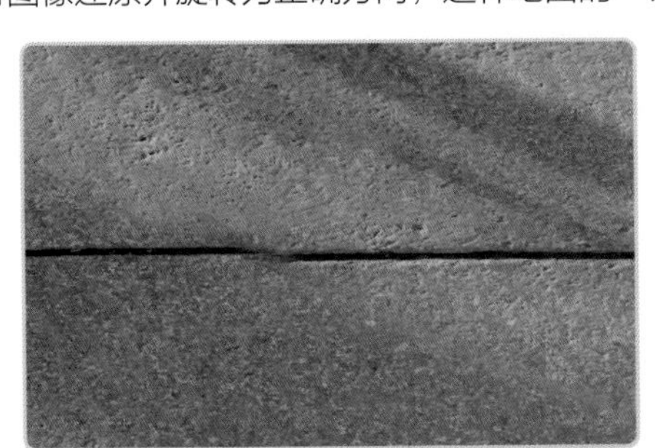
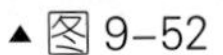

▲图 9-52

▲图 9-53

9.4 作品展示与分享

作品展示与分享

第 7 章和第 8 章讲了 VR 全景图的制作和生成，当我们制作完成一张 VR 全景图之后，如何才能将其以可交互的 VR 全景的样子展示并分享给其他人呢？

我们都知道，播放视频是需要视频播放器的，VR 全景图和全景视频也需要专门的播放器才能实现 VR 全景图的展示。我们可以使用全景互动工具——720yun 来进行展示，720yun 是一站式的 VR 全景漫游交互式 H5 在线制作、分享的社区网站。这里又出现了一个新的名词“VR 全景漫游”，“VR 全景播放器”与“VR 全景漫游”又有什么关系呢？

在 VR 全景行业发展初期，VR 全景创作者面临的最大的问题就是如何展示和分享自己的 VR 全景作品。为了解决创作者的这个痛点，720yun 在 2014 年的时候就上线了一个可以在线播放 VR 全景图的播放器工具，也就是“VR 全景播放器”。而展示出来的 VR 全景图，在英文中被称为“Panorama Virtual Tour”，中文翻译为“VR 全景虚拟漫游”，简称“VR 全景漫游”。

VR 全景播放器最初是为了满足创作者的基础的 VR 全景展示需求，但是随着 VR 全景行业的发展，尤其是 VR 全景逐渐出现在商业应用中，许多交互性的需求出现了。基础的 VR 全景漫游就需要承载更多的交互式动作和媒体内容，所以“VR 全景播放器”升级为了“VR 全景漫游交互式 H5”。VR 全景漫游交互式 H5 支持更多的交互动作和更多的媒体类型且以 H5 的形式展现，如图 9-54 所示，复制链接或者扫描作品的二维码即可将其快速分享给他人。

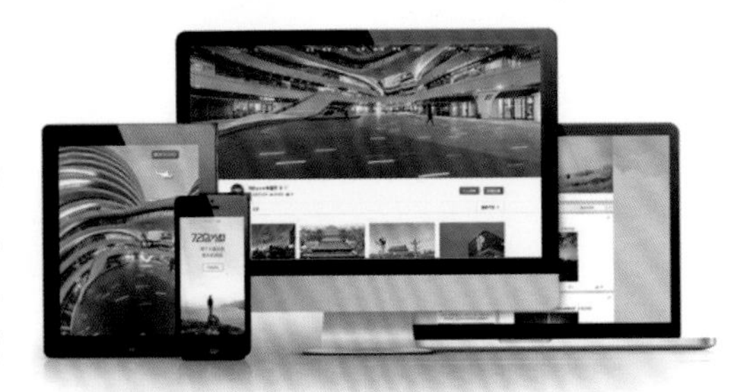

▲图 9-54

9.4.1 VR 全景展示平台

在众多的 VR 全景漫游制作平台中，为什么唯独给大家介绍 720yun 呢？简单介绍一下这个平台，720yun 是 VR 全景行业中最早开始做线上 VR 全景播放器的平台之一，它的创始人就是一位资深的 VR

全景摄影师——刘纲老师，也是本书的作者之一。720yun 最初是为了满足 VR 全景创作者的作品展示和分享需求而出现的工具类在线网站。经过几年的发展，720yun 已经逐步成长为 VR 全景创作者和爱好者交流、学习、分享作品的 VR 全景社区。社区内汇聚了海内外大量的优质全景内容，如图 9-55 所示。

▲图 9-55

同时，720yun VIP 功能可以满足更多商业需求，适合制作商业项目时使用，这部分功能会在 VR 全景漫游编辑部分进行详细讲解。

9.4.2 VR 全景漫游 HTML5

所谓的 VR 全景漫游，其实从本质上来讲，就是带有 VR 全景播放功能的 HTML5（简称 H5）网页，所以它可以在线上传、生成、发布和分享作品。既然是 H5 网页，是不是所有的只要带有浏览器的设备就都可以访问、观看 VR 全景漫游 H5 作品了呢？从理论上来说是这样的，但是，就目前来说，还有少数的浏览器使用着较老版本的内核，例如 IE7 及以下版本，它们对 WebGl 的渲染支持度较差，可能会出现不能播放 VR 全景漫游 H5 作品的情况。而且，VR 全景漫游 H5 除了支持拖动观看作品，在手机端还支持重力感应观看作品。如果你的手上恰好有可以连接手机的 VR 眼镜，点击屏幕上的 VR 眼镜按钮，如图 9-56 所示，就会进入 VR 模式，手机会显示两个画面，如图 9-57 所示，将 VR 眼镜连接到手机上就可以体验初级的 VR 全景漫游了。

▲图 9-56

▲图 9-57

VR 眼镜大致分为以下 3 种。

1. 移动端头显设备（VR 眼镜盒子）

这种眼镜仅提供了带有双目眼镜片的盒子，适用于支持 VR 功能的手机。在使用的时候，打开支持 VR 交互的 VR 全景漫游 H5 作品或者支持 VR 交互的 App，然后将手机插入盒子的手机放置区，再戴上眼镜即可体验 VR 全景漫游。它的构造相对比较简单，一个装有凸透镜的盒子，如图 9-58 所示，再加上一部手机，就可以把智能手机变成一个 VR 观看器，当然这种设备不适宜长时间佩戴。

▲图 9-58

2. 一体式头显设备（VR 一体机）

这种眼镜具有内置系统，不用借助手机等设备即可进行 VR 全景漫游体验。打开电源，戴上眼镜即可进入界面，它支持聚焦单击、重力感应、机身按钮、遥控交互功能。部分 VR 一体机还配备了 VR 耳机，支持 3D 立体声，带来的沉浸感会更加强烈。这种眼镜相比于 VR 眼镜盒子来说，可以给观看者更好的虚拟体验。我们也可以使用 Pico VR 一体机，如图 9-59 所示，通过专用的浏览器体验 VR 全景漫游，这样沉浸感会更强烈。

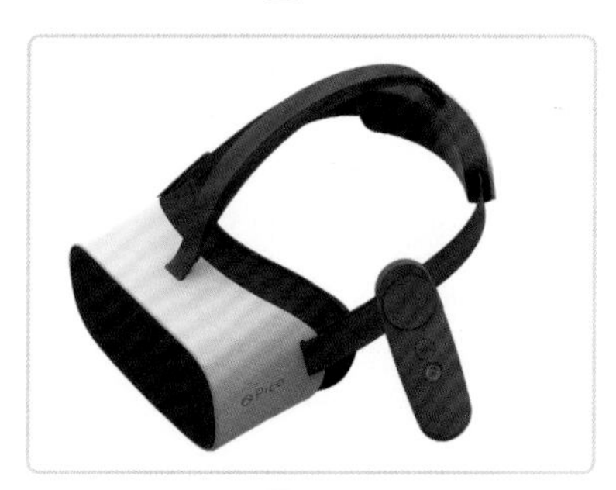

▲图 9-59

3. 外接式头显设备（PC 端头显）

这种设备的用户体验感比 VR 眼镜盒子的要好很多。这类眼镜（见图 9-60）具备独立屏幕，产品结构复杂，技术含量较高，需要连接计算机。眼镜端主要承载的是显示功能，该设备还可以运行大型 VR 类游戏，因其技术含量较高，价格也相对较高。

▲图 9-60

有些政务单位或商业客户，需要将 VR 全景漫游 H5 文件放到自己的服务器或者内网的服务器上，而自身又没有相关的开发能力，那么应该如何解决这个实际的问题呢？这时就需要用到 720yun 的离线文件功能。

720yun 平台支持 VR 全景漫游 H5 离线包下载，在【作品管理】中找到需要导出离线包的作品，单击右侧的【离线下载】，如图 9-61 所示，即可获取离线包。下载完成以后，根据离线包内的说明书，将文件上传到自己的服务器上即可，如图 9-62 所示。

▲ 图 9-61

▲ 图 9-62

9.4.3 分享 VR 全景图

在【作品管理】中可以看到自己创作的所有作品，单击【分享】(见图 9-63) 就会弹出该作品对应的二维码和链接地址，如图 9-64 所示，通过扫码转发或复制链接地址就可以将自己的作品传播分享出去。我们也可以将 VR 全景图嵌入其他网站，以窗口化的方式显示 VR 全景图，还可以将其嵌入论坛等地。

【景区】全景看北京-故宫 预览
2016.12.15 7799 365364
离线下载 分享 编辑 删除

▲ 图 9-63

▲ 图 9-64

720yun App 还具备卡片分享的功能，可以选择合适的角度，自动生成一张卡片，卡片附带作品的二维码和作者信息，如图 9-65 所示，这样可以让受众先了解分享内容的部分信息，如果受众对这个内容感兴趣，可以扫码观看 VR 全景图。

▲ 图 9-65

另外，许多人在微博、QQ 空间也见过 VR 全景图，那么在这两个媒体平台上又是怎样发布 VR 全景图的呢?

在微博中发布 VR 全景图。使用手机发布内容的时候，当你要选择的图片是 2:1 尺寸的 VR 全景图，图片的右下角就会有个 3D 虚拟球形的标志。这时候发布微博就可以将 VR 全景内容呈现出来了。在发布过程中可以设置初始的视角，发布完毕后转动手机，画面也会跟随转动，这时就可以分享你的 VR 全景作品了。

在 QQ 空间发布 VR 全景图。与微博类似。在发布动态的时候，选择图片，系统会自动识别图片是否带有 EXIF 信息 (VR 全景一体机拍摄的 VR 全景图会自动带有 EXIF 信息)，并且是否是一张 VR 全景图，如果符合要求就会在动态中呈现出来。

随着技术的发展，社交平台可以发布的内容种类会越来丰富，从以前的文字，到后来的图片、H5，再到最近热火朝天的短视频、直播等，视觉呈现的方式越来越多，VR 全景图也会获得越来越多的平台支持，例如微信朋友圈等。

微信中的公众号、订阅号目前都不支持直接发布 VR 全景图，也不支持使用网页嵌入的方式发布 VR 全景图。微信朋友圈现在可以使用链接发布 VR 全景图，会以跳转的方式打开，小程序支持嵌入 VR 全景漫游。在技术的推动下，VR 全景图会逐步成为人们获取信息不可或缺的一种方式。微信朋友圈已经在做全景广告的投放，例如汽车内饰的广告。目前在 VR 全景漫游的分享上，借助 720yun 这类专业的 VR 全景漫游交互式 H5 工具平台（见图 9-66）会比较方便，并且这类平台汇聚了很多全景爱好者。

扫码看全景

日本宗谷号

▲图 9-66

9.4.4 互动制作工具介绍

通过 VR 全景互动制作工具生成的内容通常为富媒体内容，富媒体即 Rich Media 的英文直译，它本身并不是一种具体的互联网媒体形式，而是指具有动画、声音、视频和交互性信息的传播方法。我们常见的媒体传播内容，大多数都应用了富媒体传播方式。那么，我们应该如何在 VR 全景图中添加这些富媒体信息内容呢？

我们可以通过高效易用的全景互动制作工具进行制作，如图 9-67 所示。

▲图 9-67

下面就以 720yun 全景漫游工具为例，讲解以 VR 全景图为依托的富媒体展现形式及内容的添加。图 9-68 所示为一个内容相对丰富的案例，可扫码观看。

▲图 9-68

作品上传完毕后，先单击【作品管理】，再在【全景图片】中选择需要编辑的作品，单击作品右侧的【编辑】，如图 9-69 所示，就会进入作品的编辑界面，如图 9-70 所示。

▲图 9-69

▲图 9-70

编辑界面有以下 4 个主要的功能区域。

（1）左侧功能模块：选择不同的功能模块，编辑不同类型的功能。

（2）可视化操作区：通过一键点选或者可视化操作来添加、编辑操作动作，如当左侧功能模块选择【基础】的时候，可为【基础】设置功能模块。

（3）场景列表管理区：可修改缩略图、修改场景名称、管理分组、调整顺序、隐藏缩略图等。

（4）功能编辑区：当切换为不同的功能模块时，会显示不同的编辑界面，可通过此区域进行管理设置。

9.4.5 左侧功能模块与基础设置

左侧功能模块目前包含了【基础】【视角】【热点】【沙盘】【遮罩】【嵌入】【音乐】【特效】【导览】【足迹】【细节】这 11 个大的功能模块。

1. 左侧功能模块的功能说明

（1）【基础】。设置 VR 全景漫游作品的基本信息，包括作品类别、名称、描述、标签等文字媒体内容。添加这些信息有助于作品被搜索引擎收录，从而提高作品排名。在微信等媒体平台分享时，这些信息是最直观的展示内容。

（2）【视角】。调整视角范围和初始进入 VR 全景漫游的视野，可以把最好的角度展示给观看者。

（3）【热点】。八大类强交互性热点，支持切换场景，超链接跳转，图片、文字、音频、视频、环物图片展示等，向观看者输出更加丰富的媒体信息。

（4）【沙盘】。类似于在房产中心看到的沙盘，利用电子沙盘图，将场景标记在电子沙盘图上，观看者单击标记点即可观看指定场景。

（5）【遮罩】。快速在场景的顶部或底部添加遮罩层，用于展示 LOGO、产品信息等，或者用于场景的补天或补地操作，可以灵活地设置遮罩层是否跟随场景的转动而转动。

（6）【嵌入】。在 VR 全景漫游内嵌入文字、图片、动画贴片，既不会破坏原图，又能保证媒体信息的输出，甚至可以通过图片或动画贴片的完美嵌入融合场景，实现随时切换场景内容的效果。

（7）【音乐】。为 VR 全景漫游搭配背景音乐和解说音频，在观看场景的同时，融合声音，给观看者带来更加真实的感受。

（8）【特效】。为了贴合场景的实际效果，可为 VR 全景漫游添加阳光、下雨、下雪等特效，让场景看起来更加生动、鲜活，烘托场景氛围，这也是传统的媒体形式所不能实现的效果。

（9）【导览】。为 VR 全景漫游添加画面动画时间线，并在时间线上添加语音讲解、文字讲解等，观看者可以像看电影那样，按照添加的导览时间线进行动画播放，使图片秒变视频，从而远远超越图片自身的信息输出量。

（10）【足迹】。对于摄影师这一类型的 VR 全景漫游创作者来说，背着相机走遍各个拍摄地点，可以用作品记录下自己的足迹。部分相机可以自动为图片记录经纬度信息，上传到 720yun 以后，系统可自动标记场景足迹，若不准确，也可以手动更新场景的坐标信息。

（11）【细节】。通过【添加细节】功能在 VR 全景漫游缩放后进行标记，此时观看者打开内容后可以快速定位到相应的细节所在的位置，便于引导观看者观看 VR 全景漫游中的细节内容。

2. 基础设置

【基础设置】可设置作品封面图、作品标题、作品简介、标签、分类等信息，如图 9-71 所示。这些设置内容可用于最基础的作品信息展示，例如搜索引擎收录就会收取作品的标题、简介、标签、分类等信息。在微信、微博等社交媒体中分享作品时，可以很直观地看到作品的封面、标题、简介等信息。

▲图 9-71

3. 全局设置

单击【全局设置】中的按钮会切换到对应功能的编辑设置，【全局设置】中具有以下功能，如图 9-72 所示。

▲图 9-72

（1）【开场提示】: 用于提示观看者如何进行操作。

（2）【开场封面】: 用于展示设置好的作品信息。

（3）【电话 / 链接与导航】: 用于在界面上添加额外的功能按钮，可用于拨打电话、跳转链接、地图导航和图片展示。

（4）【自定义 LOGO】: 可替换或者隐藏 720yun 的默认 LOGO，还可以为 LOGO 添加超链接。

（5）【访问密码】：用于为作品添加访问密码，观看者需要填写密码才能观看作品。

（6）【界面模板】：提供多种界面模板，适合不同的场景风格。

（7）【自动巡游】：可以设置画面在一定时间内没有屏幕交互动作的情况下，自动旋转浏览并进入下一场景。

（8）【说一说】：可以设置开启或关闭、默认展示或不展示【说一说】的内容，用户通过【说一说】可以在VR全景图的任意位置留下自己想说的话，有些像“到此一游”的标记，既增加了作品的趣味性、互动性，又不影响作品的观看。

（9）【标清/高清】：由于VR全景图的尺寸比普通平面图片的尺寸要大，如果观看者使用流量，会默认加载标清图，以降低用户的流量消耗，但又不影响图片的基本观看。

（10）【手机陀螺仪】：相较于普通的H5网页，VR全景漫游H5作品的优势在于，它除了可以给用户展示常规的各种媒体类型信息，还增加了通过手机陀螺仪的重力感应使画面跟随手机转动而转动的互动功能。

4. 全局开关

在720yun App里可以一键点选式启用或关闭【全局开关】中的功能，如图9-73所示，操作快捷。

▲图9-73

（1）【小行星开场】：默认使用小行星开场形式，展示炫酷的画面动画效果，一键点选即可完成设置。

（2）【创作者名称】：默认在屏幕的左上角显示创作者的名称（账户昵称），可一键点选是否显示创作者名称。

（3）【浏览量】：在“创作者名称”旁边可展示作品的浏览量（即人气），可一键点选是否显示作品的浏览量。

（4）【场景选择】：在加载完VR全景场景以后，一键点选是否展示场景缩略图，打开即展示，关闭即不展示。

（5）【足迹】：可一键点选是否在页面上显示【足迹】按钮，可用于展示场景的位置信息。

（6）【点赞】：可一键点选是否在页面上显示【点赞】按钮，该按钮供观看者对作品进行点赞操作。

（7）【VR眼镜】：可一键点选是否在页面上显示【VR眼镜】按钮，单击该按钮可让作品进入VR模式，将手机插入VR眼镜盒子中，观看者即可体验低配版的虚拟现实了。

（8）【分享】：可一键点选是否在页面上显示【分享】按钮，单击该按钮会出现作品的二维码。

（9）【视角切换】：出现在页面右侧边栏位置的一个按钮，单击可选择多种视角模式，场景将会变化为选择的视角样式，例如鱼眼、小行星、水晶球视角等，这也是传统媒体所不能实现的一种新的交互型媒体的展现形式。

9.5 漫游互动工具详解

9.5.1 视角功能模块

（1）初始视角设置。你可以拖动画面，选择最佳的角度并将视域设置为第一视角。设置完成后，可以单击右下角的【选择场景】，添加视角场景应用，如图9-74所示。

（2）视角范围设置。通过拖动滑块或者修改数值，设定视角范围、垂直视角限制等。

▲图 9-74

9.5.2 热点功能模块

在我们常见的平面 H5 网页中，交互性较强的元素就是页面的按钮了。单击按钮，可以打开新网页，触发一些新的内容或者事件动作。同样，在 VR 全景漫游 H5 作品中，也有这种与按钮的功能类似的元素，供观看者进行交互、展示内容、响应执行一些事件，我们称为“热点”。热点可以使用静态的图片、动态 GIF 或者序列帧动画图作为图标，样式多样，如图 9-75 所示，动态的图标更容易吸引观看者。

▲图 9-75

热点是 VR 全景漫游内最常用的交互方式之一。单击热点，可以切换场景、跳转网页、弹出图文信息等。选择【热点】模块，单击右侧的功能编辑区的【添加热点】-【选择图标】-【选择一种热点类型以继续】，如图 9-76 所示，目前支持 8 类交互热点。

▲图 9-76

1. 全景切换

单击这类热点后，可将 VR 全景漫游中的一个场景切换为另一个场景，例如我们拍摄了一个样板房的 VR 全景漫游，我们在客厅的场景时，可以添加一个【全景切换】按钮，设置在去卧室的方向，这样我们就可以在这个样板房中进行“漫游”了，如图 9-77 所示。

▲图 9-77

除了基础的场景切换，还可以利用【全景切换】热点结合【切换场景时，保持视角】功能，观看同一位置的不同状态，实现场景的无缝切换。这不仅能让观看者体验全角度的 VR 全景漫游，更能让他们体验到不同状态下的场景效果，让 VR 全景漫游超出单纯的展示层面，提升到多状态体验的层面。

2. 超链接

我们可为 VR 全景漫游添加【超链接】热点，单击进入其他网站或者其他作品，可以将【打开方式】设置为【弹出层打开】，如图 9-78 所示，这时在 VR 全景漫游中单击【超链接】热点就会打开自己设置的网页。

如单击“了解华贸”，如图 9-79 所示，就可以在弹出层打开预先设置好的百度百科的介绍，如图 9-80 所示，关闭这个页面后，即可回到 VR 全景漫游中。这个功能可以链接一切网页，例如在 VR 全景漫游中嵌入电商商品页面等。

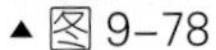
▲图 9-78

▲图 9-79

▲图 9-80

3. 图片热点

单击此类热点以后，可弹出单张或多张图片，可具体展示细节大图、相关产品图、相册集等，还可以在【更多内容】处添加链接，展示更多内容，如图 9-81 所示。

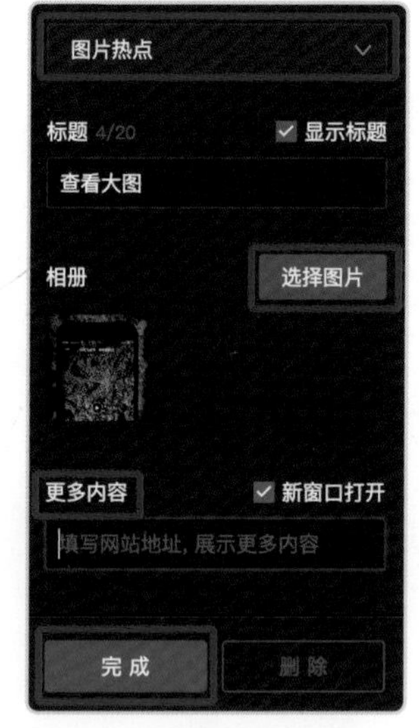

▲图 9-81

4. 视频热点

将视频上传到第三方视频平台（优酷、腾讯等），然后将分享视频时弹出的通用代码粘贴到【视频热点】配置参数中，观看者单击此类热点即可观看弹出的视频。

5. 文本热点

填写文字介绍内容，单击此类热点时弹出文字介绍，但是文字样式较少，如果没有特殊的文字展示需求，可用此类热点展示文字内容。如果觉得系统的文字太过呆板，建议将文字做成图片，自己设置文字的排版方式和样式。

6. 音频热点

在观看 VR 全景漫游作品的时候，除了背景音乐，通常也需要为某个位置添加一些单独的音频介绍等声音效果。【音频热点】可满足此类需求，为观看者提供更加多元化的媒体展示信息。

7. 图文热点

前面提到过【图片热点】和【文本热点】，而【图文热点】可将两者结合展示，既能展示图片，又能用文字对图片内容进行补充。

8. 环物热点

相较于传统产品的多角度图片展示，环物是一种新型的产品展示形式。720yun 目前通过连续的帧图片来展示环物（保持相机不动或者物体不动，围绕拍摄物体的每一个角度，从而拍出连续的帧图片）。左右拖动环物，可以旋转观看物体的横向 360 度的内容，交互性强，能更加全面地展示物体，观看者对媒体传递的信息的接受度也会变高。单击【点击 360° 查看】（见图 9-82）即可弹出一个环物层，可左右拖动画面查看环物内容，如图 9-83 所示。

▲图 9-82

▲图 9-83

不同热点的操作方式基本类似，一个 VR 全景漫游作品可以利用热点功能创造出很多好玩的创意内容和营销内容。更多玩法期待你去解锁。

9.5.3 沙盘功能模块

在房产中心，我们可以通过常见的建筑沙盘直观地看到房子整体的构造及其周围的环境等，但是如果想要观看某一个房子的内部，在房产中心只能看到房子内部的部分图片，如果想要看到房子内部的全貌，就需要到实际的房子中去，这样时间成本、人力成本都会很高。

为了解决无法全局观看的痛点，720yun 全景漫游工具提供了电子沙盘图功能，如图 9-84 所示，并可以在电子沙盘图中标记 VR 全景场景点位，单击标记点位，即可切换到场景内部，从而可以观看场景的全貌，大大节省了购房选房过程中的交通成本、时间成本等。即使我们远在千里之外，只需要将作品分享给对方，其就能在线观看。

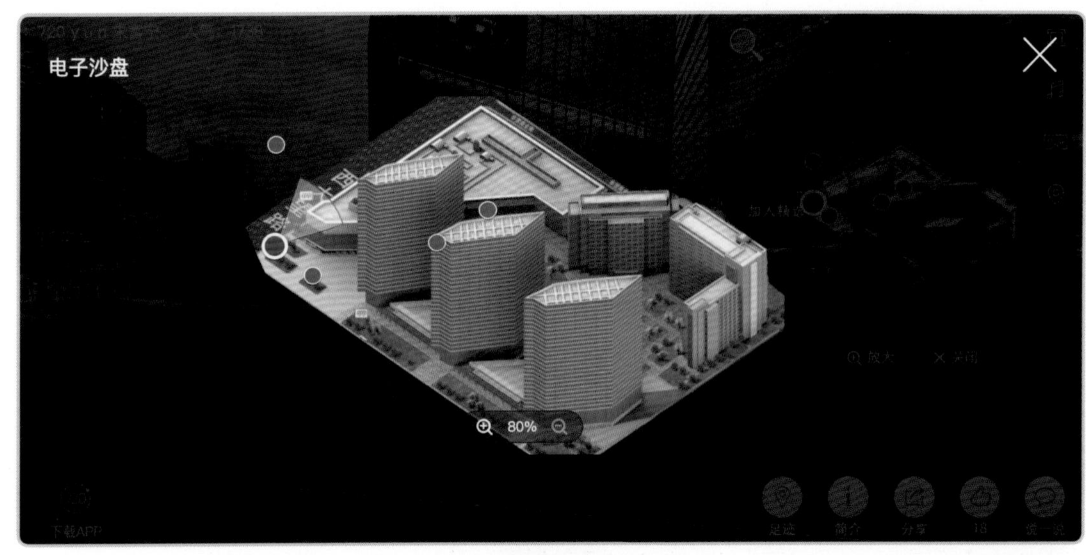

▲图 9-84

沙盘不仅仅可以标记场景点位，还可以编辑标记点。在编辑标记点的时候，在标记点上有一个小扇形，扇形转动的方向代表着场景的方向，如图 9-85 所示。我们使用 3D 地图，转动的方向为西大望路朝北的方向，对应的实际物理空间也是朝北，这样可以方便快速地了解场景的南北位置。

▲图 9-85

9.5.4 遮罩功能模块

遮罩功能模块用于在 VR 全景场景的顶部或者底部位置添加一个遮罩层，可用于 LOGO、品牌等的展示，或者可以用一张遮罩贴图直接盖住补地的瑕疵，如图 9-86 所示。

▲图 9-86

对于 VR 全景创作者来说，后期工作量最大的操作就是补天和补地。如果是较为简单的画面，补天或补地都比较容易，工作量也较小。但是对于图案较为复杂的地面来说，想做到完美补地，就很考验创作者的拍摄和修图功底。如果想将 VR 全景图作为个人作品输出，可以对地面进行简单修补，再在上面贴一个半透明的遮罩层，既能露出个人、品牌信息，又能遮盖地面的不完美，从而减少工作量。而且，遮罩层使用起来很方便，可以随时替换图片，不用修改 VR 全景图本身；还可以设置遮罩层跟随场景的转动而转动，让观看者在看到各个位置的遮罩图时感到更加舒适。

9.5.5 嵌入功能模块

嵌入功能模块（见图 9-87）中所谓的嵌入，就是在 VR 全景漫游的场景中添加文字、图片、序列帧或视频贴片，将其与场景融为一体。嵌入的内容会随着画面的转动而转动，随着画面的缩放而缩放，而且支持单击切换到下一张图或者自动轮换事件，所以与热点的强交互特点相比，嵌入功能的特点在于可以利用与场景融为一体的功能，实现让场景部分中的位置出现动画效果，从而达到实景动画的效果。嵌入功能模块还可以用于嵌入标尺、在合适的位置嵌入平面视频贴片等，扫描图 9-88 所示的二维码可体验嵌入效果。

▲图 9-87

▲图 9-88

9.5.6 音乐功能模块

单纯的视觉信息有时不能完整表达图片意境及传达更多信息内容，我们可以通过给 VR 全景漫游作品添加背景音乐、解说音频来渲染意境。将声音媒体加入 VR 全景漫游作品中，如图 9-89 所示，可以从听觉方面调动观看者的情绪，进一步提升观看者在 VR 全景中的体验。

扫码看全景

广州塔景观

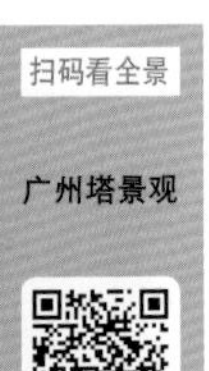

▲图 9-89

9.5.7 特效功能模块

720yun 全景漫游工具的功能模块里，有一个能让 VR 全景的场景更接近于真实的功能模块——【特效】，如图 9-90 所示。

特效素材库中有阳光、下雨、下雪等特效，可以模拟真实的场景，如添加太阳光，在转动 VR 全景时，光束会随场景的转动而转动。如果是雨天或者雪天，可以添加下雨或者下雪的特效，模拟场景的真实天气。

▲图 9-90

如果特效素材库中没有你喜欢的素材，你也可以选择上传需要的素材，生成新的特效。

9.5.8 导览功能模块

导览功能也是 720yun 全景漫游工具的一大特色功能，如图 9-91 所示，你可以在该功能模块录制动画路径，添加相应的音频、文字说明，系统会将录制好的动作和音频、文字设置记录在时间线内。

观看者单击【导览】，系统就会按照其设置的时间线来展示作品，并播放设置的音频和文字内容。观看者会像看纪录片那样，看着画面的变换、听着创作者的讲述，最大限度地接收媒体信息。

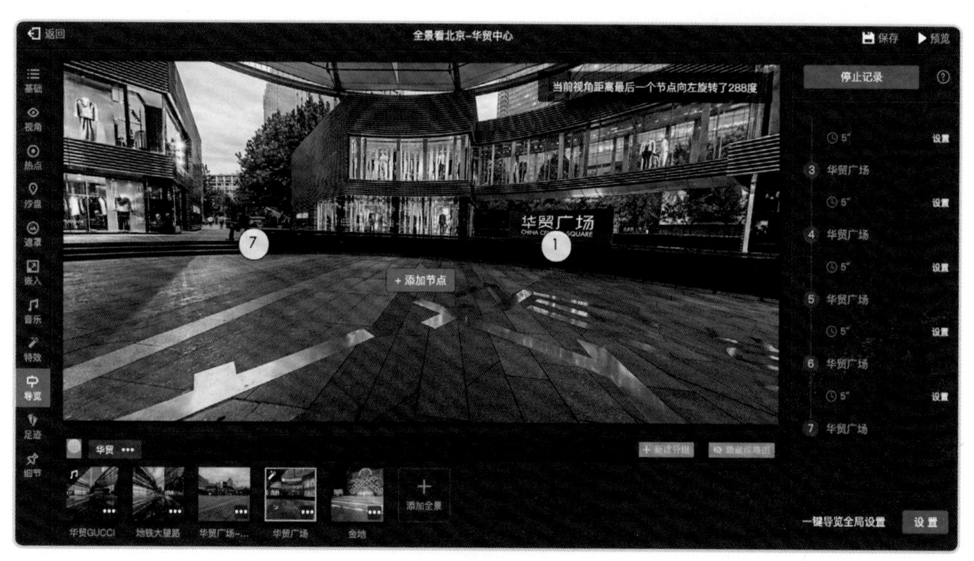

▲图 9-91

扫描二维码（见图 9-92）可以进入这个房地产项目中体验，导览功能可用于房地产楼宇介绍，旅游类、空间类产品介绍，纪实类场景细节介绍等；还可以利用导览功能录制视频，后期稍加调整，即可通过视频媒介进行传播。

▲图 9-92

9.5.9 足迹功能模块

摄影师是一个需要经常在各地出差的职业，而作品是摄影师到过这些地方的最好的记录和证明。足迹功能就是用于记录摄影师的足迹的。

部分单反相机在拍摄照片时，可以将坐标信息记录在照片上，足迹功能可以读取照片里的数据信息，如果相机带有坐标信息，系统会自动为照片标上足迹位置。如果摄影师自己也不知道自己当时拍摄的具体位置，而相机恰巧记录了坐标信息，那简直是太完美了。如果相机没有标记坐标的功能，就需要手动从地图上选取位置进行坐标标记，如图 9-93 所示。

▲图 9-93

9.5.10 细节功能模块

在众多 VR 全景漫游制作平台中，细节功能模块是 720yun 独有的一个功能模块，它主要用于展示作品细节位置的内容，如图 9-94 所示。例如放大场景内某个有亮点的位置，或者将亿万像素级别的作品放大数倍，以展示图片中的细节内容。

▲图 9-94

720yun 账户分为普通账户和商业账户。普通账户可上传画面比例为 2:1 的单张 VR 全景图或者六面体组图，发布作品即可分享到社交媒体。编辑作品时可使用十大功能模块和会员增值服务功能模块，还可使用多项免费功能，主要包括基础设置、视角调整限制、热点交互、沙盘导航、天地遮罩、嵌入文字 / 图片、音乐添加、阳光 / 雨雪特效、导览、足迹、锚点等功能。

商业账户拥有更多功能和服务，如自定义 LOGO、离线包导出、电话 / 导航等功能，还可以上传和分享全景视频。

第10章 应用及实践案例

- 10.1 应用行业解析
- 10.2 VR 全景漫游项目案例
- 10.3 VR 全景图的品质标准
- 10.4 应用案例赏析
- 10.5 超高精度 VR 全景图

第 10 章总述

我们已经了解了 VR 全景图是如何制作出来的，本章将讲解不同的行业如何使用 VR 全景漫游技术来展示内容，并展示一些特定的实践案例。在 VR 全景漫游的商业制作方面，不同的行业有不同的表现手法和注意事项，客户需要的 VR 全景漫游以宣传或广告内容为主，VR 全景图本身就是一个很好的广告载体。

所以，了解广告行业对 VR 全景的需求，就尤为重要了。一般广告主为了更好地向消费者推广自己的产品或服务，每个月都需要在广告宣传上花费很多，通过 VR 全景展示广告是一个不错的选择，不管是大型的广告主还是小型的门店，都可以通过这样的形式将自己的产品或空间 100% 还原。

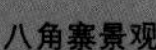

八角寨景观

10.1 应用行业解析

在第 1 章初识 VR 全景是什么后，我们已经知道，VR 全景具备很多的特质，例如能完整记录空间、真实还原现实场景等。

为什么需要利用 VR 全景图这种形式来还原现实场景呢？这就要从商业的本质说起，根据我的理解，商业的本质是交易，这是整个商业世界的基石。

在互联网时代，信息越来越对称，达成交易的效率变高，但是消费者的选择也随之变多，这会让选择变得更加困难。商业的起点是消费者获益，产品的最终归宿是品牌。

优质的品牌对产品品质有保证，但是需要载体将品牌内容传递到消费者眼中。VR 全景漫游这种富媒体形式正迎合了当下的需求，它可以包含更加丰富的信息，通过 H5 网页的方式使得图片的可读性和延展性增强，还可以通过 VR 终端设备让观看者身临其境，体验虚拟漫游。

利用 VR 全景漫游富媒体内容对产品或企业进行展示成为各行各业的优选，尤其是有“物理空间”并且进行“空间贩售”的行业，如酒店或房产等行业，这些行业对 VR 全景展示的需求非常大，他们希望能全方位地把产品空间呈现给消费者，所以利用 VR 全景展示是一种很好的方式。

10.1.1 应用在空间消费行业

1. 以空间本身为消费主体的行业

在这些行业当中，消费者对物理空间进行消费，VR 全景漫游对这方面的消费决策就会有较大的影响，其具体应用方式如表 10-1 所示。

▼表 10-1 以空间本身为消费主体的 VR 全景漫游应用

应用方向	VR 全景漫游具体应用方式
酒店	酒店：高星级酒店、快捷连锁酒店、会议室 民宿：短租房、特色民宿、主题公寓
房产	住宅：期房、现房、二手房买卖、房屋租赁 商业：楼盘展示、商业综合体、写字楼 家居：家具城、全屋定制、硬装、软装
装修效果图	工装效果图 家装效果图

例如在选择酒店时，如果不考虑价格这个因素，那么酒店环境这一因素就在会很大程度上影响消费者的决策。将 VR 全景漫游应用于酒店、民宿行业，可以更大程度地提升消费者的视觉体验，“所见即所得”的视觉体验可以大大减少消费者对场景真实性的质疑。通过 720yun 平台本身的用户流量及其合作平台（如携程、百度等）的推广，更多的消费者足不出户就能获取关于酒店的周边环境、房间内景、服务环境等关键信息。相较于没有接入 VR 全景漫游的商家，接入了 VR 全景漫游的商家未来的获客量将更大。同时，720yun 平台的商业账户为商家提供了网络或电话一键订房、地理位置导览、语音讲解等实用功能，帮助商家在 VR 全景漫游展示界面直接获客。

很多酒店花费巨资打造的、精心设计的商业空间，仅用平面宣传无法凸显其优势，很难吸引消费者。使用VR全景漫游将空间记录下来再投放于广告中，这样能让消费者直观地感受到真实空间环境的吸引力。干净整洁的环境、细致入微的服务态度，不仅仅是一句口头宣传语，更是吸引消费者的利器。

2. 可以使用 VR 全景的部分行业

在某些行业当中，消费者并不是对物理空间进行消费，但是这些场景都有相应的物理空间，这时候 VR 全景漫游作为一个有效的“富媒体”就可以无缝连接和融合很多信息，为消费者创造一种空间代入感，使消费者在无形之中就对产品和服务进行消费。具体应用行业及应用方式如表 10-2 所示。

▼表 10-2 以空间中承载的产品和服务为消费主体的应用

应用行业	VR 全景漫游具体应用方式	应用行业	VR 全景漫游具体应用方式
旅游	景区景点（虚拟导览） 旅游线路行程预览 景区内部拓扑（线路查询） 城市（目的地）宣传	教育	高校宣传 幼儿园、小学、中学 培训机构
展馆	科技馆、博物馆 城市规划馆 特色展馆 大型会展	汽车	4S 店 汽车内饰 主机厂 车展
商业空间	健身房 茶馆、酒吧 企业宣传展示 厂房设备展示 休闲娱乐、KTV	医疗	大型医院 诊所 美容、牙科 康体中心
项目工程	电网、通信铁塔巡检 基础建设（石油管线、路桥等）勘察 工程（房地产、城市建设）进度监管	店铺	线上商铺 线下实体商城 服装、饰品、餐饮店铺

10.1.2 应用在旅游行业

目前旅游行业面临着很多的问题，其中一个主要的问题就是信息不对称。当人们想要旅游的时候，会先到在线旅游服务商平台进行检索，然后根据自己的预算选择一个比较合适的目的地。旅行社主要通过文字、图片、视频、旅游攻略等方式传递目的地信息，这些信息并不能让游客准确地了解目的地，信息的不对称导致游客们一直说着一句“看景不如听景”。

喜欢旅行的人总喜欢说这样一句话：“身体和灵魂必须有一个在路上。”旅途的经历和体验对旅行者来说是一段非常宝贵的记忆。沿途的美景是开始一场旅行的动力，拍摄的照片则是一段旅行的证明。将

VR 全景漫游的拍摄方法运用到景点的拍摄中，能更直观、更全面地记录旅途中的事物，甚至可以从不同的角度精心设置一些可联想的情节。这些都是常规的平面照片所无法实现的，但 VR 全景漫游可以在一个场景中囊括更丰富的内容并对其加以具体表现。

扫码看全景

天柱山景观

VR 全景漫游技术可从两方面提升旅游业服务。首先，景区通过 VR 全景图展示相应的内容，通过线上 VR 全景漫游技术提供完整的旅游线路和语音导览等服务，可以介绍当地特产，宣传旅游项目，提供集语音、定位、VR 全景导游于一体的服务，可以快速帮助游客了解景区，提前做攻略等。其次，人们获取信息的方式会更加丰富，对于那些没有去过的景点，他们使用手机或者 VR 眼镜观看已经拍摄好的目的地的 VR 全景漫游内容可以更加直观生动地了解其全貌，从而对旅游前的决策起到很好的辅助作用。通过朋友圈、VR 全景漫游内容分享平台看到 VR 全景漫游内容，然后被打动而产生想要去参观的欲望，这会影响消费者的消费方式，实现消费升级。扫描图 10-1 中的二维码可观看“一部手机游云南”的相关内容。

▲图 10-1

10.1.3 应用在媒体行业

目前数字新闻出版业利用 VR 全景漫游技术，在提供全视角影像的同时，实现了让受众自由选择观看角度和内容的功能。同时，该技术降低了受众阅读新闻的硬件门槛，拥有 VR 眼镜的受众可以使用设备进行观看，没有 VR 眼镜的受众也能够通过网页或移动设备进行阅读。

通过 VR 全景漫游，媒体可以带领受众进入虚拟重现的新闻场景，让受众以第一视角来观察、体验甚至是参与到新闻事件当中，让受众产生一种真正“在场”的感觉（见图 10-2），而这些只需要一台 VR 全景相机加上“富媒体”的形式就可以做到。这种体验在过去是用文字、图片或者视频的方式难以感受到的。

▲图 10-2

VR 新闻使受众“身临其境”地获取信息成为可能，这也将逐步改变人们的新闻消费偏好。

拥有汽车媒体业务的垂直媒体汽车之家，其之前的汽车展示方式以平面媒体展会或互联网信息为主，720yun 与汽车之家携手之后，通过 VR 全景漫游，为消费者提供了 VR 全景图观看和 AR 赏车、询价、活动报名等功能，如图 10-3 所示，将看车、选车、买车完美融合，提升消费体验，增强品牌线上营销、服务的能力，加速消费者购买决策的过程并促进消费者到店选购。

▲图 10-3

每年都有很多车展活动，有的车展活动的线下流量在巅峰时刻可以达到 10 万人，正因如此，各大品牌年年都会花费巨大的人力、物力参与车展，但是由于各种原因，还是无法顾及大部分潜在消费者。VR 全景漫游让各大品牌不仅可以抓住线下的机会，还可以在线上广泛传播，展示汽车的内饰全景和外部装饰，让消费者更自如地观看汽车展示，为消费者提供在线逛展的服务。

10.1.4 应用在装修行业

装修可以算是服务行业里比较难的一类工作，消费者在选择装修公司时更是小心谨慎，毕竟试错成本相当高，但是再谨慎也难以避免装修好的样式与装修公司之前所承诺的样式有区别。虽然很多问题可以协商解决，但装修中因沟通等问题产生的心理落差，使装修公司很难进行二次销售或者挽回口碑。VR 全景漫游技术可以很好地解决这个问题，我们从装修的基本流程上来看 VR 全景漫游技术可以运用到哪些环节里。

（1）我们选择装修公司时会倾向于选择有很多工程实例的装修公司。装修公司可以将自己装修好的房屋通过 VR 全景实景记录下来展示给消费者，真实地还原房屋装修后的样貌，增加消费者的决策信心。

（2）在 VR 全景漫游到来之前的装修风格的效果图都是多个角度的平面图，通过一些平面图来描述装修风格，消费者往往无法看懂 CAD 施工图，无法直观地了解房屋装修后的效果。通过 VR 全景漫游的效果图或实拍内容展示房屋装修过程，不但省去了带领消费者到施工场地看案例的时间，也能更加专业地展示装修公司对特殊材料和特别工艺的运用，从而让消费者对装修公司产生信赖感。

10.2 VR 全景漫游项目案例

10.2.1 酒店行业案例

扫描图 10-4 中的二维码即可观看大理 THE ONE 古城一号院的 VR 全景漫游。

1. 项目概述

在互联网时代，高端酒店的销售工作实际是把货“虚”价实的商品卖出去，即大部分客户都是入住时才实际进入酒店，才看到实际的“货”。长久以来，酒店销售人员一直追求让客户提前舒适又不失真实地体验客房及酒店设施。因此很多品牌酒店花高价请专业摄影师来拍摄和制作静态平面广告照片及动态视频。但这还是有所局限，平面照片只能展示局部，并没有实际的空间体验；视频观看又只能从拍摄者的视角按照拍摄的顺序观看，不能完全满足客户个性化的空间体验要求。VR 全景漫游的运用也许是一次技术革命，既具有相对真实的空间体验感，又利于互联网传播及客户自由选择观看。

让我们从中国彩云之南的美丽之地——大理的一个酒店的 VR 全景漫游内容前期策划、拍摄执行、运营推广出发，来一次商业项目的实战体验！

▲图 10-4

2. 前期策划

大理 THE ONE 古城一号院的地理位置可以理解成位于苍山和洱海之间，大理古城最著名的城门“南门”之内。其 VR 全景漫游内容，一开始就确定了从高到低、从外到内、从酒店公共设施到私人空间（客房）的拍摄计划。

3. 拍摄执行

要让客户以 VR 全景的方式看到苍山和洱海，需要从酒店上方鸟瞰酒店。应该以多高的高度拍摄？从低一些的角度拍摄，酒店的建筑看起来更大；从高一些的角度拍摄，酒店和古城的关系会更明确。在鸟瞰的拍摄中，实际在约 80 米、150 米、300 米、420 米的高度都进行了航拍，最终摄影师和甲方共同选择了大约 80 米高的航拍鸟瞰 VR 全景图（从这个高度拍摄的酒店不同院落的 VR 全景图清晰表达了苍山、洱海、酒店、大理古城的区位关联，使人一目了然），以及大约 420 米高的航拍平面鸟瞰图（这一高度显得酒店面积稍小，但酒店与古城的关系在鸟瞰图中更直观）。在大约 420 米的高度航拍的酒店区位图，如图 10-5 所示。

▲图 10-5

扫描图 10-5 中的二维码，即可看到在大约 80 米的高度拍摄的酒店 VR 全景漫游。这个 VR 全景漫游还从侧面向客户传达了白天汽车不能进入大理古城的信息，城墙外的停车场与酒店的距离为 150 米。同时，酒店旁的南门城墙前靠苍山后靠洱海，也在 VR 全景漫游中得到体现。

在 8:00~20:00 的汽车管制时间段，从图 10-5 中红色箭头所示这条路，向北走到酒店，直观展示了大约 150 米的距离。扫描图 10-6 中的二维码，可以看到酒店内外的景物，如图 10-6 所示。

▲图 10-6

客户在大堂办理了入住，下一步就是进入房间。扫描图 10-7 所示的二维码可以看到房间的 VR 全景图。这个房间的 VR 全景图是在两张床的床尾中间拍摄的，但图 10-7 展示的这个房间的平面照片，是从墙角处拍摄的。因为拍摄平面照片，一般是从空间边角取景。这也是这个商业项目的要求细致之处：平面摄影和 VR 全景摄影，都是以空间所需要的表达来进行的，取景点按需而定。同时，拍摄的这些影像，光影柔和，室内和室外光比差异不大——室内、室外的拍摄都是在早、晚时间段完成的，这也是商业项目要求的高水准影像的常规拍摄时段。

▲图 10-7

4. 拍摄参数

（1）航拍。航拍使用的无人机设备是大疆的“悟”1 Pro，相机是大疆 X5。传感器尺寸为 4/3 英寸，镜头等效焦距为 30 毫米（标配镜头焦距为 15 毫米），单张像素为 1 600 万。拍摄光圈值为 F2，ISO 值为 100，曝光时间为 1/4 秒，画面比例为 2:1，其中长边为 25 000 像素。

（2）室内空间。主要使用的是尼康 D850 相机，云台为 Light 全景云台，镜头为尼康 8~15 毫米的鱼眼镜头。光圈值一般都采用 F11，ISO 值为 100，包围曝光。

5. 运营推广

此前很多摄影师只是拍摄，并未参与面向客户的运营推广。大理 THE ONE 古城一号院负责人在与摄影师、720yun 平台进行了充分沟通的基础上，在影像创作完成之后进一步展开了推广准备。

每一个 VR 全景图场景，都对应同一空间的平面照片，照片上附有对应 VR 全景漫游的二维码，例如图 10-8 所示的餐厅入口照片和图 10-9 所示的二楼双卧大床照片。

扫码看全景

野鸭湖湿地

▲图 10-8

▲图 10-9

有些时候客户和酒店并不会深入对接，当客户不想接收酒店太多信息时，一张客户要入住的房间的图片，再通过扫描图片中的二维码，客户就可以进入 VR 全景漫游，体验自己未来要入住的房间。这种 VR 全景运用既能给客户一种惊喜，又是一种服务品质的提升。

同时，大理 THE ONE 古城一号院的官方微信平台发布了 VR 全景漫游酒店专题文案，扫描图 10-10 中的二维码即可阅读。

这篇微信文章，由酒店先行发布，文章发布后，在 VR 全景漫游中的左下角加入文章的超链接“详细 more”。酒店的领导、营销人员等，在对外交流中可以自由运用不同的营销工具。例如，简单的附有二维码的房间平面图——（扫描二维码）——VR 全景看房——（点击 VR 全景漫游左下角的“详细 more”）——微信正文详细介绍——（关注微信公众号）——通过微信公众号查询酒店的更多信息，成为酒店的忠实客户。这样就形成了完整的信息传递链，我们称为信息传播的闭环。

▲图 10-10

这样酒店得到了高品质的 VR 全景图展示，得到了真正的营销推广助力，实现了 VR 全景漫游技术深度参与酒店商业营销推广，这是一个典型的合作案例。

10.2.2 旅游景区案例

1. 项目概述

VR 全景漫游给观看者带来的体验比平面影像更具空间感。随着互联网的运用和发展，手机作为智能终端逐渐成为游客和景区的信息交互工具。旅行是游客的主观行为，观看者浏览 VR 全景漫游也是主观行为，观看者会从不同角度进行浏览，如同在亲自拍摄取景。浏览 VR 全景漫游的主动权掌握在观看者手中，互动式的体验从另一层面提升了景区的服务形象。配合 VR 全景漫游可以在导航地图上定位，游客可以参与旅行中的 3 个环节：旅行前——让游客自主选择来这里而不是别处；旅行中——让游客在旅行中使用手机辅助导游，提升景区服务质量；旅行后——让旅客在回到生活或工作的常态时，能通过精致的 VR 全景图怀念实景行程，促使其转发和分享，从而使其成为景区的宣传者。扫描图 10-11 中的二维码即可观看梅里雪山的 VR 全景漫游。

▲图 10-11

梅里雪山，世界上最美的雪山之一。让我们从景区的前期策划、拍摄执行、拍摄参数和运营推广出发，来一次具体项目的实战体验！

2. 前期策划

梅里雪山主峰卡瓦格博峰的海拔为 6 740 米，是云南省最高的山峰，位于德钦县西南方。梅里雪山地处金沙江、澜沧江、怒江三江并流的核心地带，从西藏察隅县东部至云南德钦县云岭乡西部绵延约 150 千米。项目展示计划确定了沿交通线路特色景观配合梅里雪山主景区共同展示梅里雪山的拍摄计划，展示的交通线路是游客从云南香格里拉市抵达梅里雪山的必经之路。拍摄时要突出不同季节、不同时段的景区特色，本项目前后拍摄创作时间长达 3 年。

3. 拍摄执行

游客沿国道 214 线从香格里拉市进入德钦县的第 1 站是金沙江边的奔子栏镇，这里是“茶马古道”的必经之地。奔子栏镇是“三江并流”世界自然遗产区域气候多样性的一个典型代表，虽然其与年降水量约 4 000 毫米的独龙江乡的直线距离不过 110 多千米，可该地区的年降水量却不足 400 毫米，是典型的干热河谷气候。

金沙江大拐弯。对于摄影师和游客来说，奔子栏镇是重要的节点，拍摄重点首先是北上梅里雪山 10 千米时必经的金沙江大拐弯。扫描图 10-12 中的二维码，能看到金沙江大拐弯的 VR 全景图。该 VR 全景图是在景区观景台的最边缘拍摄的，游客可参考 VR 全景图选择拍摄位置和取景视角。

扫码看全景

西湖景观

▲图 10-12

白马雪山。白马雪山位于奔子栏镇与德钦县之间，它也是游客非常喜欢的景点，特别是 10 月下旬，满山的落叶松的叶子都变成了金黄色，看起来非常壮观。白马雪山主峰的海拔为 5 430 米，国道 214 线会经过白马雪山海拔为 4 292 米的垭口，这是云南省海拔最高的公路之一。白马雪山的外形如同王冠，山峰下有两个巨大的“U”形谷。白马雪山自然景观的垂直带谱十分明显，海拔在 2 300 米以下的金沙江干热河谷为疏林灌丛草坡带，环境干旱，植被稀疏；海拔 3 000~3 200 米的云雾山带上分布着针阔叶混交林，树种丰富；海拔 3 200~4 000 米处，地势高峻，气候冷凉，分布着亚高山暗针叶林带，主要由长苞冷杉、苍山冷杉等多种冷杉组成，林相整齐，为滇金丝猴常年栖息之地，是保护区森林资源的主要部分和精华所在；海拔 4 000~5 000 米处为高山灌丛草甸带、流石滩稀疏植被带；海拔 5 000 米以上为极高山冰雪带，极具特色。扫描图 10-13 中的二维码能看到白马雪山的 VR 全景漫游。

▲图 10-13

翻过白马雪山海拔为 4 292 米的垭口，即到达德钦县城，这里是大部分游客休整的地方。但其实在德钦县城是看不见梅里雪山的。梅里雪山有两个主要的观景点及拍摄点，分别是从香格里拉到达德钦县城之前约 10 千米的雾浓顶和从德钦县城继续前行约 10 千米处。在雾浓顶附近拍摄梅里雪山，附近的建筑、村庄会成为拍摄梅里雪山的前景，如图 10-14 所示。

▲图 10-14

德钦县地标。德钦县地标有梅里雪山最大的观景台，目前这里的酒店较雾浓顶观景台更多。在德钦县地标附近拍摄梅里雪山，会发现梅里雪山和德钦县地标中间隔着澜沧江大峡谷，只是在一般的拍摄高度是看不到峡谷底部的江水的，如图 10-15 所示。

▲图 10-15

一般到达雾浓顶观景台或德钦县地标，看过“日照金山”景观后，大部分游客就开始返程了。因为去往梅里雪山另外两处景区的难度更大，条件也更艰苦，这两处景区就是梅里雪山的雨崩景区和明永冰川景区。

游客可以先利用手机的 VR 全景图进行体验，按提供的线路进行浏览再决定行程计划。

雨崩景区——南宗垭口。从德钦县地标向前行，跨过澜沧江，可以抵达雨崩景区的西当村。在 2018 年前，要进入雨崩景区只能步行或骑马，在2019年前后，汽车可以在雪不太厚时通行，能运送游客及物资，这让很多无法承受10多千米的高海拔山路徒步的游客能够进入这个美丽壮观的村庄。这条徒步线路的必经之地是南宗垭口，如图10-16所示。

▲图10-16

雨崩景区——雨崩村。雨崩村分为上村和下村，如同世外之所。雨崩景区中形为"Y"字的两条峡谷之路，左侧从下村通向"雨崩神瀑"，右侧从上村通向"冰湖"。

雨崩景区——雨崩神瀑。对于雨崩神瀑和冰湖这2条徒步线路，为了保持体力并充分拍摄，一般分2天完成，所以建议游览雨崩神瀑时从下村出发，如果能在天亮前2小时~3小时出发，可能会拍到日照金山的景观，如图10-17所示。

▲图10-17

雨崩景区——冰湖。如果想要拍摄冰湖的场景，建议前一晚住在上村，这样行程路线会稍短一些，可节约一些时间。冰湖的景色如图10-18所示。

▲图 10-18

明永冰川。明永冰川为卡瓦格博峰下其中一条长长的冰川，是一条低纬度热带季风海洋性现代冰川，山顶冰雪终年不化。由于它所处位置的雪线低，气温高，冰雪消融快，靠降水而存，因此它的运动速度也快。到冬天，它的冰舌可以从海拔 5 500 米处往下延伸到海拔 2 800 米处，如一条银鳞玉甲的游龙，从高高的雪峰一直延伸到山下，直扑澜沧江边，离澜沧江面仅 800 多米，如图 10-19 所示。

▲图 10-19

梅里雪山的主要拍摄点及游览点已经用 VR 全景漫游及 3D 制作的山体立体图进行了较充分的展示，游客及摄影师在行程中如果有网络覆盖即可实现自我导游，并可以在 VR 全景图中用"说一说"功能进行兴趣点标注，还可以调用 VR 全景漫游中的卫星地理位置获取自己的实际位置。

4. 拍摄参数

（1）航拍。航拍使用的无人机设备是大疆的"悟"1 Pro，相机是大疆 X5。传感器尺寸为 4/3 英寸，镜头等效焦距为 30 毫米（标配镜头焦距为 15 毫米），单张像素为 1 600 万。拍摄光圈值为 F2，ISO 值为 100，曝光时间为 1/4 秒，画面比例为 2:1 的 VR 全景合成后长边为 25 000 像素。

（2）地面拍摄。地面拍摄使用的是尼康 D810 相机，云台为 Guide 全景云台，镜头为尼康 8~15 毫米鱼眼镜头，光圈值一般都采用 F11，ISO 值为 100，三重包围曝光。

5. 运营推广

扫码看全景

翠湖百亿矩阵

（1）景区可以在自己投放的户外广告中使用我们拍摄的 VR 全景图，并且附带二维码供游客扫描欣赏景区的 VR 全景漫游。

（2）景区可以在 OTA（在线旅游）平台制作可视化的梅里雪山行程单，为游客选择徒步线路提供参考。

（3）将此类 VR 全景图发布至微博（微博也支持发布 VR 全景图）可以吸引游客和粉丝。通过测试发现，VR 全景图在数据层面的留存时长要比普通的平面图长很多。

（4）结合“一部手机游云南”（App）对梅里雪山进行推广，发起游览梅里雪山感受自然魅力的活动，为景区带来流量和关注度，从而提升景区的知名度。

更多内容请拓展阅读“一部手机游云南 · 迪庆 -VR 全景梅里雪山”，二维码如图 10-20 所示。

▲图 10-20

（5）VR 全景漫游这种轻量化的 H5 内容可轻松地在微信朋友圈传播，还可制定营销分享活动让游客自行传播。在景区的小程序中加入 VR 体验服务抢占商机，利用小程序“即走即用”的特征，不需要额外下载客户端等，方便快捷，通过小程序营销功能提高观看转化率。

10.3 VR 全景图的品质标准

VR 全景图虽不需要使用四边构图，但仍然属于摄影创作范畴。点位布置、机位选择、时间选择、光线运用等维度仍需要创作思维的支撑。

每一张 VR 全景图的采集都应有明确的主题，VR 全景图的主题主要通过点位布置和对光的使用手法来表现。摄影师对点位的布置和选择、光照的运用、周围环境的控制、场地的必要清理和调整、相关人员和运动物体的躲避指导等都是必要的。

后期质检是使 VR 全景图真正输出为可用产品的重要环节，质检需对每一个细节进行详细的把控和多维度的考量，通过缺陷级别定义来确定哪些是商业拍摄中不能接受的质量问题。

10.3.1 VR 全景制作规范标准

VR 全景制作规范标准如表 10-3 所示。

▼表 10–3 VR 全景制作规范标准

参数		具体说明
色彩细则	白平衡	无偏色现象，在此特指后期的白平衡处理
	曝光	准确的曝光，应该能很好地表现物体的细节和质感
	对比度	明暗反差合适，准确的对比度能使画面看起来立体和富有层次感
	清晰度	保证图片轮廓清晰和颗粒感适中，避免颗粒感过强或图片模糊
	饱和度	在制作过程中图片的饱和度应适中，太高或太低均为不合格
后期拼接细则	补地 / 脚架	无补地缺陷，即未出现脚架或脚架影子； 不存在明显的反光投射（例如镜子等）对脚架的穿帮情况
	接缝	调色、HDR 处理、转换图片格式时，需要修补图片 180 度（两端）处出现的接缝（一条明显的线）
	错位	图片放大到 100% 时，每张图片≥ 2 毫米的错位不能超过 1 个；每张图片< 2 毫米的错位不能超过 3 个
	补天 / 尖	指制作过程中天空可能出现明显的旋涡状形态，需要修补
	重影 / 残影	需要与原片进行对比，原片完好，成片出现重影则需要修改；如原片就有重影（近似于重影的拖影），无法修改则需要标注
其他	三轴	2:1 成图在 0 度、180 度、90 度、-90 度处垂直方向不得出现倾斜，以全景方式查看时图片不得有明显倾斜感
	隐私 / 保密	需要对敏感信息进行处理； 个人隐私是指图片内容中没有未通过本人授权的肖像信息、私人文字信息、私家车牌照信息、私有企业或团体未授权对外公布的相关信息等； 对国家法律法规禁止公开的内容（如军事信息、雷达信息）等应保密
尺寸规格	画面比例：2:1 格式：JPEG	
图片尺寸	大于 12 000 像素 ×6 000 像素	
图片分辨率	每英寸 300 像素	
图片大小	50MB 以内	

10.3.2 拍摄视点选择

VR 全景摄影，顾名思义即利用了 VR 全景技术的摄影，因此 VR 全景摄影也讲究取景点，在 VR 全景摄影当中也就是拍摄视点的选择，这相当于平面摄影的构图。有关取景点的讲究主要是从平面摄影的艺术表现出发，再加上动态的类似于视频的艺术表现。我们在掌握基本的拍摄技术后，会有更大的创作 VR 全景作品的空间。

VR 全景图传递的空间感适用于一个视觉法则：近大远小。

因此，从 VR 全景摄影的构图上来说，x 轴、y 轴上的相机位置，z 轴上的相机高低，决定了 VR 全景图的取景内容。室内 VR 全景拍摄，以人眼观看高度作为常用拍摄高度，这也是空间体验感在大部分时候想传递给观看者的体验高度，至于离什么物体近一些，是否处于空间的中间，大家可以在拍摄中慢慢体会。以人眼正常视角浏览 VR 全景图时，因为只观看显示设备这一局部面积的影像，所以我们常用“让人眼前一亮”这一说法来形容 VR 全景图的取景点位产生的空间变化给人带来的不同观看体验。

同时，表现一个空间的传统的拍摄方式是平面摄影，一个空间的完美表现从摄影的角度上来说，存在两种取景情况。适合进行平面取景，或受限于只能用一张平面图展示空间时，我们一般从空间的某一边的某一角落来取景，因为这样一张平面图能取到的空间信息才足够多。而我们在进行 VR 全景取景时，因为 VR 全景漫游在浏览中可以分步骤从任意的角度观看，所以 VR 全景图的取景一般会在一个空间的相对“中间”的位置，遇到特殊情况可以根据一个空间的重点做出相应的调整。

10.4 应用案例赏析

扫码看全景

萨普东侧
垭口矩阵

10.4.1 室内建筑摄影

对同一个空间进行平面摄影与 VR 全景摄影会产生不同的效果。图 10-21 中展示的这个房间的平面构图，区别于以展示客房的主体“床”为主的传统空间拍摄，左侧桌面插花及右侧的床都没取全，但这并不影响这个空间的表现。最亮的大面积的落地玻璃和窗外的秋叶成为画面的视觉中心，床已经不能承载这个空间的设计师及酒店的经营者想让客户看到的内容了，与窗外的自然相融才是这个空间设计的灵魂。

扫描图 10-21 中的二维码浏览 VR 全景，从平面摄影构图取景到 VR 全景拍摄，镜头位置向窗前推进了大约 3 米，这对于一个房间来说，取景点的差异并不小，VR 全景拍摄的取景点离窗更近，观看者浏览 VR 全景漫游内容时能离窗外的秋叶更近，同时在一个场景中转身过来观看房间内部时，会离平面取景时所处的卫生间更远，整个房间的空间体验感更完美。

▲图 10-21

此外，房间中床及沙发的高度不高，所以这个 VR 全景图的取景高度可以降低到大约 1.2 米，这样也不会因取景高度太低而增大相对单调的床及沙发的面积，这样 VR 全景图更紧凑。同时，这个 VR 全景漫游运用了 720yun 平台的一个特殊功能“视点保持”，在以不同角度浏览 VR 全景漫游时，只要通过热点切换观看，利用落地窗的竹帘、床与卫生间之间的布帘，可以实现动态变化而空间视角不变的效果。摄影师在创作前制订了拍摄计划，并在同一个点位拍摄了局部空间变化的素材，从而形成了这种动态变化的效果，如图 10-22 所示。

▲图 10-22

10.4.2 风光摄影

拍摄云南东川红土地落霞沟时，无人机从观景台附近取景拍摄 VR 全景图，得到 VR 全景图的高精度长画幅平面照片，如图 10-23 所示。

▲图 10-23

夕阳照到的这片红土地，就是著名的景点落霞沟。无人机起飞拍摄了第 1 张 VR 全景图后，紧接着在落霞沟正上方拍摄了第 2 张 VR 全景图，如图 10-24 所示。

▲图 10-24

这两个红土地的 VR 全景图具有不同的视觉效果，作为作者我更喜欢后一个 VR 全景图，该作品呈现了夕阳照到村庄和红土地上的画面，明暗对比强烈，画面更具视觉冲击力。这也是 VR 全景摄影和平面摄影因取景点不同而产生的变化之美。

全景摄影在城市风光摄影中也有所应用。例如作者刘纲参加的 2016 年“中国摄影师眼中的泰国”摄影比赛，旨在表现在泰国的旅游体验。曼谷是泰国的首都，在“Baiyoke Sky Hotel”自助餐厅露台边缘，在蓝调时段同时拍摄繁华的城市夜景与高楼，形成的 VR 全景图让观看者身临其境，而同时拼接成图

10-25 所示的“飞鸟视角”的平面照片，是摄影师心目中的天使的视角，扫描图 10-25 中的二维码即可观看 VR 全景漫游。

▲图 10-25

10.4.3 珍贵影像

2019 年 4 月 16 日，人们都在讨论一场在遥远的巴黎的大火——在法国当地时间 2019 年 4 月 15 日 18 点 50 分左右，巴黎圣母院突发大火，2019 年 4 月 16 日上午，火势终于被控制住了。但这座有 800 余年历史的人类建筑瑰宝，终究受到损毁，图 10-26 所示红色区域为受损区域。

巴黎圣母院位于塞纳河畔，始建于 1163 年，于 1345 年全部完工，历时 180 余年，是很有代表性的哥特式建筑，珍藏着荆棘王冠、圣路易斯长袍等珍贵文物。这座建筑里的每一个雕塑、每一件物品背后都有着丰富的故事。

虽然法国总统已承诺将重建巴黎圣母院，也有社会各界人士出资支持，但我们下一次见到它会是什么时候呢？也许是几年后，也许是十几年后……至少短期内，我们难以一睹它美丽的姿容。我们可以利用作者在巴黎圣母院损毁之前拍摄的全景影像资料（见图 10-27）来怀恋这座美丽的建筑。

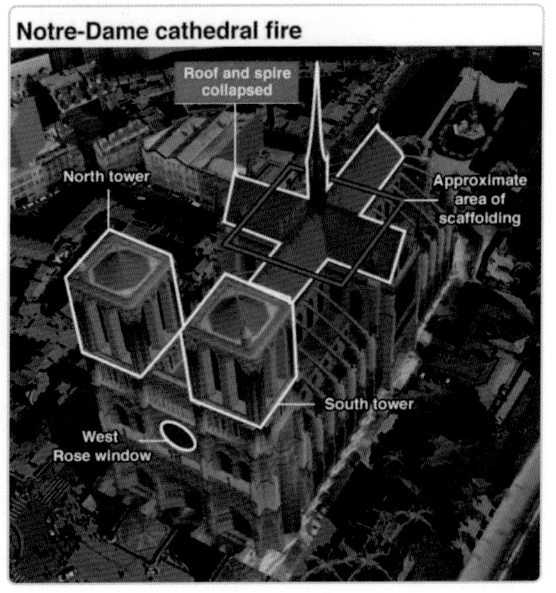

▲图 10-26

▲图 10–27

世界上还有许多的地方都被突如其来的灾难所破坏，例如尼泊尔的古城帕坦，作为尼泊尔国内最古老的城市之一，帕坦古迹如云，为旅游胜地，“艺术之城”。2015 年 4 月 25 日，尼泊尔发生 8.1 级地震，古城帕坦的建筑受损严重。图 10–28 为一组震前的古城帕坦的珍贵影像，拍摄于 2012 年 12 月。

▲图 10–28

再如在尼泊尔巴德岗，倒塌前的瓦斯塔拉杜迦神庙如图 10-29 所示。

尼泊尔 VR 全景纪实文章——《720yun 重回巴德岗 Nepal pano2：720yun back to Bhadgaon》（刘纲影像 24 期）可通过扫描图 10-30 中的二维码打开，了解其背后的故事。

2012 年，按下快门的那一刻，建筑和面容就这样定格在时光里。年轻与坚韧、美丽与光影，在巴德岗 800 多年的时光中就好像不曾改变。因为自然灾害，瓦斯塔拉杜迦神庙，就这样轰然倒塌！完全损毁的瓦斯塔拉杜迦神庙如图 10-31 所示。

▲图 10-29

▲图 10-30

▲图 10-31

帕坦古城（见图 10-32）是尼泊尔 3 个重要的古城之一。VR 全景图记录了其地震前未损坏的建筑，在震后重建以及文化传承中，它起到了平面影像无法替代的作用。

▲图 10-32

10.5 超高精度 VR 全景图

2018 年，尼康发布 D850 相机（拍出的照片总像素可达到 4 575 万），搭配当时尼康的新款 8~15 毫米鱼眼镜头，拍摄画面比例为 2:1 的 VR 全景图的长边像素约达 21 000，VR 全景图总像素约达 2.3 亿。

2018 年上市的大疆“御”2 Pro 版无人机，其拍摄的图像可达到最大的原始精度，即画面比例为 2:1 的 VR 全景图的长边像素约达到 27 000，VR 全景图的总像素约达到 3.7 亿。

技术进步带来观看精度几何倍数的增长，但人眼追求极限的旅程还远未到达终点，这也是超长焦望远镜头存在的原因。本节将讲解长边像素为 80 000 以上的 VR 全景图的拍摄方法及后期处理方法。7.3.2 小节讲到过使用非鱼眼镜头拍摄 VR 全景图。拥有全景云台但是还没购买鱼眼镜头也是可以完成使用非鱼眼镜头拍摄 VR 全景图的。使用非鱼眼镜头拍摄 VR 全景图时，因为其镜头视角没有鱼眼镜头的视角宽广，拍摄 VR 全景图主要的工作是增加拍摄角度，这样可以实现远高于鱼眼镜头的精度。

10.5.1 500 亿像素 VR 全景图近距离观看兵马俑

话说“不看金字塔，不算真正到过埃及。不看秦俑，不算真正到过中国。”拥有 2000 多年历史的秦兵马俑，发掘于 1974 年 3 月，在此之前没有任何历史资料记载。1987 年，联合国教科文组织批准将秦始皇陵及兵马俑坑列入《世界遗产名录》。秦兵马俑被誉为“世界第八大奇迹”“二十世纪考古史上的伟大发现之一”。这被尘封的金戈铁马背后所隐藏的精彩故事，吸引了 200 多位各个国家的领导人参观访问，秦兵马俑俨然成为中国历史的一张名片。但是，当游客为这神态各异的兵马俑来到秦始皇帝陵博物院想近距离观看时，却发现只能远观，如图 10-33 中的箭头所示，只可以在栏杆外观看。

▲图 10-33

在以前，如果想观看秦兵马俑的细节，如秦兵马俑的面部表情，就需要自备望远镜观看。现在有了 VR 全景图，通过手机或者 VR 眼镜足不出户就可以观看“千人千面”的秦兵马俑了。

500 亿像素 VR 全景图的拍摄难度非常大，由于室内拍摄距离近，更难控制画面的清晰度，从这方面来说室内超高清 VR 全景图的拍摄难度比外景更大，因此室内大像素的作品相对较少，这非常考验摄影师的摄影技巧。为了打破空间距离限制，让更多的人能够看到兵马俑、了解兵马俑，720yun 联合腾讯、秦始皇帝陵博物院，制作了秦兵马俑大像素 VR 全景漫游。

图 10-34 为 720yun 首席质量官刘纲老师近距离拍摄的秦兵马俑的场景。

▲图 10-34

让我们跟随 VR 全景漫游，近距离看一看秦兵马俑到底是什么样。

扫描图 10-35 中的二维码即可开启 VR 全景漫游之旅。

▲图 10-35

进入 VR 全景漫游作品将图片放大以后，每一个秦兵马俑的细节都清晰可见——服饰精美，工艺细致，连发丝都根根分明。细细看去，找不到两张相同的面孔，“千人千面”的秦兵马俑，放大后其面部依然清晰，如图 10-36 所示。

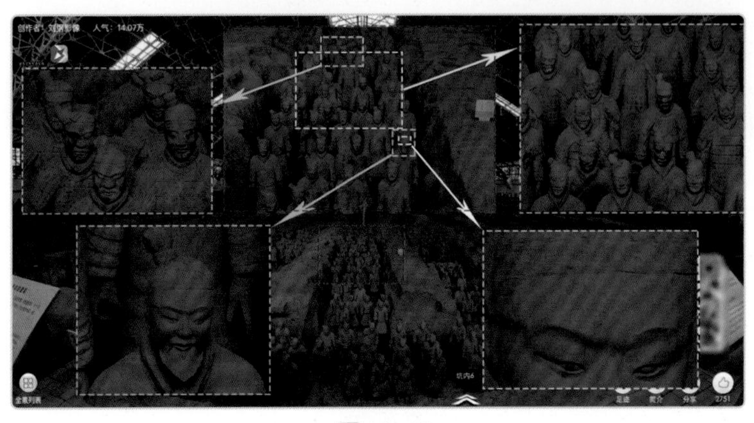

▲图 10-36

VR 全景漫游还被加入了“寻迹始皇陵”的微信小程序中，使用微信扫描图 10-37 中的小程序码或微信搜索“寻迹始皇陵”即可体验 VR 全景漫游。

▲图 10–37

VR 全景漫游为我们带来了一种全新的了解世界的方式，这也是 VR 全景漫游的诸多功能之一，它的更多可能性还有待大家慢慢发掘。

10.5.2 大像素 VR 全景图前期拍摄

1. 对焦问题

下面以尼康 D850 相机，腾龙 15~30 毫米 /2.8 镜头的 30 毫米端的室内拍摄为例进行讲解。当我们用尼康 D850 相机搭配鱼眼镜头拍摄全景时，因为 VR 全景图的总像素能达到 2.3 亿，所以一般摄影师在同一室内基本都会使用 F11 的光圈，使用超焦距拍摄，一般不会出现室内远近两处对焦不清晰的情况。但当用 30 毫米广角镜头拍摄全景时，在同一室内环境中，如果按远近 1/3 处作为焦点，超焦距覆盖最广，此时哪怕调整光圈值到 F11，VR 全景远点和近点都可能出现模糊，无法兼顾。这也是另一个规则：哪怕是在超焦距范围内，对主体调焦的焦点仍是最清晰的。

书中展示的秦兵马俑作品是使用 70~200 毫米的镜头以 200 毫米焦段进行拍摄的，在 6.2.4 小节中讲到过焦距是影响景深的一个重要的因素，在实际拍摄中，使用长焦镜头以 200 毫米焦段拍摄的景深范围非常小，基本上仅可以覆盖一排兵马俑的脸部。即使光圈值达到 F11，前后排的兵马俑还是会在景深外，会比较模糊，如图 10–38 所示。

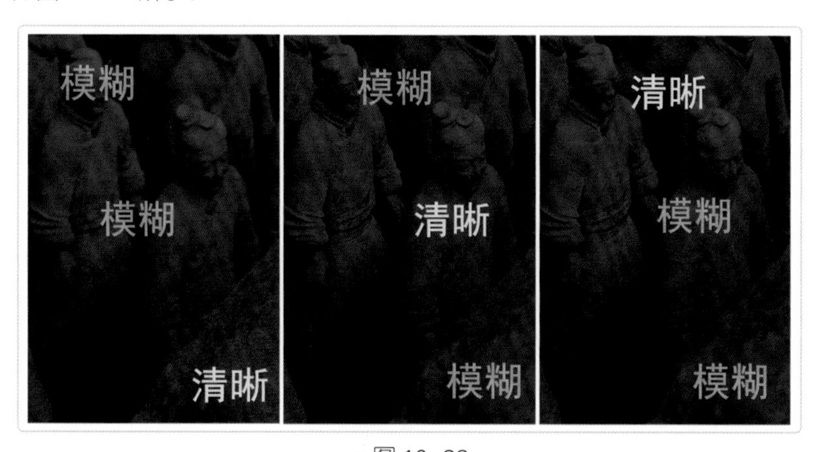

▲图 10–38

所以我们在拍摄 VR 全景图时需要采用景深包围的方式进行拍摄，在同一个视角机位不动的情况下，分别对前排的兵马俑、后排的兵马俑，以及斜侧边的兵马俑进行对焦，对焦清晰后再进行拍摄取景。为保证每个兵马俑都是清晰的，1 个固定视角的取景就有可能拍摄 10 张以上的照片。另外，在对比图中可能不能很清晰地看出景深区别。画面在未达到 100% 缩放的情况下，即使被摄物不在焦点上，缩小到了 10% 看起来也清晰，所以需要拍摄 10 多张照片才能保证得到 1 张清晰的照片。最终拍摄出全部清晰的照片后才可以转动全景云台拍摄第 2 个视角的照片，后期再进行景深合成处理。

扫码看全景

球赛矩阵合影

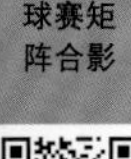

2. 拍摄取景问题

当解决了对焦和清晰度的问题，接下来就需要解决转动全景云台拍摄的问题。拍摄秦兵马俑使用的是 Guide 全景云台，在使用 200 毫米的焦段拍摄时，分度台的定位孔锁定到 5 度，刚好每 2 张照片可以有 20% 的重叠。很多摄影师使用矩阵方式拍摄全景后，在后期拼接的时候会遇到拼接不上的难题。软件无法识别控制点，其中一个很重要的原因就是前期拍摄的时候没注意拍摄顺序，所以我们需要按照前期规划好的拍摄顺序依次进行拍摄。一般拍摄顺序有从左往右、从上往下、水平横向蛇形顺序等。

本次拍摄秦兵马俑大体是按水平横向蛇形顺序拍摄，如图 10-39 所示。因为手动云台水平转动起来较方便，垂直转动较费力，所以垂直转动一档，水平拍摄完才换下一档进行拍摄。在兵马俑的视角位置是使用 200 毫米的焦段进行拍摄的，在相机旋转到墙的位置时，由于游客的位置不需要达到非常高的清晰度，因此更换了 35 毫米的镜头进行拍摄，以减少工作量。最终以约 150 个角度进行了拍摄，所有素材约 2 000 张。

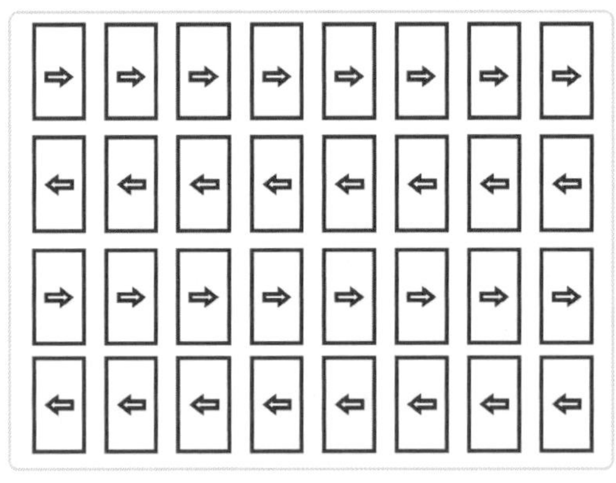

▲ 图 10-39

3. 光线变化问题

拍摄约 2 000 张的照片，这在短时间内是无法完成的，随着时间的推移光线是不断变化的，所以开始拍摄第 1 张照片时就需要考虑拍摄需要多长时间、光线是否会变暗等问题。为了保证画面的光线统一，500 亿像素的秦兵马俑全景图是分两天时间进行取景拍摄的。

本次拍摄的光圈值为 F11，快门速度为 1/3 秒，ISO 值为 100。

10.5.3 大像素 VR 全景图后期处理

1. 景深包围处理

使用 PS 的景深包围功能自动进行处理，具体步骤如下。

（1）选择【文件】-【脚本】-【将文件载入堆栈 ...】，如图 10-40 所示。

（2）选中景深包围的素材，如图 10-41 所示。（本次以近、中、远 3 张景深包围的素材为例，如果每一个角度还涉及曝光包围，那 TIFF 格式的高精度素材也需要提前处理好。）

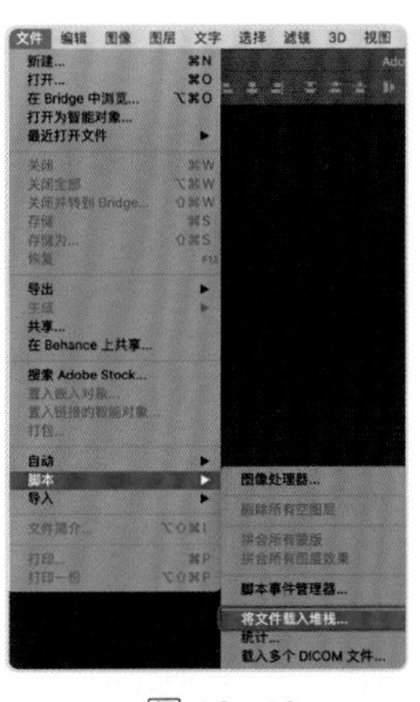

▲图 10-40

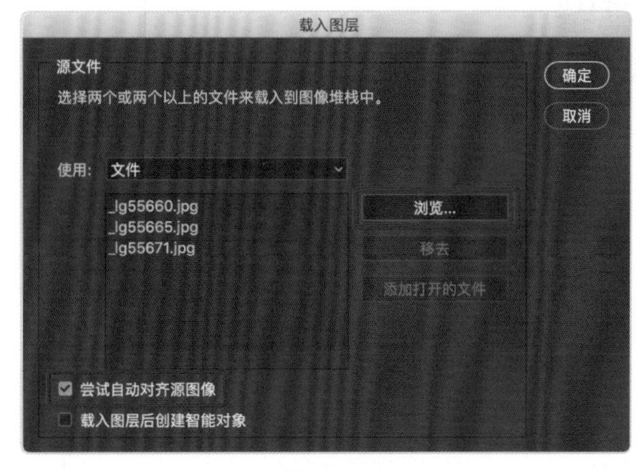

▲图 10-41

（3）按住【Shift】键依次选中本图层中的 3 个文件，选择【编辑】-【自动对齐图层】，投影选择【自动】，如图 10-42 所示。

（4）选择【编辑】-【自动混合图层】，混合方法选择【堆叠图像】，如图 10-43 所示。

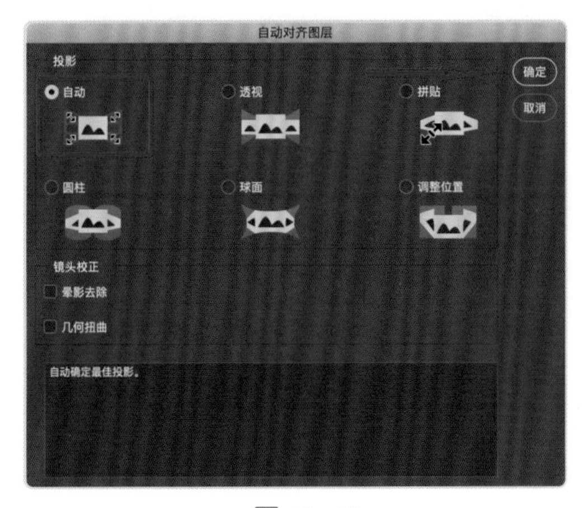

▲图 10-42

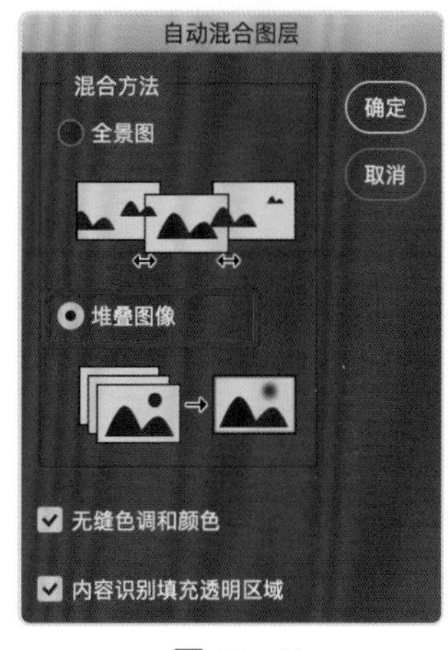

▲图 10-43

（5）经过处理后将会得到带有蒙版信息的堆栈好的前后都清晰的一张图像，如果堆栈存在问题，可以再通过蒙版进行擦除处理，如图 10-44 所示。

▲图 10-44

（6）将图像另存为 TIFF 格式的文件，这样一张清晰的图片就处理完毕了。

至此，对一个角度的图片的景深包围处理就完成了。从原理上讲，景深包围得越多，合成后清晰的部分就越细腻无错缝。但如果在处理景深包围时还要同步处理包围曝光，这将是一个繁重而细致的工作。尼康 D850 相机有景深包围模式，能实现同一曝光量下的自动的由近至远的焦点的多张拍摄。但如果还要在每个不同焦点进行包围曝光，使用尼康 D850 相机也只能选择手动调整焦点，这样才能在焦点固定的情况下进行不同曝光量的拍摄。

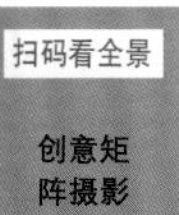

创意矩阵摄影

2. 拼接处理

处理好的清晰图片还需要进行拼接处理，拼接方法与普通 VR 全景图的拼接方法一样，但是处理大像素的 VR 全景图对计算机的配置要求非常高，不然计算机将很难完成对图片的处理。一般会有以下的拼接步骤。

（1）对拍摄的内容进行拼接，之前提到过游客的位置不需要达到非常高的清晰度，所以我们使用 35 毫米的镜头拍摄的 VR 全景图素材是可以很顺利地进行拼接的，拼接成功后保存留用，如图 10-45 所示。

▲图 10-45

（2）对使用 200 毫米的镜头拍摄的局部大像素图片进行拼接处理。如果计算机的处理性能不是很好，这里有一种方法可以进行多张图片的拼接。首先将原始图片压缩到 10% 的大小（压缩图片名称要与原始图片名称一致），然后对压缩图片进行拼接，再通过 PTGui 保存 PTS 工程，之后用这个 PTS 的工程打开原始大小的图片，这样就可以免去大像素图片拼接计算的一个环节，可以将原始的大像素图片成功拼接，如图 10-46 所示。

▲图 10-46

（3）将成功拼接的大像素图片的部分内容与 35 毫米镜头拍摄的内容进行统一拼接处理，如图 10-47 所示，这样图片就完整地拼接起来了。有一点需要注意的是，对不同焦距拍摄的图片进行拼接是 PTGui 软件 11.0 之后的版本才有的功能。

▲图 10-47

3. 图像输出

拼接完成，保存工程目录，接下来就要对大像素图片进行输出。我们通过第 8 章了解到，在 PTGui 中输出大像素图片有一些可选的格式。

（1）JPEG：最大尺寸为 65 535 像素 ×65 535 像素。

（2）TIFF：没有尺寸限制。

（3）Photoshop（.psd）：最大尺寸为 30 000 像素 ×30 000 像素，最大文件容量为 4GB。

（4）Photoshop（.psb）：没有尺寸限制。

由于 PS 无法打开长边超过 300 000 像素的文件，因此我们需要将 VR 全景图以六面体的形式进行输出。首先调整投影模式为直线投影，再通过 PTGui 的【数值变换】功能将 VR 全景调整为 6 张正方形的图像进行输出。每张正方形图像的尺寸为 98 510 像素 ×98 510 像素，无法选择 JPEG 格式，所以选择 .psb 格式输出。最终 6 张正方形图像加起来共有 669GB，再通过 PS 转换为 JPEG 格式并上传至 720yun 线上服务器进行 VR 全景漫游制作和展示。

本次 500 亿像素的秦兵马俑全景图是分为多天时间选择类似光线时间段进行取景拍摄的。拍摄了约 2 000 张 4 575 万像素的素材，前后拍摄耗时大约 10 小时，后期制作时间超过 10 天。这个高达 587 亿像素的秦兵马俑全景作品是 500 亿像素级别室内全景的首次发布。

对于精度的追求，一方面是为了在 VR 全景图中进行最大信息量的展示，另一方面也是对空间的还原和尊重。对于一些细节精致的空间，例如有精美壁画的空间等，超高精度 VR 全景图能给人以极致的空间体验。摄影设备的发展将减少更多的工作量，但哪怕是普通相机，只要配合焦距稍长的标准镜头甚至中焦镜头，就可以拍摄出 10 亿像素或更高精度的 VR 全景图像。这些图像可以是 360 度的球形全景，也可以是多张图片拼接而成的超高精度矩阵平面全景。VR 全景图像的后期处理提供了仅靠摄影设备无法实现的更为广阔的创作空间。

参考文献

[1] 刘新文 . 全景摄影和 PTGui Pro 详解 [M]. 西安：西北大学出版社，2013.
[2] 李鸥，丁轩，赵梦，等 . 三维全景摄影专家技法 [M]. 北京：电脑报电子音像出版社，2009.

扫码看全景

汉宫春晓
图矩阵